Wasserprobleme im Jordanbecken
Perspektiven einer gerechten und nachhaltigen Nutzung
internationaler Ressourcen

BEITRÄGE ZUR KOMMUNALEN UND REGIONALEN PLANUNG 15

Herausgegeben von
Prof. Dr. Klaus Künkel
Prof. Dr. Udo Ernst Simonis

PETER LANG
Frankfurt am Main · Berlin · Bern · New York · Paris · Wien

INES DOMBROWSKY

WASSERPROBLEME IM JORDANBECKEN

Perspektiven einer gerechten und nachhaltigen Nutzung internationaler Ressourcen

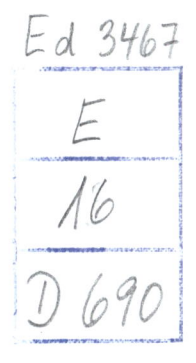

PETER LANG
Europäischer Verlag der Wissenschaften

Die Deutsche Bibliothek - CIP-Einheitsaufnahme

Dombrowsky, Ines:
Wasserprobleme im Jordanbecken : Perspektiven einer gerechten und nachhaltigen Nutzung internationaler Ressourcen / Ines Dombrowsky. - Frankfurt am Main ; Berlin ; Bern ; New York ; Paris ; Wien : Lang, 1995
  (Beiträge zur kommunalen und regionalen Planung ; 15)
  ISBN 3-631-49226-X

NE: GT

ISSN 0721-2976
ISBN 3-631-49226-X
© Peter Lang GmbH
Europäischer Verlag der Wissenschaften
Frankfurt am Main 1995
Alle Rechte vorbehalten.

Das Werk einschließlich aller seiner Teile ist urheberrechtlich geschützt. Jede Verwertung außerhalb der engen Grenzen des Urheberrechtsgesetzes ist ohne Zustimmung des Verlages unzulässig und strafbar. Das gilt insbesondere für Vervielfältigungen, Übersetzungen, Mikroverfilmungen und die Einspeicherung und Verarbeitung in elektronischen Systemen.

Printed in Germany 1 2 3 4 5 7

"Der Jordan, der einzige Fluß im Land Israel, der kein Bach ist, ist kein Fluß. Er ist die Idee eines Flusses. Metaphysische Reduktion eines geometrischen Gleichnisses, das von Dichtern übersteigert wurde. Pilger kamen von riesigen Flüssen und weinten an diesem Fluß, was wieder beweist, daß die Fantasie besser ist als die Wirklichkeit."

Yorkam Kaniuk

Inhaltsverzeichnis

Abbildungs- und Tabellenverzeichnis 12
Abkürzungsverzeichnis 14

Danksagung 15

Vorwort 17

1. Einleitung 19
1.1 Wasser als Ressource, Umweltmedium und Kulturgut 19
1.2 Fragestellung und Aufbau der Arbeit 23

2. Die Hydrologie des Jordanbeckens 27
2.1 Klimatische Situation 27
2.2 Das Jordanbecken 29
2.2.1 Das Oberflächenwasseraufkommen des Jordanbeckens 29
2.2.2 Die Grundwasservorkommen im Jordanbecken 33
2.2.3 Die Wasserqualität im Jordanbecken 33
2.3 Die westlichen Grundwasserleiter 35
2.4 Der Litani 37
2.5 Fazit 37

3.	Geschichtlicher Überblick: Wasser in der politischen Auseinandersetzung	39
3.1	Regionale Wasserentwicklungspläne und sogenannte "Johnston-Verhandlungen"	39
3.1.1	Der Zionismus und der "Loudermilk-Hayes-Plan"	39
3.1.2	Nationale Wasserentwicklungspläne: "All Israel Plan" und "Bunger-Plan"	41
3.1.3	Regionale Wasserverhandlungen unter Johnston	43
3.1.3.1	Der "Main-Plan" als regionaler Ansatz	43
3.1.3.2	Die Antworten: "Arabischer Plan", "Cotton-Plan" und "Baker-Herza-Plan"	45
3.1.3.3	Der Versuch eines Kompromisses: "Unified Plan"	46
3.1.3.4	Das politische Scheitern der Verhandlungen	47
3.1.3.5	Die "Johnston-Verhandlungen" im Rückblick	48
3.2	Nationale Großprojekte und militärische Konflikte	51
3.2.1	Israels "National Water Carrier" und Jordaniens "East-Ghor-Kanal"	51
3.2.2	Die israelisch-arabischen Wasserkonflikte der sechziger Jahre	53
3.2.3	Die israelisch-jordanischen Kontroversen der siebziger Jahre	55
3.2.4	Das ägyptische Angebot	56
3.2.5	Die Besetzung des Südlibanons und der Litani	57
3.3	Wasser im israelisch-palästinensischen Konflikt: Israelische Wasserpolitik in den besetzten Gebieten	58
3.4	Wasser im Nahost-Friedensprozeß	61
3.5	Nachtrag	68

4.	Nationale Wasserbilanzen und wasserpolitische Prioritäten	70
4.1	Israel	70
4.1.1	Israels Wasserbilanz	70
4.1.1.1	Wasserdargebot	70
4.1.1.2	Wassernutzung	72
4.1.1.3	Bedarfsprognosen und Handlungserfordernisse	75
4.1.2	Wasserpolitik in Israel	78
4.1.2.1	Organisatorische und institutionelle Grundlagen	78
4.1.2.2	Preispolitik und Subventionen	80
4.1.2.3	Strategien der Wasserpolitik	81
4.2	Westjordanland und Gazastreifen	84
4.2.1	Wasserbilanz des Westjordanlandes und Gazastreifens	84
4.2.1.1	Wasserdargebot	84
4.2.1.2	Wassernutzung	85
4.2.1.3	Bedarfsprognosen und Handlungserfordernisse	90
4.2.2	Wasserpolitik im Westjordanland und Gazastreifen	92
4.3	Jordanien	94
4.3.1	Jordaniens Wasserbilanz	94
4.3.1.1	Wasserdargebot	94
4.3.1.2	Wassernutzung	97
4.3.1.3	Bedarfsprognosen und Handlungserfordernisse	99
4.3.2	Wasserpolitik in Jordanien	101
4.4	Syrien und Libanon	102
4.5	Überblick und Vergleich	103

5.	Anforderungen an eine gerechte Wassernutzung im Jordanbecken	108
5.1	Gerechte Nutzung internationaler Wasserläufe	108
5.1.1	Internationales Wasserrecht	110
5.1.2	Interpretationen verschiedener Organisationen	112
5.1.2.1	International Law Association	112
5.1.2.2	Institute of International Law	115
5.1.2.3	International Law Commission	115
5.1.2.4	Weltbank	117
5.1.3	Schlußfolgerungen	119
5.1.4	Ökonomische und politische Strategien	120
5.2	Kriterien der Wasserzuteilung im Jordanbecken	121
5.2.1	Vorschlag nach Zarour und Isaac	122
5.2.2	Vorschlag nach Shuval	126
5.2.3	Eigener Vorschlag	133
6.	Anforderungen an eine nachhaltige Wassernutzung im Jordanbecken	137
6.1	Das Konzept der nachhaltigen Entwicklung	137
6.2	Elemente einer nachhaltigen Wassernutzung im Jordanbecken	140
6.2.1	Ausweitung des Wasserdargebots	143
6.2.1.1	Nutzung konventioneller Techniken	143
6.2.1.1.1	Regenwassersammlung	143
6.2.1.1.2	Flutwasserspeicherung	147
6.2.1.1.3	Fernwasserleitungen	148
6.2.1.2	Nutzung nichtkonventioneller Techniken	153
6.2.1.2.1	Entsalzung	153
6.2.1.2.2	Wolkenbeimpfung	160

6.2.1.2.3	Transport von Süßwasser über das Meer: "Medusabags" und Eisberge	161
6.2.1.3	Mehrfachnutzung	162
6.2.1.3.1	Abwasserwiederverwendung	162
6.2.2	Nachfragesteuerung	168
6.2.2.1	Institutionen einer effizienten Wassernutzung	169
6.2.2.1.1	Wasserpreis	170
6.2.2.1.2	Wassermärkte	173
6.2.2.2	Techniken einer effizienten Wassernutzung	175
6.2.2.2.1	Bereitstellungsebene	175
6.2.2.2.2	Verbraucherebene	178
6.3	Perspektiven einer nachhaltigen Nutzung	188
6.3.1	Technische Maßnahmen	189
6.3.1.1	Optimierung der Nutzungen	189
6.3.1.2	Nachhaltige Dargebotsausweitungen	191
6.3.1.3	Forschungsbedarf	193
6.3.2	Institutionelle Innovationen	194
6.3.2.1	Veränderung nationaler Wasserinstitutionen	194
6.3.2.2	Bildung regionaler Wasserinstitutionen	195
6.3.2.3	Forschungsbedarf	195
6.4	Politik und Technik	196
6.4.1	Die Rolle der Wasserverhandlungen im Friedensprozeß	196
6.4.2	Die Rolle wasserwirtschaftlicher Maßnahmen für die Wasserverhandlungen	198
7.	Zusammenfassung und Ausblick	201

Literaturverzeichnis ... 206

Anhang:
Tabelle A.1: Vergleich der Techniken zur Ausweitung des Dargebots und zur Nachfragesteuerung ... 214

Abbildungs- und Tabellenverzeichnis

Abbildung 2.1	Das Jordanbecken	28
Tabelle 2.1	Regionale Wasservorkommen und ihre Nutzer	38
Abbildung 2.2	Niederschlagsverteilung im Jordanbecken	30
Abbildung 2.3	Schematische Darstellung des Jordans mit wichtigen Zuflüssen und Entnahmen	32
Abbildung 2.4	Schematische Darstellung des Berg-Aquifers	36
Abbildung 3.1	Israel nach 1949	42
Tabelle 3.1	Vergleich verschiedener Vorschläge zur Aufteilung des Wassers des Jordans und Yarmuks in den fünfziger Jahren	47
Tabelle 3.2	Vergleich der Zuteilung des Wassers nach Johnston mit der heutigen Nutzung	49
Abbildung 3.2	Israels "National Water Carrier" und Jordaniens "East-Ghor-Kanal"	52
Tabelle 4.1	Geschätztes israelisches Wasserdargebot nach Herkunftsregionen	71
Tabelle 4.2	Wasserdargebot im israelischen Kerngebiet und Westjordanland nach Frisch-, Brack- und Bewässerungswasser	72
Tabelle 4.3	Sektoraler Wasserverbrauch in Israel	72
Abbildung 4.1	Israels Wasserinstitutionen	79
Tabelle 4.4	Quoten der israelischen Militärbehörde für palästinensische und israelische Nutzungen der Berg-Aquiferen	85
Abbildung 4.2	Chloridgehalt im Grundwasser im Gazastreifen	88
Tabelle 4.5	Sektoraler Wasserverbrauch im Gazastreifen	89
Abbildung 4.3	Jordanien mit Wassereinzugsgebieten	95

Tabelle 4.6	Sektoraler Wasserverbrauch in Jordanien	98
Tabelle 4.7	Vergleich des Wasserdargebots, der Nutzungen und der Prognosen für Israel, die palästinensischen Gebiete und Jordanien	104
Tabelle 4.8	Vergleich charakteristischer Elemente von Wasserdargebot und Wassernutzung in Israel, den palästinensischen Gebieten und Jordanien	106
Tabelle 5.1	Mögliche Effekte der Nutzungen von Oberliegern auf Unterlieger	109
Tabelle 5.2	"Can Available Water Resources Meet the Minimum Water Requirements of Middle Eastern Countries?"	129
Tabelle 6.1	Kosten möglicher interregionaler Fernleitungsprojekte	149
Tabelle 6.2	Energiebedarf und Kosten der Entsalzung	156
Tabelle 6.3	Kosten der Ausweitung des Wasserdargebots	168
Tabelle 6.4	Vergleich des Wasserbedarfs ausgewählter landwirtschaftlicher Erzeugnisse in Abhängigkeit von der Bewässerungsmethode	179
Tabelle 6.5	Vergleich der israelischen, palästinensischen und jordanischen Bewässerungslandwirtschaft	182
Tabelle 6.6	Spezifische Wasserverbräuche im Jordanbecken	183
Tabelle 6.7	Herkömmliche und voraussichtliche Wasserverbräuche in bundesdeutschen Haushalten	184
Tabelle 6.8	Wassereinsparpotential in Haushalten	184

Abkürzungsverzeichnis

ARIJ	Applied Research Institute of Jerusalem, Bethlehem
BMZ	Bundesministerium für wirtschaftliche Zusammenarbeit, Bonn
BIP	Bruttoinlandsprodukt
BSP	Bruttosozialprodukt
DIE	Deutsches Institut für Entwicklungspolitik, Berlin
DVGW	Deutscher Verein des Gas- und Wasserfaches e.V.
ED	Elektrodialyse
ETH	Eidgenössische Technische Hochschule, Zürich
FAZ	Frankfurter Allgemeine Zeitung
FOA	Food and Agriculture Organization of the United Nations
FR	Frankfurter Rundschau
GTZ	Gesellschaft für Technische Zusammenarbeit, Eschborn
ILA	International Law Association
ILC	International Law Commission
IPCRI	Israel/Palestine Center for Research and Information, Jerusalem
IUCN	The World Conservation Union
IWRA	International Water Resources Association
JD	Jordanischer Dinar
JMCC	Jerusalem Media & Communication Center
JVA	Jordan Valley Authority
MWI	Ministry of Water and Irrigation, Jordanien
MWR	Minimum Water Requirements
MSF	Multi-Stage Flash Distillation
NRO	Nichtregierungsorganisation
NWC	National Water Carrier
NZZ	Neue Züricher Zeitung
PHG	Palestinian Hydrology Group, Jerusalem
PLO	Palestine Liberation Organization
ppm	parts per million
RO	Reverse Osmosis
taz	die tageszeitung
TDS	Total Dissolved Solids
TVA	Tennessee Valley Authority
UNCED	United Nations Conference on Environment and Development
UNCTAD	United Nations Conference on Trade and Development
UNDP	United Nations Development Programme
UNRWA	United Nations Relief and Works Agency for Palestine Refugees
WAJ	Water Authority of Jordan
WAR	Wasserversorgung, Abwasserbeseitigung und Raumplanung der Technischen Hochschule Darmstadt

Danksagung

Mein besonderer Dank gilt Prof. Dr. Martin Jekel (Technische Universität Berlin) sowie Prof. Dr. Udo Ernst Simonis (Wissenschaftszentrum Berlin), die von Anfang an die Idee zu dieser Arbeit unterstützt und somit eine Studie ermöglicht haben, an der ich mit viel Lust und Interesse gearbeitet habe und die hoffentlich einige Aspekte dieser im deutschsprachigen Raum bisher wenig behandelten Problematik erhellen wird. Prof. Simonis danke ich insbesondere für die angenehme Zusammenarbeit, die konstruktiven Anmerkungen zur Überarbeitung des Manuskripts sowie für das Engagement bei der Veröffentlichung.

Manuel Schiffler (Deutsches Institut für Entwicklungspolitik, Berlin) und Stephan Libiszewski (Eidgenössische Technische Hochschule, Zürich) haben mir wertvolle Hinweise bei meinen Literaturrecherchen gegeben. Gleichzeitig habe ich der inhaltlichen Auseinandersetzung mit Manuel Schiffler viel zu verdanken.

Ich danke aber auch meinen Gesprächspartnern in Bethlehem, Haifa, Jerusalem und Tel Aviv.

Sebastian Büttner (Wissenschaftszentrum Berlin), Brunhilde Dombrowsky, Lisa Haasen, Werner Klaus, Nadia Mazouz, Janna Mehrtens, Hannes Rosenhagen und Angelika Saupe haben mich beim Entstehen dieser Arbeit und während des Schreibprozesses mit Ermutigungen, Hinweisen und Korrekturen unterstützt - habt vielen Dank!

Vorwort

Der für die Weltöffentlichkeit unerwartete Abschluß der Osloer Prinzipienerklärung zwischen der israelischen Regierung und der PLO im September 1993 stellte einen Anstoß zu der vorliegenden Aufarbeitung der politischen, ökonomischen und technischen Apekte der Wassersituation im Jordanbekken dar. War im Anschluß an den zweiten Golfkrieg von 1991 noch verschiedentlich die These geäußert worden, daß der nächste Krieg im Nahen Osten nicht um Öl, sondern um Wasser geführt werde, so stellt sich nun innerhalb des Nahost-Friedensprozesses die Frage nach den Möglichkeiten zur Entspannung bzw. Lösung der Wasserkonflikte. Anliegen dieser Studie ist es, die empirische Basis der Wasserprobleme im Jordanbecken darzulegen, um im Anschluß daran das Spektrum der Handlungsoptionen zu entfalten und auch zu bewerten.

Als Grundlage für eine solche Einschätzung wird auf das Konzept des *sustainable development* zurückgegriffen. Ziel ist es, sowohl die inter-regionale, die intra-generative als auch die inter-generative Dimension dieses Ressourcenkonflikts, im Sinne einer langfristigen Sicherung der Lebensgrundlagen, zu beleuchten. Dabei wirft die gegenseitige Überlagerung politischer, ökonomischer und technischer Lösungsansätze die theoretische Frage auf, inwiefern sich naturwissenschaftliche und sozialwissenschaftliche Betrachtungsweisen der Nutzung von Wasser integrieren lassen, um eine möglichst "einheitliche" Handlungsperspektive entwickeln zu können.

Dieser Text ist somit einem empirischen und einem theoretischen Interesse entsprungen. Dargestellt werden die Hydrologie der Gesamtregion, die historische Entwicklung der politischen Auseinandersetzung um Wasser sowie die Wasserbilanzen und wasserpolitischen Ausgangsituationen der drei betroffenen Länder Israel, Jordanien und palästinensische Gebiete. Die Diskussion um Anforderungen an eine gerechte Wassernutzung im Jordanbecken stützt sich auf eine Einführung in das internationale Wasserrecht, auf dessen Grundlage ein praktischer Verteilungsvorschlag entwickelt wird. Die Anforderungen an eine nachhaltige Wassernutzung werden hinsichtlich ihrer institutionellen und technischen Innovationen analysiert. Die Auswertung stützt sich auf die vorhandene, meist englischsprachige Literatur und auf Gespräche mit Wasserexperten vor Ort, mit der Absicht, in ausreichender Tiefe in die Probleme einzuführen, um eine *techno-politökonomische* Perspektive für wasserpolitische Entscheidungen in der Region entwickeln zu können. Unter Respektierung der Spezifika der Region mag diese Fallstudie generell den Blick auf mögliche Probleme, die mit der Nutzung der Ressource Wasser einhergehen können, weiten und so einen neuen Lösungsansatz vorstellen.

Berlin, im Mai 1995   Udo Ernst Simonis

1. Einleitung[1]

1.1 Wasser als Ressource, Umweltmedium und Kulturgut

Wasser stellt nicht nur die Grundlage allen Lebens, sondern auch in vielfacher Hinsicht einen Faktor gesellschaftlicher Strukturen und Institutionen dar. Diese Bedeutung von Wasser läßt sich anhand seiner Funktionen als Ressource, als Umweltmedium und als kulturelles Gut aufzeigen. Die Relevanz des Wassers in diesen verschiedenen Funktionen mag so lange unentdeckt bleiben, wo Wasser im Überschuß, d. h. über die aktuelle Nachfrage hinaus, vorhanden ist - sie tritt aber in dem Moment in den Vordergrund, wie Wasser als Ressource quantitativ knapp wird oder sich qualitativ verschlechtert. Dieses Phänomen wird zunehmend als globale Erscheinung, d. h. gleichzeitig in verschiedenen Regionen der Erde, wahrgenommen. Der Nahe Osten gilt dabei vielfach als Kulminationspunkt der Probleme, die mit Wasserverknappung einhergehen können: Eine ausreichende Trinkwasserversorgung ist nicht überall gesichert, Wasser wird zum limitierenden Faktor wirtschaftlicher Aktivität, Grundwasserleiter werden irreversibel geschädigt, und Wasser spielt eine zentrale Rolle in zwischenstaatlichen Konflikten.

Als Ressource im engeren Sinne stellt Wasser einen Wirtschaftsfaktor dar. Bei der Verfügbarmachung und Nutzung von Wasser zu Produktions- oder Konsumzwecken fallen Kosten an, die - zumindest theoretisch - den "wirtschaftlichen" Wert dieser Ressource bestimmen (Büttner/Simonis 1994). Im weiteren Sinne kann Wasser als Ressource aller Lebensprozesse, unter die die wirtschaftlichen Prozesse subsumiert werden können, gelten. Aus dieser Perspektive wäre ein enges Verständnis von Wasser als Ressource menschlicher Aktivität auf den Erhalt bzw. die Stabilisierung ökologischer Prozesse zu erweitern. (Dabei muß der anthropozentrische Standpunkt nicht aufgegeben werden.)

Die Nachfrage nach Wasser ergibt sich aus der Anzahl der Individuen einer Gesellschaft, deren Lebenspraxis (Kultur) sowie aus der Art der jeweiligen wirtschaftlichen Aktivitäten. Sie unterscheidet sich weltweit nach

---

[1] Dieses Manuskript wurde inhaltlich im September 1994 abgeschlossen. Das Friedensabkommen zwischen Israel und Jordanien vom 26.10.1994 konnte daher nicht mehr berücksichtigt werden.

gesellschaftsinternen Bedingungen, wie Kultur, Wirtschaftsstil oder Techniken der Verfügbarmachung der Wasserressourcen (Wasserwirtschaft), sowie nach gesellschaftsexternen Faktoren, wie den natürlichen Wasservorkommen oder klimatischen Bedingungen.

Die Ressource Wasser kann aus höchst unterschiedlichen Gründen knapp werden. In ihrer Funktion als "Entnahmemedium" verknappt sie, wenn lokal mehr Wasser entnommen und für bestimmte Zwecke eingesetzt wird, als sich erneuert. In der Funktion als "Aufnahmemedium" kommt es zur Verknappung, wenn durch anthropogene Einträge die Selbstreinigungsfähigkeit natürlicher Wässer um einen bestimmten Grad überschritten wird, so daß andere Funktionen des Wassers eingeschränkt werden. Drastisches Beispiel hierfür ist die Ober- und Unterliegerproblematik, die in Europa im 19. Jahrhundert durch die Einführung der Schwemmkanalisation entstand (Kluge/Schramm 1988).

Wasser gilt generell als erneuerbare Ressource, wenngleich die Unterscheidung in erneuerbare und nicht-erneuerbare Ressourcen insofern ungenau ist, als daß sich auch sogenannte nicht-erneuerbare Ressoucen, wie z. B. Mineralien oder fossile Brennstoffe, in geologischen Zeiträumen erneuern. Unter dem Blickwinkel unterschiedlicher Zeithorizonte sind die Wasserressourcen der Erde zu unterscheiden in sich an einem gegebenen Ort erneuernde und in lokal sich nicht erneuernde Wasservorkommen. Von den weltweit vorhandenen Wasserressourcen, deren Umfang auf 1,4 Mrd. Kubikkilometer geschätzt wird, liegen mehr als 97 % als Salzwasser in den Ozeanen vor. Die restlichen 3 % Süßwasser sind zu ca. 77,2 % in fester Form in den polaren Eiskappen gebunden, ungefähr 22,4 % finden sich als Grundwasser oder Feuchtigkeit im Boden, und lediglich der verbleibende Anteil von ca. 1 % aller Wasserressourcen durchläuft als erneuerbarer, von Menschen nutzbarer Anteil den Wasserkreislauf (Oodit/Simonis 1993, S. 3). Wasser durchläuft einen um die anthropogenen Komponenten erweiterten natürlichen Kreislauf und kann somit im strengen Sinn nicht "verbraucht", sondern nur "genutzt" werden. Allerdings lassen sich die menschlichen Nutzungen in solche unterscheiden, bei denen sich Quantität und Qualität einer lokal verfügbaren Menge im wesentlichen nicht ändern ("Nutzungen"), wie beispielsweise zu Erholungszwecken oder zur Schiffahrt, und in solche, bei denen eine Degradierung der Wasserqualität erfolgt ("Verbrauch").

Es wurden verschiedene Versuche unternommen, absolute Zahlen für das Wasserdargebot[2] pro Individuum festzulegen, um den jeweiligen Zustand der Wasserknappheit zu charakterisieren. Nach WHO-Standard befinden sich die Länder im Stadium akuter Wasserknappheit, deren internes erneuerbares Wasserdargebot unter 1 000 m³ pro Einwohner und Jahr liegt (Büttner/Simonis 1994). Nach Falkenmark liegt die Schwelle zum sogenannten "Wasser-Streß" bei 500 m³ pro Kopf und Jahr (in: Shuval 1992). Hierbei kann es sich selbstverständlich nur um Annäherungen für einen bestimmten Kulturtypus und bestimmte Klimaregionen handeln. Strenggenommen ergibt sich Knappheit immer nur aus der Perspektive einer historisch gegebenen Gesellschaft. Bei den drei zentralen Staaten des Jordanbeckens - Israel, Jordanien und die autonomen und besetzten palästinensischen Gebiete - zeigt sich aber folgendes Phänomen: Alle drei definieren sich als wasserarm, obwohl sich die jeweilige, absolut pro Individuum verfügbare Wassermenge nochmals stark unterscheidet. Ist nun Wasser bei den einen knapper als bei den anderen?

Die Betrachtung von Wasser als Umweltmedium zeigt zusätzliche Aspekte seiner gesellschaftlichen Bedeutung auf. Die Gesellschaft nimmt das Wasser als Bestandteil ihrer "natürlichen" Umwelt wahr. Dabei hat die "natürliche" Umwelt als "Natur" nicht den Status des Vorgefundenen, sondern es muß davon ausgegangen werden, daß Gesellschaft und "Natur" aus einem fortwährenden, gemeinsamen Konstitutionsprozeß hervorgehen (Eisel 1984). Anders ausgedrückt konstituiert sich Gesellschaft in Abgrenzung von "Natur", die aber dabei gleichzeitig als solche mitkonstituiert wird. Ausgehend von diesen Entstehungsbedingungen erweist sich das gesellschaftliche Verhältnis zur Natur sowohl als materielles wie auch als ideelles Abhängigkeitsverhältnis. Das "Projekt der Moderne", die Natur beherrschen bzw. kontrollieren zu wollen, scheint vor diesem Hintergrund zum Scheitern verurteilt.

In Hinblick auf Wasser als Bestandteil der "äußeren Natur" zeigt sich, daß dieses trotz unterschiedlichster technischer Maßnahmen weiterhin als nicht vollkommen kontrollierbare "Naturgewalt" gelten kann, wie bei Überschwemmungskatastrophen besonders deutlich wird. Es entzieht sich in seinem Zusammenhang mit anderen Umweltmedien immer wieder der direkten Kontrolle. Die gegenwärtige Diskussion um den anthropogen bedingten Klimawandel läßt vermuten, daß die Unkontrollierbarkeit des Elementes

---

[2] Unter "Wasserdargebot" versteht man die pro Jahr theoretisch zur Verfügung stehende Durchschnittsmenge an Grund- und Oberflächenwasser (Umweltbundesamt 1994, S. 320). Der Begriff grenzt sich so von dem des "Angebots" ab.

Wasser als wesentlichem Bestandteil des klimatischen Geschehens in Zukunft eher zunehmen als abnehmen wird.

Der Zusammenhang des Wassers mit anderen Umweltmedien läßt sich anhand seiner physikalischen, chemischen und biochemischen Eigenschaften verdeutlichen. Wasser zeichnet sich durch eine ubiquitäre Verteilung in den verschiedenen Aggregatzuständen, durch seine Transporteigenschaften auf der Mikro- und der Makroebene, durch gutes Lösungsverhalten und durch die Beteiligung in unzähligen chemischen und biochemischen Prozessen aus.

Auf der Mikroebene führt die anthropogen bedingte Veränderung der "natürlichen" Umwelt zu zahlreichen Wechselwirkungen dieser veränderten Umwelt mit "natürlichen" Wässern[3]. Resultat können veränderte physikalische Eigenschaften oder eine veränderte chemische und mikrobiologische Zusammensetzung der Wässer sein. Folgen wie Erwärmung, Anreicherung von anorganischen und organischen Schadstoffen oder Belastung mit Krankheitserregern können direkt oder indirekt auf die Gesellschaft rückwirken.

Auf der Makroebene lassen sich veränderte Wechselwirkungen mit anderen Umweltmedien wie Luft, Boden und Vegetation erkennen. Diese schlagen sich in Phänomenen wie Saurem Regen, Desertifikation oder Klimaveränderungen nieder. Dabei zeigt sich, daß auch die gesellschaftliche Aktivität, die sich primär auf den Zustand anderer Umweltmedien wie Luft und Boden auswirkt, in hohem Maße Folgen auf das Umweltmedium Wasser zeitigt. Gewässerschutz kann somit nicht unabhängig von Luft-, Boden- oder Naturschutz betrieben werden.

Die Phänomene auf der Mikro- und der Makroebene verdeutlichen für das Medium Wasser die Rückkopplungsmechanismen zwischen Gesellschaft und ihrer "natürlichen" Umwelt. Im Rahmen dieser Arbeit soll auf das Konzept der "nachhaltigen Entwicklung" zurückgegriffen werden, da dieses auch im Bereich wirtschaftlicher und politischer Planung die Notwendigkeit der Einbeziehung dieser Rückkopplungen zwischen Gesellschaft und "Natur" anerkennt.

Die gesellschaftliche Wahrnehmung von Wasser und ihr Umgang damit hängt letztlich von kulturellen Fragen ab. Kulturen beeinflussen die Wahrnehmung und den Umgang mit Wasser und legen die Art und das Ausmaß des "kulturellen" Wertes fest, den Wasser haben kann (Büttner/Simonis

---

[3] Auch die "natürlichen" Wässer sind in ihrem chemischen und biologischen Zustand in Abhängigkeit von der "natürlichen" Umwelt jeweils höchst unterschiedlich, allerdings stellen sich an gegebenen Orten (im Rahmen der Evolution) bestimmte chemische und biologische Gleichgewichte ein, die durch die anthropogenen Einträge nachteilig gestört werden können.

1994). Grundsätzlich könnte der Vergleich der "kulturellen" Werte des Wassers in den Staaten des Jordanbeckens, wo sich modernisierende, traditionell islamisch geprägte, arabische Staaten und der durch die westliche Kultur und die jüdische Religion geprägte israelische Staat aufeinanderstoßen, Gegenstand einer eigenen Untersuchung sein. Andererseits stehen im Umgang mit Wasser in der Region eindeutig "westliche" Vorstellungen im Vordergrund, wenn auch die Wasserwirtschaft in den verschiedenen Staaten unterschiedlich stark "entwickelt" ist. Damit treten entwicklungspolitische Probleme in den Vordergrund.

In modernen Gesellschaften nun scheint eine bewußte "Wasserkultur" wenig ausgeprägt, was mit einer Aufsplitterung der Wahrnehmung von Wasser erklärt werden kann: Folgt man Luhmann, nach dem moderne Gesellschaften als sich nach verschiedenen Funktionen ausdifferenzierende Subsysteme verstanden werden können (Luhmann 1987), so läßt sich auch eine Aufsplitterung der Wahrnehmung von Wasser postulieren und erklären: Die verschiedenen Subsysteme sehen sich in der Situation, auch die Wasserfrage auf ihre Art und Weise, nach ihrem "Code", zu verhandeln; das bedeutet, daß Wasser zu einer politischen, wirtschaftlichen, rechtlichen, wissenschaftlichen oder religiösen Frage wird. Dabei können sich unterschiedlich starke Wechselwirkungen dieser Subsysteme mit dem Umweltmedium Wasser ergeben. Gleichzeitig kann auch die Wasserwirtschaft einer Gesellschaft als eines ihrer Subsysteme begriffen werden.

Bei der Betrachtung von Wasserproblemen im Jordanbecken werden in dieser Arbeit die kulturspezifischen Fragen eher im Hintergrund stehen. Statt dessen soll die Rolle des Mediums Wasser in Politik, Recht und Wirtschaft sowie die Wechselwirkung dieser Subsysteme mit der Wasserwirtschaft betont werden, um auf dieser Basis nach einer grundlegenden Lösung der Probleme zu suchen. (Diese Betrachtung ließe sich auch auf andere Subsysteme, wie die Religion, ausweiten.[4])

1.2 Fragestellung und Aufbau der Arbeit

Ziel dieser Arbeit ist es, die Fragen einer gerechten und nachhaltigen Nutzung internationaler Wasserressourcen am Beispiel des Jordanbeckens zu diskutieren. Zum einen stellt sich das Problem einer nachhaltigen Nutzung

---

4 Beispielsweise untersucht Thomas Naff derzeit die gewohnheitsrechtlichen Vorstellungen im Islam zur Nutzung internationaler Wasserressourcen im Vergleich mit den westlichen (vgl. Naff 1993).

in dieser Region besonders dringend, da in Israel, Jordanien und den autonomen und besetzten palästinensischen Gebieten als den zentralen Staaten des Jordanbeckens die Nachfrage nach Wasser schon heute das erneuerbare Potential übersteigt. Unsicherheiten über die Zukunft, wie ein hohes Bevölkerungswachstum, die Verschlechterung der Wasserqualität und langfristige Unwägbarkeiten wie mögliche Klimaveränderungen, werfen die Frage nach einer gerechten Verteilung der Ressourcen zwischen den Staaten und den Generationen auf. Gesucht sind wasserwirtschaftliche Konzepte, die sich langfristig als tragfähig erweisen, sowohl im ökologischen Sinne als auch auf der ökonomischen und politischen Ebene. Dabei sind alle diese Ebenen gleichermaßen in den Blick zu nehmen, da viele Strategien, die auf den ersten Blick als "Lösung" erscheinen, sich auf den jeweils anderen Ebenen als problematisch erweisen. Wie sind also im Falle des Jordanbeckens die unterschiedlichen wasserwirtschaftlichen Strategien in Hinblick auf ihre Nachhaltigkeit zu bewerten, und welche Empfehlungen können daraus abgeleitet werden?

Gleichzeitig zeigt sich, daß die Perspektive nicht nur auf den diachronischen Aspekt der intergenerationellen Verteilung eingeengt werden kann. Bedingt durch den Umstand, daß die meisten Wasservorkommen der Region in einem physikalischen Zusammenhang miteinander stehen, der über die einzelnen Staatsgrenzen hinausgeht, muß eine Lösung für die zwischenstaatliche, synchronische Zuteilung der Wasserressourcen gefunden werden. Da die Nutzungen der einen Folgen auf die Nutzungen der anderen zeitigen, birgt die gegebene Knappheitssituation ein Konfliktpotential, dem nur durch zwischenstaatliche Kooperation begegnet werden kann, wenn es nicht durch Formen von Gewalt in der Schwebe gehalten werden oder zu einem offenen Konfliktausbruch kommen soll. Zum gegenwärtigen Zeitpunkt haben sich Israel, die PLO und die arabischen Nachbarstaaten für eine gemeinsame Lösung ihres generellen Konflikts, aber auch des speziellen Wasserkonflikts entschieden. Allerdings unterscheiden sich die Vorstellungen, wie eine solche gemeinsame Lösung aussehen und wie sie erreicht werden könnte, noch erheblich. Dabei erschwert die in Zukunft aller Voraussicht nach noch zunehmende Dringlichkeit der Wasserfrage eine Kompromißfindung. Wie könnte also eine gerechte Lösung des zwischenstaatlichen Verteilungsproblems aussehen?

Die Fragen nach einer gerechten und nachhaltigen Nutzung der Wasserressourcen werden in dieser Arbeit gemeinsam betrachtet, da von folgenden Annahmen ausgegangen werden kann:

1. Eine nachhaltige Wassernutzung muß im Falle knapper, internationaler Ressourcen eine gerechte Verteilung der Nutzungen einschließen, um

sich nicht selbst durch einen möglichen Ausbruch von Gewaltkonflikten ad absurdum zu führen.
2. Es stellt sich sowohl von einem ökonomischen als auch von einem ethischen Gesichtspunkt aus die Frage, inwiefern eine gerechte Verteilung mit dem Konzept einer nachhaltigen Wassernutzung im Sinne einer Effizienzsteigerung gekoppelt werden könnte.
3. Es ist anzunehmen, daß eine nachhaltige Wassernutzung die Lösung der intragenerationellen Verteilung vereinfachen würde.

Das Anliegen dieser Arbeit ist es, die Gegebenheiten im Jordanbecken unter dieser dreifachen Fragestellung zu untersuchen, um so eine Perspektive aufzeigen zu können, die die Aspekte der Nachhaltigkeit und der Gerechtigkeit in intra- und intergenerationeller Hinsicht eint. Dabei sollen die Zielvorstellungen zur nachhaltigen Wassernutzung, die in verschiedenen Zusammenhängen allgemein formuliert werden, für das Jordanbecken konkretisiert werden. Wie könnte also eine gerechte Verteilung des Wassers praktisch erreicht werden, und welche wasserwirtschaftlichen Strategien lassen sich als nachhaltig empfehlen? Dabei wird diese Arbeit an ihre Grenzen stoßen, wenn sie auf die Frage nach möglichen Wegen zur politischen Umsetzung dieser (konkretisierten) Ziele trifft.

Entsprechende Zielvorstellungen lassen sich nicht oder nur schwer aus einer einzelwissenschaftlichen Perspektive gewinnen. Gesucht ist also eine Ebene, auf der die gegenseitige Bedingtheit politischer, ökonomischer, rechtlicher und technischer Fragen aufgezeigt und verdeutlicht werden kann. Dies geschieht wohl wissend, daß alle diese einzelnen Disziplinen in ihrer jeweiligen Methodik ihre Bedeutung haben, worauf auch zurückgegriffen werden muß, um dann aber aus den Einzelfragen herauszutreten und ihre Kopplung unter einer zentralen Fragestellung in den Blick zu nehmen.

Die folgenden drei Kapitel sollen in die Wasserproblematik des Jordanbeckens einführen. Dabei werden drei verschiedene Perspektiven gewählt, um der Vielschichtigkeit der Situation gerecht zu werden:

Kapitel 2 stellt zunächst die Hydrologie des Jordanbeckens vor. Indem die geographische Lage, das Potential und die Nutzungen der unterschiedlichen Wasservorkommen aufgezeigt werden, können mögliche Konfliktfelder und deren Teilnehmer lokalisiert werden. *Kapitel 3* gibt einen Überblick über die Geschichte der Auseinandersetzung um die Wasserressourcen des Jordanbeckens und führt somit zur gegenwärtigen Situation hin. Dieser Überblick stützt sich auf Forschungsarbeiten, die zur Geschichte des Konflikts durchgeführt wurden, ohne dabei allen Einzelargumenten gerecht werden zu können. *Kapitel 4* stellt die Wasserbilanzen und wasserwirtschaftlichen Prioritäten der drei zentralen Staaten des Jordanbeckens Israel,

Jordanien und palästinensische Gebiete vor.[5] Dies geschieht auf der Basis von Veröffentlichungen und Materialien entsprechender Institutionen, aber auch der internationalen Literatur. Dabei soll das Bild, das sich aus der zugänglichen Literatur ergibt, nachgezeichnet werden. Zusätzlich soll ein Überblick über die Wasserpolitik der einzelnen Gebiete gegeben werden, wobei Israel aufgrund seiner ausgeprägten Wasserpolitik eingehender behandelt werden wird. Insgesamt wird die Betrachtung der einzelnen nationalen Wasserbilanzen die Notwendigkeit einer nachhaltigen Wassernutzung, ihr Vergleich aber die Frage nach einer gerechten Verteilung der Nutzungen aufwerfen. Da gemäß obiger Argumentation eine nachhaltige Wassernutzung ohne Berücksichtigung des Aspektes zwischenstaatlicher Gerechtigkeit kurzsichtig wäre, wird in *Kapitel 5* die Frage nach einer gerechten Wassernutzung gestellt. Zu diesem Zweck werden völkerrechtliche Prinzipien der Nutzung internationaler Wasserläufe vorgestellt, um auf dieser Grundlage bestehende Zuteilungsvorschläge zu diskutieren und auch einen eigenen Vorschlag zu unterbreiten. In *Kapitel 6* werden schließlich wasserwirtschaftliche Strategien vorgestellt, die eine zukunftsfähige Nutzung der gemeinsamen Wasserressourcen ermöglichen können, um so die Fragen nach einer gerechten und nachhaltigen Wassernutzung wieder zusammenzuführen. *Kapitel 7* faßt die wichtigsten Aussagen der Arbeit zusammen.

---

5 Generell stehen Israel, Jordanien und die palästinensischen Gebiete im Mittelpunkt der Arbeit. Syrien und der Libanon werden einbezogen, wenn sich dies als besonders wichtig erweist.

2. Die Hydrologie des Jordanbeckens

Das Jordanbecken liegt im zentralen Nahen Osten und erstreckt sich von der Quelle des Hasbanis im Norden über 360 km bis zum Toten Meer im Süden (Abbildung 2.1). Sein Wassereinzugsgebiet umfaßt Oberflächen- und Grundwasser in einem Gebiet von rund 18 300 km² und gehört zum Staatsgebiet von fünf Ländern: dem Libanon, Syrien, Israel, Jordanien sowie dem palästinensischen Westjordanland (Shuval 1993, S. 101).

Neben dem eigentlichen Wassereinzugsgebiet des Jordans spielen die Berg-Aquiferen des Westjordanlands und der Küsten-Aquifer in Israel und im Gazastreifen sowie (mit Einschränkungen) der südlibanesische Fluß Litani eine wichtige Rolle für das Wasseraufkommen der Region.

2.1 Klimatische Situation

Die Region liegt in der Übergangszone von mediterranem, subtropischem Klima im Nordwesten zu aridem Wüstenklima im Südosten und ist somit größtenteils semiarid. Die Sommer sind heiß und trocken, die Winter warm und feucht. Niederschläge treten vor allem als Steigungsregen in den Bergregionen auf und variieren sowohl räumlich als auch saisonal. Etwa 75 % der Niederschläge fallen während der Wintermonate von November bis März. Die jährlichen Niederschlagsmengen schwanken um 25 bis 40 % (Wolf/Ross 1992, S. 922 ff.) und können in feuchten Jahren bis zu 200 % erreichen, wie z. B. 1992 nach einer längeren Dürreperiode (Shevah/Kohen 1993, S. 1). Die durchschnittlichen Niederschläge reichen in Israel von 900 mm/a im Norden bis 400 mm/a im Süden, bei einer weiteren Abnahme von 250 mm/a auf 25 mm/a im Negev (Shevah/Kohen 1993, S. 1). Im Westjordanland variieren die Niederschläge zwischen 500 und 700 mm/a, um zur Jordan-Senke hin auf 300 bis 100 mm/a abzufallen. Im Gazastreifen nehmen die Niederschläge von Norden nach Süden von 400 mm/a auf 200 mm/a ab. In Jordanien haben lediglich 3 % der Fläche mehr als 300 mm/a Niederschlag (Salameh/Bannayan 1993, S. 7).[1]

---

[1] Man beachte, daß Regenfeldbau für die meisten Anbauprodukte erst ab 300 mm/a möglich ist.

Abbildung 2.1: Das Jordanbecken

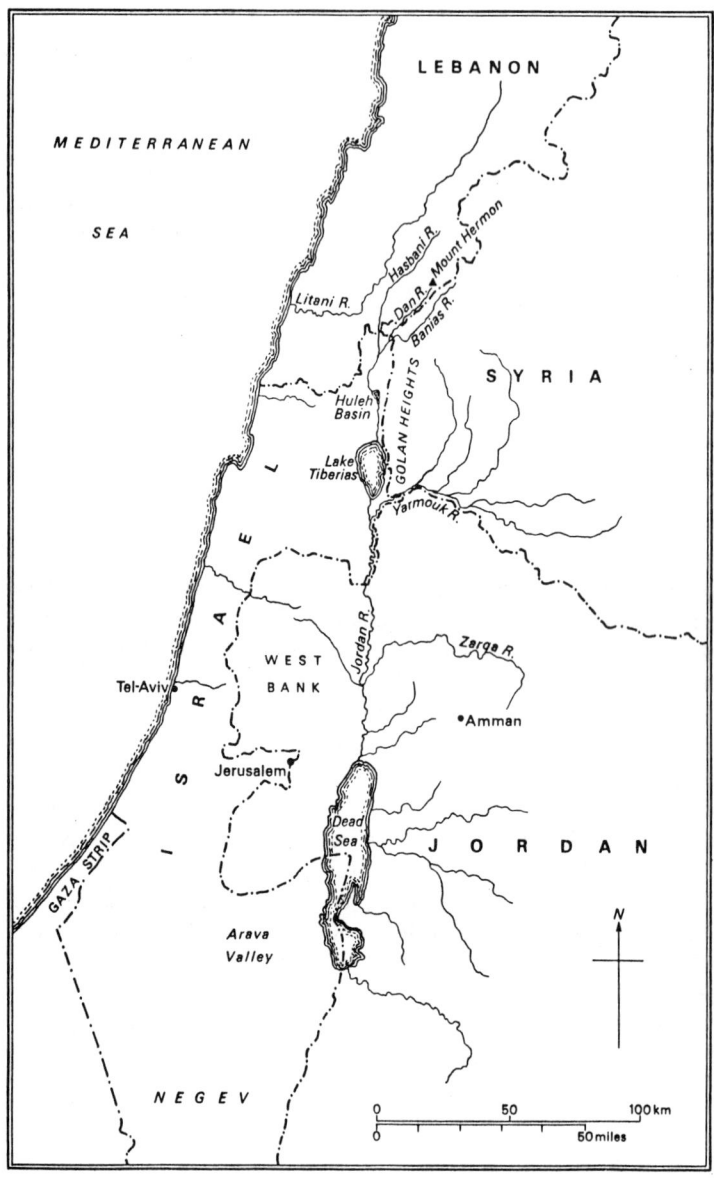

Quelle: Lowi (1993b, S. 24).

Die Niederschlagsmengen (vgl. Abbildung 2.2, S. 30) im Jordanbecken sind somit extrem unterschiedlich. Während sie in den nordwestlichen bergigen Regionen zum Teil sogar höher als an vielen Orten in Mitteleuropa liegen - allerdings auf wenige Monate im Jahr konzentriert -, limitieren die geringen Niederschlagsmengen in den Wüstengebieten im Negev oder im Osten von Jordanien wirtschaftliche und landwirtschaftliche Aktivitäten.

2.2 Das Jordanbecken

2.2.1 Das Oberflächenwasseraufkommen des Jordanbeckens

Der Jordan speist sich im Oberlauf aus den drei Quellflüssen Hasbani, Dan und Banias. Der Hasbani entspringt im Libanon und hat einen durchschnittlichen Abfluß von ca. 125 Mio. m³/a, der Dan mit ca. 250 Mio. m³/a in Israel und der Banias, einschließlich der Hermon-Quelle, mit ca. 125 Mio. m³/a in Syrien (Kolars 1992, S. 110). Der Banias ist seit der Besetzung der Golanhöhen im Juni 1967 unter israelischer Kontrolle. Ähnliches gilt für den Hasbani, der seit 1982 in der sogenannten südlibanesischen Sicherheitszone liegt. Die Flüsse fließen ca. 6 km hinter der israelischen Staatsgrenze zusammen. Der Jordan durchfließt im Norden Israels die Sümpfe des Huleh-Beckens und mündet - einschließlich von Zuflüssen und israelischen Entnahmen im Umfang von ca. 110 Mio. m³/a - mit ca. 510 Mio. m³/a auf einem Niveau von 210 m unter dem Meeresspiegel in den See Genezareth (bzw. Tiberias/Kinneret/Galiläi) (Shuval 1993, S. 101); der See wird als natürlicher Wasserspeicher genutzt.

In den See Genezareth werden seit Mitte der fünfziger Jahre zusätzlich ca. 100 Mio. m³/a aus dem Yarmuk (siehe unten) künstlich zugeleitet (Kolars 1992, S. 110).[2] Israel pumpt seit Mitte der sechziger Jahre ca. 460 Mio. m³/a aus dem See ab und transportiert den Großteil über eine Wasserleitung, den sogenannten National Water Carrier (NWC), durch ganz Israel bis in den Negev (Shuval 1993, S. 101). Salzquellen, die um den See herum auftreten, werden künstlich in den südlichen Seeabfluß umgeleitet, um das Wasser des Sees nicht zusätzlich aufzusalzen.

---

2 Nach Shuval werden lediglich 45 Mio. m³/a Winterwasser aus dem Yarmuk in den See Genezareth gepumpt. Zusätzlich entnehmen israelische Farmer 25 Mio. m³/a aus dem Yarmuk, so daß der israelische Anteil an der Nutzung des Yarmuks bei 70 Mio. m³/a liegt (Shuval 1993, S. 105). Im folgenden wird dennoch weiterhin von 100 Mio. m³/a ausgegangen werden, da diese Zahl in anderen Literaturquellen überwiegt.

Abbildung 2.2: Niederschlagsverteilung im Jordanbecken

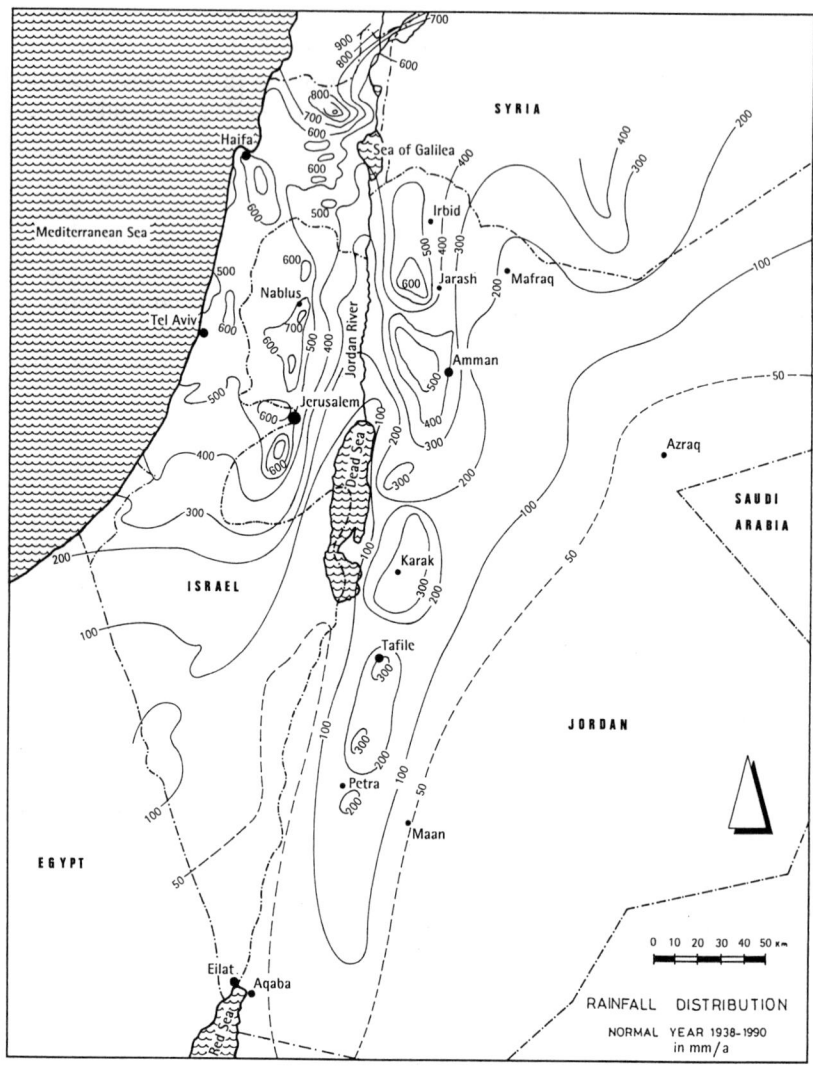

Quelle: Niederschlagsdaten für Israel aus Kally (1993, S. 181), für Jordanien aus Salameh/Bannayan (1993, S. 8); Übertragung von Daniel Cordick.

Etwa 10 km südlich des Sees Genezareth liegt die natürliche Mündung des Yarmuks. Sein jährliches Aufkommen liegt bei 400 bis 500 Mio. m³/a.[3] Der Yarmuk entspringt in Syrien und bildet über ca. 40 km die syrisch-jordanische Grenze, bevor er am sogenannten Adisiyeh-Dreieck[4] in den Jordan mündet. Syrien nutzt seit den letzten Jahren im Oberlauf des Yarmuks mindestens 170 Mio. m³/a, eventuell bereits 240 Mio. m³/a oder mehr (Shuval 1993, S. 104). Jordanien leitet vor der Mündung des Yarmuks ca. 110 bis 130 Mio. m³/a in den East-Ghor- bzw. King-Abdullah-Bewässerungskanal parallel zum Jordan in südliche Richtung ab (Al-Mubarak Al-Weshah 1992, S. 127). Zusätzlich wird die oben erwähnte Menge in den See Genezareth abgeleitet, so daß die in den Jordan mündende Menge entsprechend reduziert ist.

Südlich des Zusammenflusses mit dem Yarmuk durchfließt der Unterlauf des Jordans die sogenannte Jordan-Senke zwischen Jordanien und dem Westjordanland und mündet nach ca. 100 km auf einer Höhe von 400 m unter dem Meeresspiegel in das Tote Meer. Der Unterlauf erhält Zuflüsse durch den jordanischen Fluß Zarqa und andere Wadis in der Größenordnung von ca. 322 Mio. m³/a sowie durch das Frühjahrsflutwasser des Jordans im Umfang von ca. 185 Mio. m³/a (Kolars 1992, S. 110). Auf jordanischer Seite werden diese Wasseraufkommen zunehmend gestaut und genutzt, so daß sich der Zufluß entsprechend reduziert. Nach Beschorner liegt die Entnahme bei 120 Mio. m³/a (Beschorner 1992, S. 15); allerdings läßt die Bilanz zwischen Zufluß in den Unterlauf und Abfluß ins Tote Meer darauf schließen, daß sie höher ist.

Der Abfluß des Jordans ins Tote Meer wird auf 250 bis 300 Mio. m³/a geschätzt (Shuval 1993, S. 106); unter natürlichen Bedingungen wären es bis zu 1 477 Mio. m³/a (Kolars 1992, S. 110). Der Wasserdurchfluß des Jordanbeckens liegt weit unter dem der Ströme der Nachbarstaaten, wie dem Euphrat mit ca. 49 100 Mio. m³/a, dem Tigris mit ca. 32 700 Mio. m³/a (Kolars 1992, S. 106) oder dem Nil vor Ägypten mit ca. 55 500 Mio. m³/a (Postel 1993a, S. 60). Der natürliche Abfluß des Jordans in das Tote Meer wäre eher mit der Spree vor ihrer Mündung in die Havel vergleichbar, deren Durchfluß bei 1 300 Mio. m³/a liegt (SenStadtUm 1992, S. 12).

---

3 Die Literaturangaben über das Wasseraufkommen des Yarmuks liegen zwischen 400 und 500 Mio. m³/a; eine Zusammenstellung findet sich bei Kolars (1992, S. 110). In den Wasserverhandlungen unter Johnston in den fünfziger Jahren wurde ein Wert von 492 Mio. m³/a zugrunde gelegt (vgl. Tabelle 2). Shuval geht von 400 bis 450 Mio. m³/a aus (Shuval 1993, S. 102).

4 Das Adisiyeh-Dreieck ist das "dreieckige" Landstück, das durch den See Genezareth, den Jordan und den Yarmuk begrenzt wird.

Abbildung 2.3 stellt die Aufkommen der Oberflächengewässer des Jordanbeckens schematisch zusammen.

Abbildung 2.3: Schematische Darstellung des Jordans mit wichtigen Zuflüssen und Entnahmen (in Mio. m³/a)

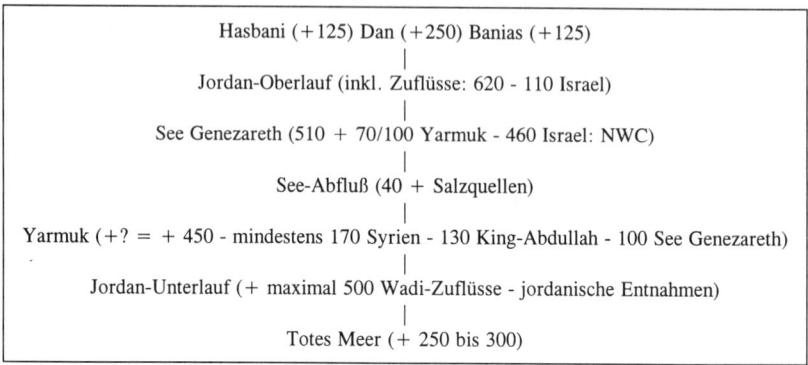

Quelle: Zahlen aus: Kolars (1992, S. 110); Al-Mubarak Al-Weshah (1992, S. 127); Shuval (1993, S. 101 ff.).

Es sei bereits an dieser Stelle festgehalten, daß die Zahlen über das Wasseraufkommen und die Wassernutzungen der Region in der Literatur mehr oder weniger stark variieren. Das mag zum einen an Bilanzierungsproblemen liegen, da sowohl die natürlichen Aufkommen stark schwanken, als auch Verbräuche und Verluste zum Teil schwer ermittelbar sind. Allerdings stellt der Austausch von Daten im wesentlichen ein politisches Problem dar. Über Jahrzehnte hinweg wurden nur vereinzelt auf technischer Ebene Daten ausgetauscht, ein regionaler Datentransfer und eine offizielle Anerkennung auf politischer Ebene aber abgelehnt. Im Rahmen des Nahost-Friedensprozesses wurde 1992 erstmals die Wichtigkeit eines Datenaustausches unter politisch "wünschenswerteren" Bedingungen konstatiert (vgl. Lowi 1993a, S. 113). Im April 1994 wurde bei den multilateralen Wasserverhandlungen (siehe unten) in Maskat, Oman, das Angebot der deutschen Bundesregierung angenommen, eine Studie zu finanzieren, in der Daten über Wasservorkommen und -nutzungen vereinheitlicht und von den verschiedenen Staaten gegenseitig anerkannt werden sollen; diese Studie wird derzeit von der Gesellschaft für Technische Zusammenarbeit (GTZ) koordiniert (GTZ 1994). Im Rahmen der vorliegenden Arbeit soll der Versuch unternommen werden, das Bild, das sich aus der international zugänglichen Literatur ergibt, nachzuzeichnen.

2.2.2 Die Grundwasservorkommen im Jordanbecken

Niederschläge in den Bergen auf beiden Seiten des Jordantales fließen nicht nur oberflächig ab, sondern versickern in die ausgedehnten Grundwasserleiter in Israel, im Westjordanland und in Jordanien. Westlich des Jordans befinden sich drei große Aquifere; zwei davon fließen in Richtung Mittelmeer (siehe unten), während der östliche Berg-Aquifer zum Einzugsgebiet des Jordans gehört. Seine jährliche Erneuerungsrate *(safe yield)*, d. h. die Menge, die ohne nachteilige Effekte gefördert werden kann, liegt bei 125 Mio. m^3/a (Wolf/Ross 1992, S. 925). Der östliche Berg-Aquifer wird von Palästinensern und israelischen Siedlern zu ca. 75 % genutzt (vgl. Abschnitt 4.2). Sein Status - nationale palästinensische Ressource oder internationale Ressource als Bestandteil des Wassereinzugsgebietes des Jordans - ist bislang ungeklärt.

Die erneuerbaren Grundwasserressourcen auf der östlichen Jordan-Seite werden für Jordanien von Salameh - ohne den Anteil des Yarmuks - mit 342 Mio. m^3/a angegeben (Salameh 1990, S. 72). Nach Schiffler wird die Menge des versikkernden Oberflächenwassers in Jordanien auf 600 Mio. m^3/a geschätzt, wobei ca. 380 Mio. m^3/a wiederum als Quellwasser auftreten und ca. 220 Mio. m^3/a als erneuerbares Grundwasser gefördert werden können (Schiffler 1993, S. 17). Dieses ohne Schaden förderbare Grundwasserpotential nutzt Jordanien weitgehend. Des weiteren besitzt Jordanien fossile Grundwasservorkommen, d. h. Wasser, das vor 15 000 bis 25 000 Jahren beim Abschmelzen der kontinentalen Gletscher der nördlichen Hemisphäre in tiefe Schichten infiltrierte (Kolars 1992, S. 106). Zur Zeit werden davon ca. 200 Mio. m^3/a gefördert; da sie sich nicht erneuern, ist davon auszugehen, daß die Grundwasserleiter jährlich um diesen Betrag erschöpft werden (Schiffler 1993, S. 17).

2.2.3 Die Wasserqualität im Jordanbecken

Der größte Teil des Jordans fließt unter Meeresspiegelniveau bei extrem hohen Verdunstungsraten, so daß es zu einer natürlichen Aufsalzung des Flußwassers kommt. Diese wird dadurch verstärkt, daß zufließendes, salzarmes Wasser weitgehend entnommen wird. Zusätzlich sind viele der kleinen Quellen und Zuflüsse aufgrund von Salzablagerungen prähistorischer Meere sehr salzhaltig.

Die Quellflüsse im Norden hingegen haben lediglich einen Salzgehalt von 15 bis 20 ppm[5], und der Oberlauf des Jordans gilt als einziger "sauberer" Wasserlauf Israels (Collins 1994a, S. 7). Allerdings kam es durch die Drainage des Huleh-Beckens und durch landwirtschaftliche Nutzungen seit den fünfziger Jahren bereits im Jordan-Oberlauf zu erheblichen Belastungen sowie zu ökologischen Schäden durch Dünger, kommunale Abwässer und Fischzucht. Als Gegenmaßnahme wurde im April 1994 damit begonnen, ca. 600 der etwa 2 000 Hektar wieder zu überfluten und ausgestorbene Pflanzen- und Tierarten neu anzusiedeln. Dieses Großprojekt soll sich auf Investitionen von ca. 20 Mio. US-Dollar belaufen (taz, 27.4.1994).

Am Abfluß des Sees Genezareth steigt der Salzgehalt des Jordans durch Verdunstung und die Einleitung salzhaltiger Quellen auf ca. 340 ppm, wird durch die Vermischung mit Yarmuk-Wasser auf etwa 100 ppm verdünnt und steigt auf mehrere tausend ppm bis zur Allenby-Brücke nahe Jericho. Wasser dieser Salzkonzentration kann ohne Entsalzung weder als Trink- noch als Bewässerungswasser genutzt werden. Seit den fünfziger Jahren gilt der Unterlauf des Jordans als bloßes Rinnsal. J. Isaac kommentiert:

> "Several Israeli projects have altered the character of the Jordan River, reducing it to little more than a trickle of sewage" (Isaac 1993, S. 57/8).

Der Chloridgehalt des Yarmuks liegt bei 15 bis 25 ppm (Al-Mubarak Al-Weshah 1992, S. 127). Der jordanische Zarqa gilt im Sommer als bloßer Abwasserleiter (Salameh/Bannayan 1993, S. 22).

Der Salzgehalt des Toten Meeres liegt mit 250 000 ppm siebenfach über dem der Ozeane (Wolf/Ross 1992, S. 922). Der Spiegel dieses Meeres ist von 1950 bis 1980 um etwa 10 m gesunken, was seit 1975/76 zur Unterbrechung der Verbindung zwischen dem nördlichen, ca. 390 m tiefen Becken und dem flachen südlichen Becken geführt hat (Davis et al. 1980, S. 10; Kolars 1992, S. 109).

Durch die Trockenheit Ende der achtziger/Anfang der neunziger Jahre reduzierte sich das Wasseraufkommen für die gesamte Region drastisch. Der Seewasserspiegel des Sees Genezareth sank um etwa 4 m, was beinahe weiteres Abpumpen für Israel unmöglich gemacht hätte und womit über ein Viertel der israelischen Wasserversorgung ausgefallen wäre. Starke Regenfälle im Winter 1992 normalisierten die Verhältnisse wieder (Beschorner 1992, S. 10).

---

[5] Der Grenzwert der deutschen Trinkwasserverordnung liegt bei 250 mg HCl$^-$/l bzw. 250 ppm.

2.3 Die westlichen Grundwasserleiter

Im von Israel besetzten Westjordanland befinden sich neben dem östlichen Grundwasserleiter zwei weitere bedeutende Aquifere (Abbildung 2.4). Der westliche Berg-Aquifer (in Israel: Yarkon-Taninim) ist mit einer jährlichen Erneuerungsrate von ca. 335 Mio. m³/a der größte. Er liegt relativ tief in einer Kalk-Dolomit-Schicht, fließt in westliche Richtung in israelisches Kerngebiet hinein und tritt in der Rosh-Ha'ayin-Quelle des Yarkons bei Tel Aviv/Jaffa und der Taninim-Quelle bei Hadera zutage. Heute werden insgesamt etwa 94 % der jährlichen Erneuerungsmenge des westlichen Berg-Aquifers genutzt. Besonders im Bereich der Taninim-Quelle kommt es bereits zu erhöhtem Salzgehalt. Der nordöstliche Berg-Aquifer (in Israel: Gilboa- oder Bet-Shean-Aquifer) hat ein jährliches Aufkommen von etwa 140 Mio. m³/a. Er fließt in die israelischen Täler Bet Shean und Jezre'el und wird mindestens zu 85 % genutzt (Beschorner 1992, S. 13).

Das Regenanreicherungsgebiet beider Aquifere liegt größtenteils im Westjordanland, da es in den Bergregionen zu Steigungsregen kommt. Im Fall des westlichen Berg-Aquifers wird der Anteil der Anreicherungsfläche des Westjordanlandes auf 78 % geschätzt. Der größere Teil seiner Speicherfläche hingegen liegt im israelischen Kerngebiet. Das Anreicherungsgebiet des nordöstlichen Berg-Aquifers liegt fast vollständig in der Westbank (Assaf et al. 1993, S. 27). Die Nutzung beider Aquifere erfolgt (bisher) größtenteils durch Israel.

Entlang der Mittelmeerküste erstreckt sich auf israelischem Kerngebiet und im Gazastreifen der relativ flache Küsten-Aquifer. Auf israelischem Gebiet beträgt sein Aufkommen ca. 280 Mio. m³/a, im Gazastreifen ca. 65 Mio. m³/a (Kolars 1992, S. 113). Er wurde in den letzten Jahrzehnten stark überfördert, was zum Eindringen von Mittelmeerwasser führte. Sein Wasserdefizit wird inzwischen auf 1,1 Mrd. m³ geschätzt. Am stärksten ist die Belastung im Gazastreifen, hier haben ca. 60 % der Brunnen einen Salzgehalt über 600 ppm und einen um 15 bis 20 ppm im Jahr steigenden Chloridgehalt (Isaac 1993, S. 60). Zusätzliche Belastungen ergeben sich durch überhöhte Nährstofffrachten und Pestizide aus der Intensivlandwirtschaft. Der Zustand der Wasserqualität im Gazastreifen stellt gemäß einer palästinensischen Studie eine akute Gefährdung der Gesundheit der Bevölkerung dar (JMCC 1994, S. 59 f.).

Abbildung 2.4: Schematische Darstellung des Berg-Aquifers

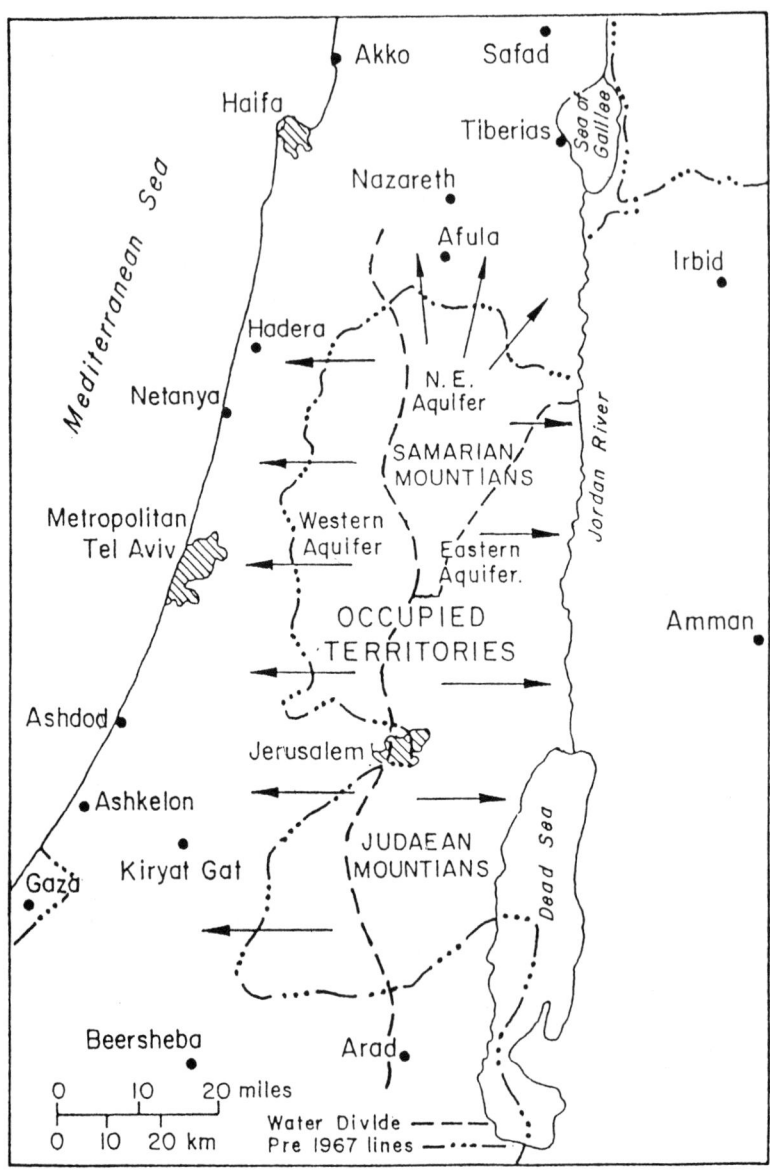

Quelle: Shuval (1993, S. 79).

2.4 Der Litani

Neben den Oberflächen- und Grundwasseraufkommen des Jordanbeckens und den westlichen Grundwassersystemen spielte der vollständig im Libanon gelegene Fluß Litani in der regionalen Auseinandersetzung um Wasser immer wieder eine Rolle. Der Litani entspringt auf halber Strecke im nord-südlich gelegenen Bekaa-Tal und erreicht mit ca. 455 Mio. m^3/a die Quirawn-Talsperre, von wo ca. 264 Mio. m^3/a (Beschorner: 432 Mio. m^3/a) zur Elektrizitätserzeugung durch den Markaba-Tunnel in den Awali-Fluß abgeleitet werden. Weitere Entnahmen am Unterlauf des Litanis erfolgen durch Bewässerung in der Qasmiyeh-Gegend, so daß der Fluß mit ca. 500 Mio. m^3/a ins Mittelmeer mündet - der natürliche Abfluß wird auf 920 Mio. m^3/a geschätzt. Seit 1982 liegen Teile des Litani in der von Israel einseitig erklärten südlibanesischen Sicherheitszone. Bilanzierungen am Flußunterlauf haben einen Verlust von ca. 100 Mio. m^3/a ergeben, was auf eine geologische Verbindung des Litanis mit den Dan- und Hasbani-Quellen in Form eines synklinischen Aquifers schließen läßt (Kolars 1992, S. 109 ff.). Somit könnte tatsächlich eine geohydrologische Verbindung mit dem Jordanbecken bestehen.

Abgesehen davon gilt der Litani als rein libanesisches Flußsystem, so daß es formal keine rechtlichen Ansprüche anderer Staaten auf ihn geben kann. Da es sich aber um den einzigen größeren Fluß in der Region handelt, dessen Wasser nicht vollständig genutzt wird, geriet und gerät seine Nutzung immer wieder in die Diskussion.

2.5 Fazit

Die hydrologische Betrachtung der Wasservorkommen in der Region des Jordans zeigt, daß drei verschiedengroße Wassereinzugsgebiete zu unterscheiden sind: das eigentliche Jordanbecken, die im Westen gelegenen Grundwassersysteme und der libanesische Fluß Litani. Die alleinige Betrachtung des Jordanbeckens reicht also nicht aus, um einerseits die internationale Auseinandersetzung um die Nutzung der geteilten Wasserressourcen und andererseits die einzelnen nationalen Positionen überzeugend analysieren zu können. Erst die Unterscheidung der verschiedenen Wasservorkommen zeigt, daß die einzelnen hydrologischen Gegebenheiten mit jeweils speziellen Konflikten um Wasser verknüpft sind.

Im Fall des Jordanbeckens sind insgesamt fünf konfligierende Parteien beteiligt, der Libanon, Syrien, Jordanien, Israel und die Palästinenser. Die Auseinandersetzung um das Jordan-Wasser zwischen Israel und den betroffenen arabischen Staaten bzw. der Arabischen Liga reicht bis zur Gründung des Staates Israel zurück. Zusätzlich sind immer wieder Konflikte zwischen einzelnen arabischen Staaten aufgetreten, wie z. B. in jüngerer Zeit zwischen Syrien und Jordanien. Die westlichen Grundwassersysteme liegen im Bereich des israelisch besetzten Westjordanlandes und des Gazastreifens auf der einen und dem israelischen Kernland auf der anderen Seite. Sie sind Gegenstand der israelisch-palästinensischen Auseinandersetzung. Der Litani stellt keine internationale Ressource dar, spielt in der Auseinandersetzung um die regionalen Wasseraufkommen allerdings immer wieder eine Rolle, in der der Libanon jeglichen Transfer ablehnt. Tabelle 2.1 gibt eine Zusammenschau der wichtigsten Wasseraufkommen in der Region und ihrer Nutzer (Angaben in Mio. m³/a).

Tabelle 2.1: Regionale Wasservorkommen und ihre Nutzer (in Mio. m³/a)

Jordanbecken		Westlich fließende Grundwassersysteme		Litani	
Safe yield	Nutzung davon	*Safe yield*	Nutzung davon	*Safe yield*	Nutzung davon
Jordan-Oberlauf: 620	I: 570	Westl. Berg-Aquifer: 335	I: 310 P: 24	Litani: 920	L: 420 (Transfer in Awali: 264)
Yarmuk: 400-500	I: 100 J: 130 S: 170	Nordöstl. Berg-Aquifer: 140	I: 110 P: 24		
Jordan. Wadis: 320-500	J: 120	Israel. Küsten-Aquifer: 280	I: 280		
Östl. Berg-Aquifer: 125	I: 40 P: 60	Gaza-Aquifer: 65	I/P: 110		

I: Israelis; J: Jordanier; L: Libanesen; P: Palästinenser; S: Syrer

Quelle: Zahlen siehe Text und Isaac (1993, S. 59 f.); Kolars (1992, S. 113); Shuval (1993, S. 91 f.).

3. Geschichtlicher Überblick: Wasser in der politischen Auseinandersetzung

Wasser spielt in der Geschichte des Nahen Ostens seit jeher eine wichtige Rolle. Dies bezeugen nicht nur die Schriften der verschiedenen monotheistischen Hochreligionen, sondern auch an die regionalen Wasserverhältnisse angepaßte Siedlungsformen wie die der Nabatäer im 2. und 1. Jahrhundert v. Chr. oder der Byzantiner im 5. und 6. Jahrhundert n. Chr., die durch bestimmte Auffangmethoden und Zisternen in der Lage waren, kurzzeitig auftretendes Flutwasser aufzufangen, zu speichern und so in ariden Gegenden zu überleben. Allerdings kann davon ausgegangen werden, daß das Wasser in der Region vermehrt erst im 20. Jahrhundert zum politischen, ökonomischen und ökologischen Faktor wurde. Dies ist eine Entwicklung, deren anfängliche Ursachen in den politischen Neuordnungen nach dem Ersten und nach dem Zweiten Weltkrieg, dem entstehenden Zionismus auf der einen und dem arabischen Nationalismus auf der anderen Seite sowie im Übergang zu veränderten Wirtschaftsformen gesucht werden können.

3.1 Regionale Wasserentwicklungspläne und sogenannte "Johnston-Verhandlungen"

3.1.1 Der Zionismus und der "Loudermilk-Hayes-Plan"

Im Jahr 1895 wird auf dem "1. Zionistischen Kongreß" die Idee der Errichtung eines jüdischen Staates in dem unter osmanischer Herrschaft stehenden Palästina propagiert. Großbritannien spricht sich 1917 in der "Balfour-Deklaration" für die "Errichtung der nationalen Heimstätte des jüdischen Volkes in Palästina" aus, allerdings unter der Voraussetzung:

> "... daß nichts geschieht, was den bürgerlichen und religiösen Rechten der in Palästina bestehenden nichtjüdischen Gemeinschaften [...] Abbruch tun könnte" (zit. in Hollstein 1984, S. 83).

Im Anschluß an den Ersten Weltkrieg wird Transjordanien von dem Gebiet Palästinas abgespalten und beide Staaten unter britisches Völkerbundsmandat gestellt. Der Jordan wird erstmals zu einer internationalen Grenze

(Zarour/Isaac 1993, S. 40). Die neuen Grenzen des Libanons und Syriens, unter französischem Mandat, schließen den Litani und die Quellflüsse des Jordans ein.

Die zionistische Bewegung hingegen strebt ein an die Wasservorkommen angepaßtes Staatsgebiet an:

> "The boundaries cannot be drawn exclusively on historic lines [...] our claims to the north are imperatively demanded by the requirements of modern economic life" (Chaim Weizmann 1919, zit. in Wolf/Ross 1992, S. 927).

Damit wird erstmals der Anspruch auf den wasserreichen Norden, implizit den Litani einschließend, formuliert und ökonomisch begründet. Schwerpunkt der folgenden zionistischen Kolonisation ist der Landerwerb und die Errichtung von Siedlungen als "Politik des strategischen Bodenbesitzes", insbesondere in den Grenzzonen Palästinas (Hollstein 1984). Tatsächlich wird diese Methode der "Territoriumsmarkierung" im UN-Teilungsplan des Jahres 1947 zur Festsetzung der Grenzen eines israelischen Staates berücksichtigt werden.

Das einzige größere wasserbauliche Projekt vor der Teilung von 1947 ist eine 1926 von Rutenberg errichtete Talsperre am Zusammenfluß von Yarmuk und Jordan mit einer Konzession für 70 Jahre, die allerdings im Krieg von 1948/49 zerstört werden wird.

Die britische Mandatsmacht strebt zunächst die Teilung des Gebiets in einen arabischen und einen jüdischen Staat an. Zunehmende zionistisch-arabische Feindseligkeiten lassen die Briten Ende der dreißiger Jahre zu einer antizionistischen Politik übergehen, die jüdische Einwanderung und Landkäufe beschränkt, um eine arabische Mehrheit aufrechterhalten zu können (dtv-Atlas 1980, S. 259). Wasser wird zu einem politischen Argument bezüglich der Aufnahmefähigkeit für die steigende Zahl der Immigranten. Vor Ausbruch des Zweiten Weltkrieges erscheinen zwei sich widersprechende Gutachten. Der *Ionides-Plan* geht von unzureichenden Wasserressourcen für eine jüdische Immigration aus. Das *MacDonald-Weißbuch* sieht eine zusätzliche Einwanderung von bis zu insgesamt 75 000 jüdischen Siedlern als möglich an (Wolf/Ross 1992, S. 929).

Im Jahr 1944 veröffentlicht Dr. W. Loudermilk vom U.S. Soil Conservation Service für die Jewish Agency das Buch "Palestine, Land of Promise", eine Vision für ein modernes Israel. Danach soll durch entsprechendes Gewässermanagement die Wasserversorgung für 4 Mio. Juden und 1,8 Mio. Araber sichergestellt werden können. Nach dem Vorbild der Tennessee Valley Authority (TVA) soll eine regionale Wasserbehörde die Entwicklung von Bewässerungslandwirtschaft an beiden Jordan-Ufern, eine Wasserleitung vom Jordan-Oberlauf in den Negev und den Bau eines Kanals vom Mittelmeer zum Toten Meer zur Erzeugung von Wasserkraft und zur Zuleitung von Wasser ins Tote Meer planen. Der amerikanische Ingenieur Hayes konkretisiert 1945 diese Vorhaben auf technischer Ebene (Davis et al. 1980, S. 8). Die Briten bleiben dem Plan gegenüber skeptisch.

Im Jahr 1947 entwickeln die neugegründeten Vereinten Nationen den Teilungsplan für Palästina. Zu diesem Zeitpunkt besteht die Bevölkerung Palästinas zu etwa 70 % aus Arabern und zu 30 % aus Juden. Die arabische Bevölkerung besitzt ca. 45 % des Landes, die jüdische Gemeinschaft 7 %; der Rest untersteht der britischen Mandatsverwaltung. Im Teilungsplan der Vereinten Nationen wird der jüdischen Gemeinschaft 55 % der Fläche und der arabischen 45 % zugeteilt (JMCC 1994, S. 31). Die Jewish Agency nimmt den Plan an, die arabischen Staaten lehnen ihn ab.

Nach Abzug der Briten im Mai 1948 ruft der Nationalrat der Juden in Palästina den unabhängigen Staat Israel aus, was zum Ausbruch des ersten Krieges zwischen Israel und der Arabischen Liga führt (sogenannter Unabhängigkeitskrieg). Im Waffenstillstandsabkommen von 1949 hat Israel sein Territorium vergrößert, das westliche Jordanland fällt an Jordanien, der Gazastreifen an Ägypten, und Jerusalem wird geteilt. Die militärische Demarkationslinie stellt bis heute die sogenannte "grüne Linie" dar, die das israelische Kerngebiet kennzeichnet (Abbildung 3.1, S. 42).

Bis zum Jahr 1952 kommt es zur Einwanderung von ca. 1 Mio. Juden, so daß die israelische Bevölkerung insgesamt auf etwa 1,6 Mio. ansteigt. In den vierziger und Anfang der fünfziger Jahre fliehen 700 000 bis 900 000 Palästinenser aus dem israelischen Kerngebiet, davon 450 000 ins Westjordanland und nach Jordanien. Viele Flüchtlinge müssen in Flüchtlingslagern unterkommen (Wolf/Ross 1992, S. 926-930).

3.1.2 Nationale Wasserentwicklungspläne: "All Israel Plan" und "Bunger-Plan"

Ab 1951 werden verschiedene Wasserentwicklungspläne ins Spiel gebracht. Der israelische *All Israel Plan* sieht die Drainage des Huleh-Beckens vor sowie den Bau einer Wasserleitung in die Küstenebene und in den Negev mit dem Argument, daß sich dort fruchtbarere Böden befänden als im Norden. Der Beginn der Drainage führt zu militärischen Protesten Syriens, da sie im Bereich der entmilitarisierten Zone stattfindet.

Die arabischen Staaten diskutieren die Nutzung der Jordan-Quellflüsse Hasbani und Banias, und Jordanien kündigt die Bewässerung des östlichen Jordan-Ufers (East Ghor) mit Yarmuk-Wasser an.

Abbildung 3.1: Israel nach 1949

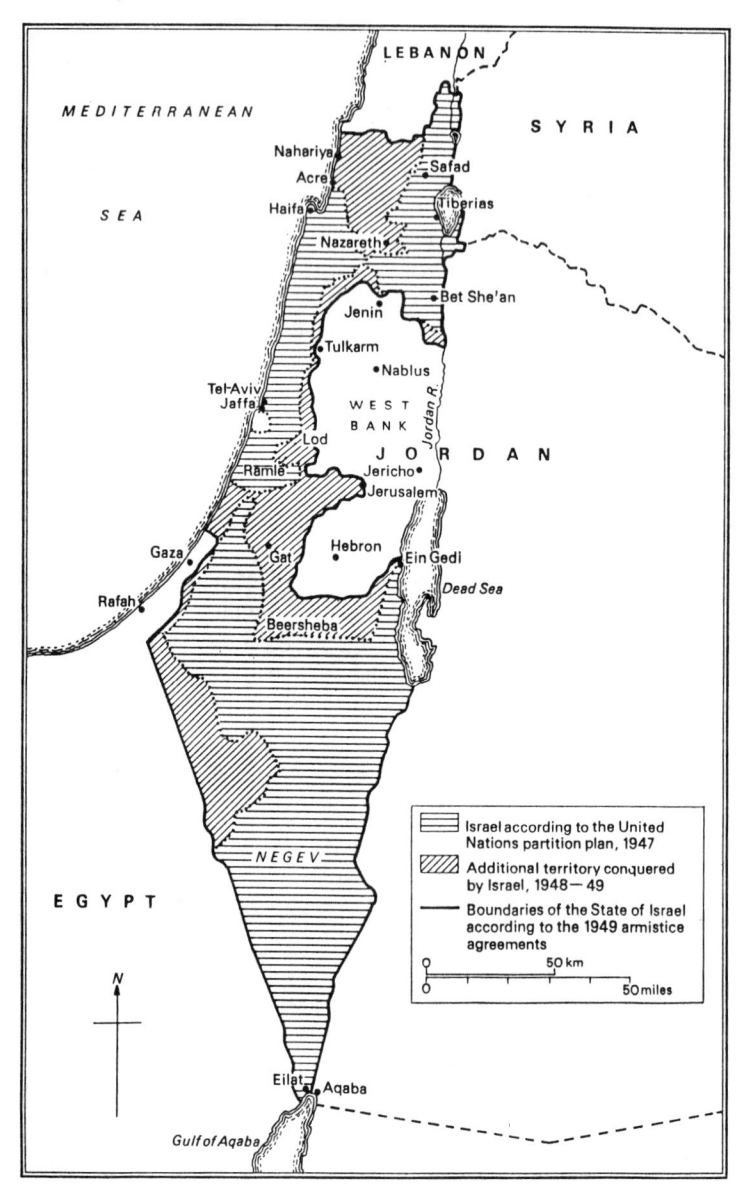

Quelle: Lowi (1993b, S. 48).

Im März 1953 kommt Jordanien mit der UNRWA überein, einen Plan für Jordanien, den *Bunger-Plan*, umzusetzen, der einen Staudamm am Yarmuk bei Maqarin mit der relativ hohen Kapazität von 480 Mio. m^3 vorsieht sowie eine Talsperre zur Wasserumleitung in den East-Ghor-Kanal bei Adisiyeh. Grundgedanke dieses Planes ist es, das Wasser des Jordanbeckens nur im Becken selbst zu nutzen (*in-basin use*).

Israel protestiert und reagiert im Juli mit dem Entschluß, Jordan-Wasser bei Gesher B'not Ya'akov, südlich des Huleh in der entmilitarisierten Zone zwischen Israel und Syrien, in einer Wasserleitung abzuführen. Syrische Einsprüche und ein israelischer Überfall in Qibya nahe Jerusalem führen zu einer Verschärfung der Situation; die Vereinten Nationen drohen mit finanziellen und ökonomischen Sanktionen gegenüber Israel. Unter dem internationalen Druck verlegt Israel die Entnahmestelle in israelisches Gebiet nach Eshed Kinrot am See Genezareth. Für Israel ist diese Entnahmestelle technisch und ökonomisch nachteilig, da der Salzgehalt höher ist und zusätzliche Energiekosten für die Überwindung des größeren Höhenunterschiedes entstehen.

3.1.3 Regionale Wasserverhandlungen unter Johnston

3.1.3.1 Der "Main-Plan" als regionaler Ansatz

Im Oktober 1953 entsendet der Präsident der USA, Dwight D. Eisenhower, den Unterhändler Eric Johnston zu Verhandlungen über einen integrierten, regionalen Entwicklungsplan für Bewässerungslandwirtschaft und Wasserkraftnutzung im Jordanbecken.

> "America's success with the Marshall Plan may have been an underlaying element in this move. Congressional pressure to liquidate the Palestine refugee problem was another element" (Reguer 1993, S. 55).

Grundlage der Mission ist der *Main-Plan* der TVA im Auftrag der UNRWA, der die effektive Nutzung des Jordan-Wassers unabhängig von politischen Grenzen anstrebt. Er sieht kleinere Dämme an Dan, Hasbani und Banias, eine mittlere Talsperre bei Maqarin und eine zusätzliche Speicherung im See Genezareth vor. Auf beiden Jordan-Ufern soll Bewässerungslandwirtschaft entwickelt werden. Wasserquoten sollen auf der Grundlage der ausschließlichen Verwendung des Wassers innerhalb des Beckens festgelegt sowie der Litani aus der Planung ausgeschlossen werden, da er nicht zum Wassereinzugsgebiet des Jordanbeckens gehört. Als Zuteilungskriterium soll die angestrebte Bewässerungsfläche dienen (Reguer 1993, S. 56). Der Main-Plan greift somit die Grundgedanken des Bunger-Planes auf, strebt deren Umsetzung allerdings auf regionaler Ebene an. Damit sollen die Vorteile einer integrierten Planung, die das Wassereinzugsgebiet als unteilbare Einheit betrachtet, genutzt werden, so daß beispielsweise überproportionierte Talsperren vermieden werden können.

Der Main-Plan wird der Arabischen Liga und Israel vorgelegt und stößt zunächst auf beiderseitige Ablehnung. Beide Seiten bilden technische Komitees zur Entwicklung von Gegenvorschlägen, da beide grundsätzlich an einer regionalen Entwicklung interessiert sind. Israel lehnt das Prinzip des *in-basin use* unter anderem unter Hinweis auf US-amerikanische Präzedenzfälle für Wassernutzungen außerhalb von Wassereinzugsgebieten ab. Es betrachtet die jordanische Bewässerungsfläche als zu groß angesetzt, klagt die Berücksichtigung des unterschiedlichen Salzgehalts der verschiedenen Wasservorkommen ein und steht einer internationalen Kontrolle ablehnend gegenüber. Die Arabische Liga lehnt alle Punkte ab, insbesondere aber richtet sie sich gegen den von Israel geplanten Transfer von Wasser aus dem Bekken sowie gegen eine Speicherung auf israelischem Gebiet, da der Transfer gegen das Völkerrecht verstoße: Ein Land könne keinen Fluß umleiten, wenn dies nachteilig für andere Anrainer sei. Gleichzeitig wird die politische Dimension dieses technischen Planes wahrgenommen, und es bestehen Bedenken gegen ein Abkommen mit einem Staat, dessen Existenz abgelehnt wird. Das Arab Palestine Office kommentiert im Juni 1954:

> "The conclusion is inescapable that under the guise of a purely technical report the Johnston Plan conceals the reality of a political program of a partial if not a complete solution of the Palestine problem. It is political through and through [...]. We cannot conceive how the Arabs, conscious of all these gross injustices, which need immediate redress, can, in sound mind and of their own free will, cooperate in a scheme which would not only improve the economic condition of the million Jews who have already occupied their homes but would help bring other millions to occupy more" (zit. in Reguer 1993, S. 58).

Es beginnen über zwei Jahre hinweg indirekte, zähe Verhandlungen mit abwechselnd beiden Parteien, zum einen auf politischer, zum anderen auf technischer Ebene (zur Rekonstruktion des Verhandlungsverlaufes siehe Reguer 1993). Im Mittelpunkt der Verhandlungen stehen:

- die grundsätzliche Anerkennung des Jordans als internationales Flußsystem;
- die Aufteilung des Wassers entsprechend potentieller Nutzung innerhalb des Beckens in Abhängigkeit von der geschätzten bewässerbaren Fläche und den Bewässerungsmethoden;

- die Frage nach der Beschränkung der Wassernutzung auf das Jordanbecken;
- die Speicherung des Winterflutwassers des Yarmuks, entweder bei Maqarin und/oder im See Genezareth;
- die mögliche Litani-Nutzung sowie
- die Art und Weise einer Supervision.

Zwar kann man sich auf das Kriterium der Wasseraufteilung einigen, offenbleibt aber, ob das Wasser nach der Aufteilung auch wirklich so genutzt werden soll oder ob dann nicht jeder Staat frei über das Wasser verfügen und es somit auch außerhalb des Jordanbeckens nutzen könnte.

3.1.3.2 Die Antworten: "Arabischer Plan", "Cotton-Plan" und "Baker-Herza-Plan"

Die Arabische Liga legt 1954 den *Arabischen Plan* vor, der auf der Nutzung im Becken besteht *(in-basin use)*, den vollständig auf israelischem Territorium gelegenen See Genezareth als Speicher ablehnt sowie den Litani ausschließt, aber in eine Supervision einwilligt. Insbesondere Jordanien ist an einer Einigung mit Israel interessiert, da es im Falle eines Abkommens internationale Projektmittel erwarten könnte.

Israel antwortet mit dem *Cotton-Plan*, der den Litani (als Verhandlungsjoker) einschließt, den Transfer aus dem Becken erlaubt und den See Genezareth als Hauptspeicher plant sowie eine optimierte Ressourcennutzung betont. Eine politische Lösung der Frage der Wassernutzung ist für Israel insofern von Interesse, als daß diese die Voraussetzung für die Verwirklichung der geplanten israelischen Wasserinfrastruktur darstellt, ohne weiterhin auf außenpolitischen Widerstand zu stoßen.

Die Debatte über gemeinsame Prinzipien gerät gegenüber technischen Fragen in den Hintergrund. Jordanien legt daher Anfang 1955 den *Baker-Herza-Plan* vor, der Dämme bei Maqarin und Adisiyeh vorsieht, aber eine Speicherung von zusätzlichem Flutwasser im See Genezareth empfiehlt. Letztere gerät in den Brennpunkt der Auseinandersetzung, da Ängste auf beiden Seiten bestehen; Israel fürchtet territoriale Verletzungen, die Arabische Liga israelisches Abpumpen aus dem See über dessen Quote hinaus.

3.1.3.3 Der Versuch eines Kompromisses: "Unified Plan"

Eric Johnston sucht im folgenden eine Einigung im *Unified Plan*. Die grundsätzliche Notwendigkeit einer regionalen Lösung wird anerkannt. Israel gibt den Litani, die Arabische Liga die ausschließliche Nutzung im Becken auf, wobei für die Festlegung der Quoten weiterhin lediglich die angestrebten Nutzungen im Becken zugrunde gelegt werden.[1] Beide Seiten stimmen schließlich einer gemischten Speicherung bei Maqarin und im See Genezareth mit endgültiger Entscheidung nach fünf Jahren zu. Die territoriale Souveränität Israels im Bereich des Sees Genezareth soll garantiert werden. Die Israelis erklären sich zu der von ihnen abgelehnten internationalen Kontrolle in Form eines Drei-Personen-Komitees mit einem Israeli, einem Jordanier und einem Angehörigen eines dritten Staates bereit. Eine Einigung über die Quoten wird durch die *Gadiner-Formel* mit *Johnston-Addendum* erreicht: Israel erhält den Großteil des Jordans und 25 Mio. m³/a des Yarmuks, letzteres aufgrund "historischer Rechte". Jordanien erhält den Großteil des Yarmuks sowie zusätzlich 100 Mio. m³/a aus dem Jordan, wobei die 30 Mio. m³/a der Salzquellen inbegriffen sein dürften. Syrien erhält 132 Mio. m³/a aus Yarmuk, Banias und Jordan und der Libanon 35 Mio. m³/a aus dem Hasbani. Offenbleiben bis zuletzt die Vergabe von 15 Mio. m³/a aus dem Yarmuk für das israelische Adisiyeh-Dreieck an der Yarmuk-Mündung, die erlaubte Salzkonzentration des Seeabflusses und die Rolle des "Water Master" (Taubenblatt 1988). Die USA sollen einen Großteil der Kosten der jordanischen Projekte übernehmen. Sie beschränken sich aber auf eine "ökonomischere" Talsperre von 300 Mio. m³ bei Maqarin statt der gewünschten 480 Mio. m³. Schließlich stimmen im Sommer 1955 die Technischen Komitees aller beteiligten Länder einem "Draft-Memorandum" zu. Bis auf obige offene Punkte erscheint diese Aufteilung zu diesem Zeitpunkt für alle Betroffenen zufriedenstellend.

Tabelle 3.1 gibt einen Überblick über die Forderungen der verschiedenen Verteilungspläne und über die Aufteilung nach dem *Unified Plan*.

---

[1] Bei der Bewertung dieses "Kompromisses" muß beachtet werden, daß insbesondere die israelische Forderung nach Einbeziehung des Litanis, zumindest aus heutiger Sicht, einer rechtlichen Grundlage im Sinne des Gewohnheitsrechts entbehrte, da es sich beim Litani um keine internationale Wasserressource handelt. Dennoch hatte Israel erreicht, daß der Litani in die Verhandlungen einbezogen wurde. Allerdings ist auch die Forderung der Arabischen Liga nach *in-basin use* aus der Perspektive des Gewohnheitsrechts nicht zwingend (vgl. Kapitel 5).

Tabelle 3.1: Vergleich verschiedener Vorschläge zur Aufteilung des Jordans und Yarmuks in den fünfziger Jahren (in Mio. m³/a)

Plan/Quelle	Libanon	Syrien	Jordanien	Israel	Insgesamt
Main Plan	0	45	774	394	1 213
Arab. Plan	35	132	698	182	1 047
Cotton Plan	450,7	30	575	1 290	2 345,7
Unified Plan:					
Hasbani	35				35
Banias		20			20
Jordan		22	100	375	497
Yarmuk		90	377	25	492
Seiten-Wadis			243		243
Summe	35	132	720	400	1 297

Quelle: Wolf (1992, S. 934), nach Naff/Matson (1984); übersetzt.

3.1.3.4 Das politische Scheitern der Verhandlungen

Das israelische Kabinett und die Knesset bestätigen nach langwierigen Auseinandersetzungen das Abkommen. Im Oktober 1955 beschließt der Rat der Arabischen Liga den Plan *nicht* zu bestätigen - und spätestens mit Ausbruch des zweiten israelisch-arabischen Krieges (sogenannter Sinai-Feldzug) 1956 wird klar, daß dies auch nicht mehr erfolgen soll. Es wird vermutet, daß die Gründe für die Ablehnung hauptsächlich bei Syrien, Ägypten und dem Libanon zu suchen sind, die im Gegensatz zu Jordanien alle keinen direkten ökonomischen Nutzen aus einem Abkommen mit Israel gezogen hätten. Entsprechend den Angaben des engsten Beraters Johnstons, G. Barnes, wurde die Ablehnung vom syrischen Premierminister Said el-Ghazzi unter Instruktionen des ägyptischen Präsidenten Nasser durchgesetzt (vgl. Zitat in Reguer 1993, S. 68/699). Nach Reguer hatte Syrien eine neue Regierung, die den Sturz durch die Opposition zu fürchten hatte, falls sie einen Schritt in Richtung der Anerkennung eines israelischen Existenzrechts gemacht hätte. Der Libanon, innenpolitisch zu diesem Zeitpunkt stabiler als Syrien, schien gewillt gewesen zu sein, der Mehrheit zu folgen (Reguer 1993, S. 69). Unklar ist vor allem die Position Ägyptens:

"Abd al-Nasir may have been flexing his muscles [in Hinblick auf den Sinai-Feldzug, I.D.], if it really was he who gave the orders to shelve the Jordan

Valley plan. He too may have been fearful of taking an unpopular action" (Reguer 1993, S. 69).

Nach Wolf und Ross war der ägyptische Präsident Nasser in der Auseinandersetzung aktiv geworden, da er die doppelte Dimension der Verhandlungen, zum einen den israelisch-arabischen Konflikt, zum anderen das "palästinensische Problem" betreffend, erkannt hatte. Johnston hatte auch zusätzliche Vorschläge in die Diskussion gebracht, die Ägypten direkt betrafen, wie die Leitung von Nil-Wasser in den Sinai zur Ansiedlung von 2 Mio. palästinensischen Flüchtlingen (Wolf/Ross 1992, S. 934 f.).

Die Johnston-Verhandlungen mit dem Ziel der Reduzierung des Konfliktpotentials in der Region durch Kooperation und Förderung der ökonomischen Prosperität, vergleichbar mit dem Marshall-Plan für das Nachkriegsdeutschland, müssen politisch als gescheitert betrachtet werden. Doch wird in den folgenden Jahren von Israel und Jordanien weitgehend an den technischen Details und an der Wasseraufteilung mit gewissen Interpretationsunterschieden festgehalten. Israelische und jordanische Vertreter der Wasserbehörden treffen sich seitdem zwei- bis dreimal jährlich am Zusammenfluß von Jordan und Yarmuk zu sogenannten "Picnic Table Talks" zum Austausch über Fließraten und Verteilungen (Wolf/Ross 1992, S. 935). Diese Vereinbarungen besitzen jedoch keine Rechtsverbindlichkeit.

Nicht berücksichtigt hat Johnston bei seinen Verhandlungen die zum Jordanbecken gehörenden Grundwasservorkommen, was "sich später als wichtiges Versehen zeigen sollte" (Wolf/Ross 1992, S. 934; eigene Übersetzung).

3.1.3.5 Die "Johnston-Verhandlungen" im Rückblick

Die heutigen Nutzungsanteile der vier Länder Israel, Jordanien, Syrien und Libanon an Jordan und Yarmuk weichen erheblich von den Vereinbarungen unter Johnston ab, wie aus Tabelle 3.2 ersichtlich ist. Der nutzbare Anteil am Jordan - das Wasser im Oberlauf - geht ausschließlich an Israel. Zusätzlich profitiert Israel von den fehlenden Speichermöglichkeiten am Yarmuk sowie von den Sedimentationsproblemen am Umleitungstunnel des Yarmuks in den King-Abdullah-Bewässerungskanal (Al-Mubarak Al-Weshah 1992, S. 127). Auch der syrische Nutzungsanteil am Yarmuk ist wesentlich höher als 1955 vorgesehen, da Syrien seit den achtziger Jahren ein Bewässerungsprojekt mit 20 kleineren Dämmen am Yarmuk durchführt. Die syrische Nutzung des Yarmuks wird langfristig ca. 200 Mio. m^3/a betragen. Leidtragender Staat ist Jordanien, das 1990 einen um ca. 350 Mio. m^3/a geringeren

Anteil an den Ressourcen des Jordanbeckens nutzte, als 1955 vorgesehen war. Die geringe Nutzung des Yarmuks ist auf die erhöhten syrischen Nutzungen sowie auf einen fehlenden Wasserspeicher auf jordanischem Territorium (wie beispielsweise dem geplanten Wahda-Damm bei Maqarin) zurückzuführen. Diese fehlenden Speichermöglichkeiten kommen Israel zugute. Die jordanische Nutzung des Jordans im Unterlauf, wie nach Johnston gedacht, entfällt aufgrund der zu hohen Salzkonzentrationen, die aus den israelischen Entnahmen und der Umleitung salzhaltiger Quellen am See Genezareth in den Seeablauf resultieren. Der Libanon hat seit den israelischen Invasionen in den Südlibanon 1978/1982 keinen Zugriff mehr auf das Jordan-System.

Tabelle 3.2: Vergleich der Zuteilung nach Johnston mit der heutigen Nutzung (in Mio. m³/a)

Land	Jordan		Yarmuk	
	Plan 1955	Nutzung 1990	Plan 1955	Nutzung 1990
Israel	375	552	25	100
Jordanien	100	0	377	120
Syrien	42	0	90	170
Libanon	35	0	0	0
Insgesamt	552		492	390

Quelle: Schiffler (1993, S. 62).

Es stellt sich die Frage, welche Rolle die Zuteilungen unter Johnston für die jetzige Situation spielen, in der die Nutzungen von ihnen stark abweichen. Sind die Quoten, die nie den Status internationalen Rechts hatten, als überholt zu betrachten, oder können sich beispielsweise für Jordanien noch Forderungen aus der Differenz gegenüber der Johnston-Quote ergeben? Nach Beschorner lehnt Israel aufgrund demographischer Veränderungen in der Region das Quotensystem als anachronistisch ab (Beschorner 1992, S. 23). Allgemein lassen sich folgende Defizite des Johnston-Planes gegenüber der heutigen Situation nennen:

1. Es fehlt der Einbezug der Grundwasserressourcen, die entsprechend heutigem Rechtsverständnis zu berücksichtigen wären (vgl. Kapitel 5).

2. Unter Johnston wurden die Palästinenser nicht als eigene Statusgruppe berücksichtigt, da sie de facto keine politische Einheit mit eigenem Ter-

ritorium im Jordanbecken darstellten, somit fehlen sie im System. Hinzu kommt, daß Jordanien zwar vorgesehen hatte, 70 bis 150 Mio. m³/a Wasser in das damals jordanische Westjordanland zu leiten, diese Pläne allerdings nach der israelischen Besetzung im dritten israelisch-arabischen Krieg 1967 (sogenannter Sechstagekrieg) fallenließ - ein Projekt, das heute palästinensische Ansprüche weckt (siehe Abschnitt 4.2).

3. In der Zwischenzeit haben neben dem "natürlichen" Bevölkerungswachstum demographische Verschiebungen - wie die Flucht von Palästinensern nach Jordanien und der Zuzug israelischer Siedler in die Westbank - stattgefunden, und es ist offen, welche demographischen Bewegungen der derzeitige Friedensprozeß letztendlich mit sich bringen wird.

4. In der Bewässerungslandwirtschaft haben technische Neuerungen zu veränderten Strukturen geführt. Die Frage nach Kriterien der Verteilungsgerechtigkeit muß sowohl vor dem derzeitigen ökonomischen als auch rechtlichen Hintergrund neu durchdacht werden. In ökonomischer Hinsicht stellt sich für Jordanien und Israel besonders die Frage der Rentabilität der Bewässerungslandwirtschaft. In rechtlicher Hinsicht kennt das Völkergewohnheitsrecht inzwischen eine Reihe möglicher Kriterien, einschließlich natürlicher Faktoren und sozioökonomischer Bedürfnisse (vgl. Kapitel 5).

Wolf weist darauf hin, daß der Johnston-Plan dennoch Errungenschaften beinhalte, die bei künftigen Verhandlungen berücksichtigt werden sollten:

1. Johnston hat mit der Zuteilung nach "bewässerbarer Fläche" ein zu der damaligen Zeit anerkanntes, objektives Kriterium für eine gerechte (*equitable*) Nutzung formuliert. Heute sollten für ein solches Kriterium die Bedürfnisse der privaten Nutzer und der Industrie stärker berücksichtigt werden.

2. Johnston hat den Aspekt der Kontrolle und das Problem der natürlichen Dargebotsschwankungen in den Griff bekommen, indem er nach kleineren Zuteilungen an die anderen Staaten zum Ausgleich der Gesamtbilanz jeweils den "großen Rest" eines Teilstromes jenem Staat zugeteilt hat, der von seinem eigenen Territorium aus den größten Zugriff darauf hatte (Wolf 1993, S. 14/15).

3.2 Nationale Großprojekte und militärische Konflikte

Nach dem gescheiterten Versuch der US-Außenpolitik, ein regionales Wassermanagement im Jordanbecken zu etablieren, konzentrieren sich die betroffenen Länder auf die Verwirklichung ihrer nationalen Projekte.

3.2.1 Israels "National Water Carrier" und Jordaniens "East-Ghor-Kanal"

Israels National Planning Board beschließt 1956 einen Zehnjahresplan für unilaterale Wasserentwicklung, dessen Kern der National Water Carrier bildet. Der Ort der Wasserentnahme bleibt über zwei Jahre strittig, bis man sich aus politischen Gründen für Eshek Kinrot (Sapir/Tabgha-Pumpstation) am Nordufer des Sees Genezareth entscheidet, um die politische und ökonomische Unterstützung durch die USA zu erhalten und eine Provokation Syriens zu vermeiden, die eine Involvierung der UNO mit sich bringen könnte. Das Wasser soll im National Water Carrier über 130 km bis zur Pumpstation von Rosh Ha'ayin geleitet werden, wo die Leitung mit den zwei Hauptleitungen des Yarkon-Negev-Systems verbunden werden. Der Bau dieser Wasserleitung ermöglicht erstens die Koordination des gesamten Wassersystems, zweitens den Transfer von Bewässerungswasser in den Negev und drittens die Stabilisierung der Wasserwirtschaft in der zentralen Küstenebene (Lowi 1993b, S. 118). Das Wasser wird zweimal angehoben: am See Genezareth von -212 m auf +44 m und nach einem offenen Kanal von 65 km Länge bei der Tsalmon-Pumpstation um weitere 115 m, um danach in Druckleitungen eingespeist zu werden. Mit dem Probepumpen wird im Mai 1964 begonnen. Die Inbetriebnahme findet im Juni 1964 statt (Mekorot 1987).

Jordanien beginnt 1958 mit Unterstützung der Weltbank mit dem Bau des East-Ghor-Kanals. Bei Adisiyeh werden 140 Mio. m^3/a aus dem Yarmuk durch einen 1 km langen Tunnel in den 70 km langen Hauptkanal parallel zum Jordan abgeleitet und in mehrere 100 km lange Bewässerungskanäle verteilt. 1961 erfolgt die Inbetriebnahme. Die *East-Ghor Canal Authority* wird gegründet, der Khalid-Ibn-al-Walid-Damm bei Mukheiba mit 200 Mio. m^3 Kapazität geplant sowie ein Ausbau des Hauptkanals von 10 auf 20 m^3/sec beschlossen. Abbildung 3.2 gibt einen Überblick über die wichtigsten Wasserprojekte im Jordanbecken in den fünfziger und sechziger Jahren, einschließlich National Water Carrier und East-Ghor-Kanal.

Abbildung 3.2: Israels "National Water Carrier" und Jordaniens "East-Ghor-Kanal"

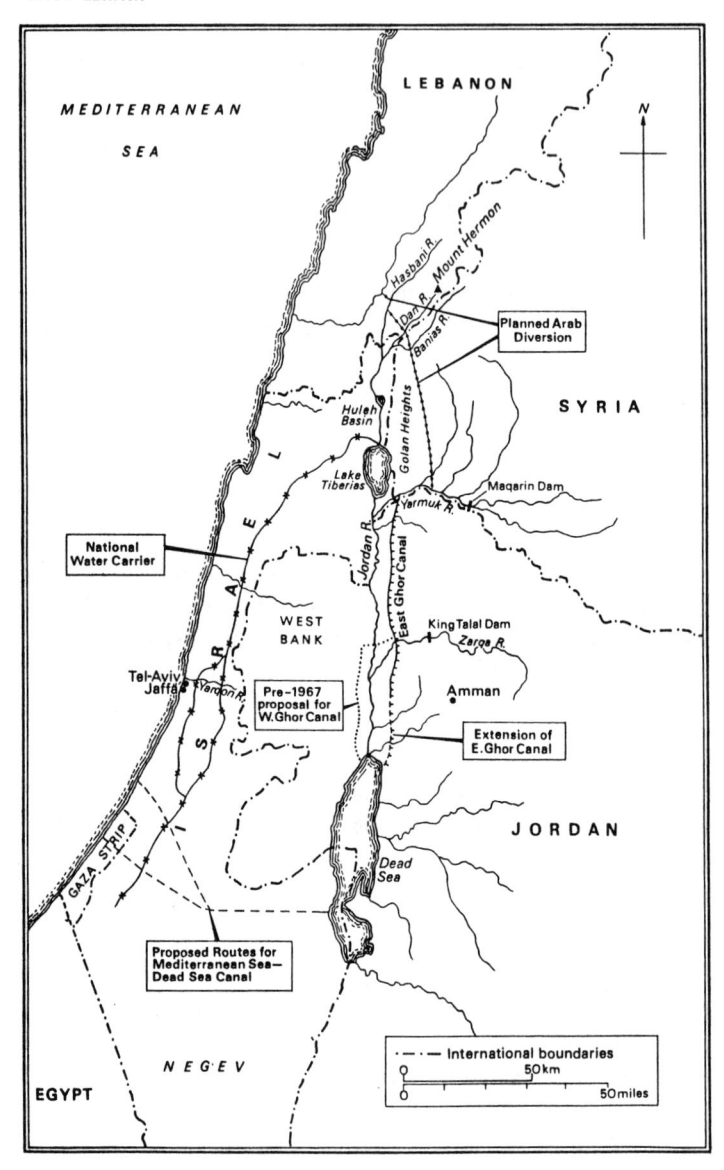

Quelle: Lowi (1993b, S. 117).

3.2.2 Die israelisch-arabischen Wasserkonflikte der sechziger Jahre

Wenngleich sich Jordanien und Israel stillschweigend an die Zuteilungen nach Johnston halten, um mit US-Finanzhilfe ihre nationalen Wasserprojekte verwirklichen zu können, hält die Arabische Liga an einer Politik der grundsätzlichen Ablehnung Israels fest. Als Israel im Juni 1959 die künftige Inbetriebnahme des National Water Carrier bekannt gibt, reagieren die arabischen Staaten entrüstet:

> "They perceived it as a violation of the rights of the Arab riparians and of those living within the basin, a violation of international law, and a profound threat to the security and survival of the Arab states" (Lowi 1993b, S. 118).

Zur Diskussion stehen eine Beschwerde bei der UNO, eine Kriegserklärung oder ein Projekt zur Umleitung des Hasbanis in den Litani und des Banias in den Yarmuk. 1960 legt das Technische Komitee der Arabischen Liga einen entsprechenden Plan für das Umleitungsprojekt vor (vgl. Abbildung 3.2), der angenommen wird, ohne daß man aber zu einer Einigung über die Vorgehensweise gelangt (Lowi 1993b, S. 118 ff.).

Israel reagiert, indem es die um öffentliche Unterstützung der USA ersucht. In Geheimverhandlungen mit den USA im Jahr 1963 willigt Israel in die Forderung ein, falls Verhandlungen mit Jordanien zustande kommen sollten, Zugeständnisse bezüglich offener Punkte der Wassernutzung beider Länder zu machen. Darauf erklären die USA förmlich, daß sie Israels Anspruch unterstützen, den Wasseranteil sowohl innerhalb als auch außerhalb des Beckens nutzen zu können (Reguer 1993, S. 73 ff.).

Auf dem 1. Arabischen Gipfel im Januar 1964 beschließt die Arabische Liga das Umleitungsprojekt, da eine Kriegserklärung zu diesem Zeitpunkt nicht in Frage kommt. Mit dem Abzug von 125 Mio. m^3/a würde die Wasserentnahme aus dem See Genezareth für Israel um 35 % reduziert und der Salzgehalt auf 60 ppm erhöht werden. Dafür nimmt man die technischen und ökonomischen Aufwendungen für die Umleitung in Kauf, die eine Überwindung von 350 Höhenmetern einschließen (Wolf/Ross 1992, S. 937). Allerdings soll das umgeleitete Wasser Jordanien zur Nutzung zugute kommen.

Auf dem 2. Arabischen Gipfel im September 1964 wird der Bau des Mukheiba-Dammes zur Speicherung von zusätzlichem Wasser im Yarmuk beschlossen. Außerdem wird eine palästinensische Einheit, die *Palestine Liberation Organization (PLO)*, gegründet, "to 'carry the bannar of Arab Palestine' and to mobilize the Palestinians themselves for the eventual 'liberation of Palestine'" (Wolf/Ross 1992, S. 935). Als es im folgenden zu Sabotageakten auf den National Water Carrier kommt, schreibt die israelische Regierung diese Mitgliedern von Al-Fatah, dem militärischen Flügel der PLO, zu (Lowi 1993b, S. 127).

Anfang 1965 beginnen die Umleitungsarbeiten. Israel erklärt die "Verletzung seiner souveränen Rechte". Bereits sechs Wochen nach Baubeginn kommt es zu einem militärischen Zwischenfall an der israelisch-syrischen Grenze. Bis August 1965 folgen drei weitere (Lowi 1993b, S. 125 f.). Im September werden die Bauarbeiten teilweise unterbrochen. Auf dem 3. Arabischen Gipfel werden keine wesentlichen Neuerungen beschlossen (Lowi 1993b, S. 127 f.). Es folgen zwei weitere israelische Attacken im Juli 1966 sowie mehr oder weniger permanente Grenzscharmützel im April 1967 (Reguer 1993, S. 75):

> "These events set off what has been called 'a prolonged chain reaction of border violence that linked directly to the events that led to the (June 1967) war'"
> (N. Safran, zit. in Wolf/Ross 1992, S. 937).

Anfang 1967 wird mit dem Bau des Mukheiba-Dammes begonnen. Zu dieser Zeit gibt die für die Umleitungsarbeiten zuständige Behörde bekannt, daß die Umleitungsarbeiten an den Quellflüssen nicht plangemäß voranschreiten und finanzielle Versprechungen nicht eingehalten werden (Lowi 1993b, S. 131).

Im Mai 1967 droht der ägyptische Präsident Nasser mit der Blockade des Golf von Aqaba (vgl. Abbildung 3.1) und fordert den Rückzug der UN vom Sinai. Am 5. Juni 1967 greift Israel die Luftwaffe Ägyptens, Jordaniens, Syriens und des Iraks an und erobert im dritten israelisch-arabischen Krieg (sogenannter Sechstagekrieg) den Sinai, den Gazastreifen, das Westjordanland und die Golanhöhen.

Der Sechstagekrieg bedeutet, ohne an dieser Stelle auf israelische Motive für diesen "Präventivkrieg" eingehen zu können, eine immense Verbesserung der "hydrostrategischen" Situation Israels: die Kontrolle über den Banias, Teile des Hasbanis und ein Yarmuk-Ufer sowie den Zugang zu den drei Aquiferen im Westjordanland (Wolf/Ross 1992, S. 937). Der Mukheiba-Damm ist zerstört und das Maqarin-Projekt zunächst aufgegeben.

Im Anschluß an den Sechstagekrieg kommt es zu einer erneuten US-amerikanischen Initiative für ein regionales Großprojekt einer israelisch-arabischen Kooperation durch Ex-Präsident Eisenhower und den Nuklearexperten Lewis Strauß. Im Negev soll ein "Agro-Industrie-Komplex" mit drei nuklear betriebenen Entsalzungswerken zur Bereitstellung von 1 400 Mio. m³/a Trinkwasser und zur Elektrizitätserzeugung gebaut werden, um die Bewirtschaftung von 4 500 km² Land und die Ansiedlung von 1 Mio. Flüchtlingen zu ermöglichen. Die Kontrolle soll durch die Internationale

Atomenergiebehörde erfolgen. Die Kosten werden auf 1 Mrd. US-Dollar geschätzt. Der Plan scheitert nicht nur an enormen politischen und technischen Schwierigkeiten, sondern auch an einer ökonomischen Evaluierung (Wolf/Ross 1992, S. 939).

3.2.3 Die israelisch-jordanischen Kontroversen der siebziger Jahre

Im Jordantal nehmen Ende der sechziger Jahre palästinensische Aktivitäten gegenüber israelischen Siedlern zu. Es kommt zu zwei israelischen Angriffen auf Jordanien und der teilweisen Zerstörung des East-Ghor-Kanals:

> "The political rationale was that damage to the country's irrigation would pressure King Hussein to act against the PLO" (Wolf/Ross 1992, S. 940).

Israelisch-jordanische Geheimverhandlungen unter der Leitung der USA beschließen die Restaurierung des Kanals und das Festhalten an den Johnston-Quoten. Im sogenannten "Schwarzen September" 1970 vertreibt die jordanische Armee die PLO aus Jordanien, es kommt zu etwa 5 000 Toten.

Jordanien beschließt den zweistufigen *Jordan Valley Development Plan* unter der Leitung des Kronprinzen Hassan. In einer ersten Stufe kommt es zum Bau des King-Talal-Damms am Zarqa-Fluß, der mit dem Hauptkanal verbunden wird sowie zur Gründung der *Jordan Valley Authority* (JVA). Im Jordantal wird eine ehrgeizige Landumverteilung durchgeführt, die die Gründung von Dörfern und Städten, die Schaffung von Infrastruktur und die Technisierung der Landwirtschaft einschließt (Reguer 1993, S. 76 f.).

In einer zweiten Stufe wird 1974/75 der Bau des Maqarin-Dammes mit einem 486 Mio. m³ Speicher und 20 MW Elektrizitätserzeugung sowie ein Niedrigdamm in Adisiyeh zur Abflußregulierung in das israelische Yarmuk-Dreieck beschlossen. (Bereits 1953 hatten Jordanien und Syrien unter Bildung einer Kommission ein Abkommen über die Nutzung des Yarmuks geschlossen, das Bewässerungslandwirtschaft und Elektrizitätserzeugung vorsah. Die Größe des geplanten Maqarin-Dammes war damals provisorisch auf 300 Mio. m³ festgesetzt worden.) Die Kosten werden 1979 von der Weltbank auf 1 Mrd. US-Dollar geschätzt. Die Genehmigung von Geldern wird entsprechend dem Weltbankprinzip bei internationalen Flußläufen an das Einverständnis der Anrainerstaaten geknüpft (vgl. Abschnitt 5.1.2.4). Die Weltbank veranlaßt die USA, eine israelisch-jordanische Einigung zu erwirken. Die Differenzen in der Interpretation der Johnston-Quoten können trotz potentieller Geber (USA: 15 Mio. US-Dollar und 15 weitere Länder) nicht überwunden werden. Gestritten wird über den Abfluß zum Adisiyeh-Dreieck (40 vs. 23 Mio. m³/a) und den Abfluß aus dem See Genezareth (70 vs. 100 Mio. m³/a). Zusätzlich fordert Israel die Zuleitung von 140 Mio. m³/a Yarmuk-Wasser (Johnston: 70 Mio. m³/a) ins Westjordanland, ein Plan Jordaniens aus den fünfziger Jahren, als dieses noch zu seinem Staatsgebiet gehörte. Die dreijährigen Verhandlungen unter Philip Habib führen zu keinen Ergebnissen.

Shapira weist darauf hin, daß amerikanische Zugeständnisse bezüglich des Westjordanlandes eine indirekte Anerkennung der Besetzung bedeutet hätten (in Davis et al. 1980, S. 10). Des weiteren ist die verschärfte Wassersituation durch die Zunahme der Bevölkerung und die, wenn auch unterschiedliche, ökonomische Entwicklung in beiden Ländern gegenüber den fünfziger Jahren zu berücksichtigen.

Auch die jordanisch-syrischen Verhandlungen erweisen sich als problematisch. 1980 wird das Vorhaben auf Ende der achtziger Jahre aufgeschoben. Mittlerweile hat der syrische Wasserverbrauch stark zugenommen, und die Finanzierbarkeit ist fragwürdig (Taubenblatt 1988). Somit bleibt der Yarmuk der einzige bislang nicht regulierte Fluß der Region.

Im Jahr 1977 gibt es einen israelisch-jordanischen Anlauf zum Wiederaufbau des Mukheiba-Dammes. Dieser käme wegen zusätzlicher Speicherkapazität beiden Staaten zugute. Als im gleichen Jahr allerdings der rechtsgerichtete Likud-Block in Israel die Regierung übernimmt, kommt das Projekt zum Stillstand.

Im Sommer 1979 kommt es beinahe zu militärischen Auseinandersetzungen bei Sanierungsarbeiten am East-Ghor-Ableitungstunnel. Jordanien wirft Israel vor, nach den Bauarbeiten mehr Wasser in sein Gebiet abfließen zu lassen. Der militärische Konflikt kann durch Schlichtung seitens der USA verhindert werden (Wolf 1993, S. 942).

3.2.4 Das ägyptische Angebot

Im März 1979 wird nach langjährigen Verhandlungen der Friedensvertrag zwischen Ägypten und Israel unterzeichnet. Israel verpflichtet sich zum Truppenabzug aus dem Sinai sowie zur Verhandlung über die Zukunft der Palästinenser mit dem Ziel einer palästinensischen Autonomie. Im September 1979 schlägt der ägyptische Präsident Saddat eine Pipeline für Nil-Wasser in den Sinai und in den Negev vor, was er 1981 gegenüber dem israelischen Premierminister Begin konkretisiert: Israel würden 365 Mio. m³/a Wasser im Austausch gegen "die Lösung des Palästinenserproblems und der

Befreiung Jerusalems" zur Verfügung gestellt (Wolf/Ross 1992, S. 942). Der Vorschlag stößt in Israel auf harsche Ablehnung. Auch Nasser hatte die Idee im Zusammenhang mit den Johnston-Verhandlungen 1955 noch gefürchtet. Laut dem damaligen Ministerpräsidenten Begin ist Israel nicht bereit, seine Souveränität über ein vereintes Jerusalem für ökonomischen Gewinn zu verhandeln. Der damalige Landwirtschaftsminister Ariel Sharon:

> "I would hate to be in a situation in which the Egyptians could close our taps whenever they wished" (zit. in Wolf/Ross 1992, S. 942).

Kritik kommt auch aus 2 500 km Entfernung von dem Nil-Oberlieger Äthiopien, das die Übernutzung des ägyptischen Nil-Anteils befürchtet. 1980 erklärt Israel per Gesetz Gesamt-Jerusalem zur israelischen Hauptstadt. Im Oktober 1981 wird Präsident Saddat ermordet. Der Plan wird nicht weiterverfolgt.

3.2.5 Die Besetzung des Südlibanons und der Litani

Im Jahr 1982 besetzt Israel den Südlibanon. Rund 6 000 PLO-Kämpfer werden in West-Beirut eingeschlossen. Am Litani wird der Qirawn-Damm erobert, und sämtliche hydrologischen Karten und technischen Dokumente über Installationen werden konfisziert. Bereits vier Jahre vorher war die israelische Armee in der "Operation Litani" bis an den Fluß vorgerückt. Nach Naff/Matson werden seitdem die Hasbani-Quellen und der Wazzani von der proisraelischen libanesischen Miliz kontrolliert, was bedeutet, daß der libanesische Johnston-Anteil von 35 Mio. m³/a seitdem nach Israel fließt (in Wolf/Ross 1992, S. 943).

Die Besetzung gibt den Anstoß zur Theorie des "hydraulischen Imperativs", die davon ausgeht, daß Wasser als Hauptmotiv der israelischen Eroberungen, sowohl der Golanhöhen, des Westjordanlands und des Gazastreifens 1967 als auch des Südlibanons 1982, zu betrachten sei. Diese Theorie soll an dieser Stelle nicht diskutiert werden (siehe hierzu Naff/ Matson 1984). Es sei jedoch mit Wolf und Ross darauf hingewiesen, daß es in acht Jahren nach der Invasion zu keinen Wasserumleitungen gekommen ist und dies auch bei den Truppenrückzugsverhandlungen nicht thematisiert wurde (Wolf/Ross 1992, S. 942). Insofern gibt es zumindest Fakten, die gegen die Theorie sprechen. Allerdings liegt der günstigste Ort für eine Umleitung, Taibeih, immer noch in der sogenannten Sicherheitszone.

Meines Erachtens scheint jedoch Konsens darüber zu herrschen, daß die Wasserfrage in den außenpolitischen Handlungen Israels immer eine Rolle gespielt hat und vielleicht auch eine bedeutendere, als in der westlichen Welt allgemein bekannt ist oder angenommen wird. Die Reduktion komplexer Ereignisse wie Kriege auf einen einzigen Faktor scheint allerdings ein zumindest gewagtes Unterfangen.

Im Gegensatz zu obigen angelsächsischen Positionen weisen die Palästinenser Zarour und Isaac darauf hin, daß Israel am 11. Mai 1991 offiziell erklärt habe, daß es sich nicht ohne Zusagen über "seinen Anteil" am Litani aus dem Libanon zurückziehen würde (Zarour/Isaac 1993, S. 42). Außerdem kommt es in regelmäßigen Abständen zu entsprechenden Gerüchten und Zeitungsmeldungen, z. B. meldet *Dawn* am 23. Juni 1993:

> "Arabs fear Israel diverting Lebanon's rivers [...]. The [government, I.D.] official quoted sources in southern Lebanon who believe the Israelis have begun to pump water from the Litani River. Excavation has been taking place and other phenomena such as non-seasonal falls in the water level at the Qassimiyeh irrigation plants have aroused suspicions" (Verlagsort Karachi, Pakistan).

Auf der anderen Seite hat Israels Ministerpräsident Rabin bei der Unterzeichnung des Waffenstillstandsabkommens mit Jordanien am 25.7.1994 in Washington gegenüber Jordanien erklärt, daß Israel "keinen Tropfen" libanesischen Wassers wolle.[2]

3.3 Wasser im israelisch-palästinensischen Konflikt: Israelische Wasserpolitik in den besetzten Gebieten

Der vierte israelisch-arabische Krieg (sogenannter Jom-Kippur-Krieg) von 1973 wird allgemein als Verlagerung des Schwerpunkts vom israelisch-arabischen Konflikt zum israelisch-palästinensischen Konflikt bewertet. Für das Wasser mag dies bereits seit den Besetzungen von 1967 gelten, da sie Israel unabhängiger von arabischen Wasserprojekten machten und die Optimierung der Nutzung der zugänglichen Ressourcen ermöglichten. Die Besetzung des Westjordanlands gilt als israelisches Sicherheitsinteresse. Neben geographisch-strategischen Gesichtspunkten ist dabei auch die Kontrolle über die Grundwasservorkommen als zentrales Sicherheitsinteresse zu betrachten. Hierzu Zarour/Isaac:

> "In Israel, security is so loosely defined that water [...] can be easily incorporated. Fears on water shortages are used by some Israeli leaders [...] to mani-

---

2 Über das Fernsehen ausgestrahlte Rede.

pulate Israeli public opinion in favour of hanging onto the Palestinian territories" (Zarour/Isaac 1993, S. 41).

Im Sinne einer solchen Kontrolle etabliert Israel seit 1967 in den besetzten Gebieten eine restriktive Wasserpolitik gegenüber der palästinensischen Bevölkerung und integriert die Wasservorkommen stufenweise in das israelische Wassersystem. Bereits vor 1967 stammt ca. ein Drittel seiner erneuerbaren Fördermenge aus im Westjordanland angereichertem Grundwasser, das vom israelischen Kerngebiet aus gefördert wird. Ab 1967 werden per militärischer Verordnungen die Wasserrechte im Westjordanland und Gazastreifen israelischem Recht angeglichen und seiner Verwaltung unterstellt. Im Westjordanland gilt Wasser vor der Besetzung als Privateigentum, Genehmigungen für Bewässerungsvorhaben erteilte die jordanische Behörde routinemäßig. Im Gazastreifen fällt Wasser unter das Gewohnheitsrecht. Israelisches Recht hingegen erklärt Wasser zum öffentlichen Gut *(public property)*, das der Kontrolle des Staates unterliegt (Galnoor 1980, S. 147).

Die veränderte Rechtslage hat erhebliche Konsequenzen für die palästinensische Bevölkerung: Das Betreiben jeglicher Wasserinstallationen wie Brunnen oder Bewässerungsanlagen sowie der Anbau bestimmter Kulturen wie Obstbäume (seit 1982) und Gemüse wird von behördlicher Genehmigung abhängig gemacht (Dillman 1989, S. 55). Pumpquoten werden festgelegt und überwacht und Überschreitungen bestraft. Verlassene palästinensische Brunnen werden enteignet. Das Betreiben von Bewässerungsanlagen nach 16 Uhr wird verboten, obwohl dies die günstigste Bewässerungszeit wäre (Lowi 1993a, S. 126 f.).

Als Resultat dieser Auflagen sind seit 1967 trotz steigender Bevölkerungszahlen und eines erhöhten Wasserbedarfs nach palästinensischen Angaben lediglich fünf Genehmigungen für Brunnenbohrungen an Palästinenser erteilt worden (Dillman 1989, S. 13):

"In fact, the Israeli government has admitted that there is a policy *against* granting permits to palestinians to drill new agricultural wells. The official explanation for this policy is that 'increased productivity can take place by improved on-farm irrigation methods' (rather than by putting more land under irrigation)" (Dillman 1989, S. 13).

Anders ist die Situation für die israelischen Siedler. Für sie sind von 1967 bis 1989 im Westjordanland 36 neue Brunnen gebohrt worden (Lowi 1993a, S. 127). Die israelische Wasserbaugesellschaft Mekorot ist aufgrund des technischen Know-hows in der Lage, auch Brunnen in Tiefen von 200 bis 750 m anzulegen. Dieses Wasser ist sicherer gegenüber Kontamination und unanfälliger gegenüber Trockenheit. Schädigungen palästinensischer Flachbrunnen bis hin zu ihrem Trockenfallen, wie in den Dörfern al-Auja und

Bardala, werden von palästinensischer Seite auf den Einfluß der tieferen Brunnen in benachbarten israelischen Siedlungen zurückgeführt (Dillman 1989, S. 13). Eine weitere mögliche Folge der geringen Wassermengen ist die Versalzung landwirtschaftlich genutzter Flächen. Versalzungsprobleme gibt es insbesondere in der Gegend um Jericho. Die landwirtschaftlich genutzte Fläche im Westjordanland hat in den achtziger Jahren aufgrund der Versalzung, der Konfiszierung von Land und abnehmender Erträge in der Landwirtschaft um mehrere 10 000 Hektar abgenommen (Lowi 1993a, S. 131).

Während das Betreiben zusätzlicher Brunnen Palästinensern untersagt ist, werden zwischen 1967 und 1984 insgesamt 150 palästinensische Dörfer und zehn palästinensische Städte an das von Mekorot betriebene Netz angeschlossen. Inwiefern dies die Wasserversorgung erhöht und verbessert hat, geht nicht aus der vorliegenden Literatur hervor. Betont wird von palästinensischer Seite, daß dies zum einen als Bestandteil der israelischen Politik einer "De-facto-Annexion" zu betrachten sei, zum anderen, daß die israelischen Militärbehörden damit direkte Kontrolle über die Wasserversorgung der Palästinenser erhielten, was etliche Fälle, in denen die Wasserversorgung ohne Ankündigung unterbrochen wurde, einschließt (JMCC 1994, S. 46, 53, 64).

Die palästinensische Landwirtschaft wird durch diese Restriktionen ohne Zweifel gehemmt. Die von Palästinensern bewässerte Fläche beträgt Anfang der neunziger Jahre lediglich einen Bruchteil der gesamten landwirtschaftlichen Nutzfläche (Beschorner 1992, S. 14). Zusätzlich ist die palästinensische Landwirtschaft durch fehlende Absatzmärkte, Kreditmöglichkeiten und Entwicklungshilfe gegenüber der subventionierten israelischen benachteiligt. Wasserpreise für Palästinenser liegen vierfach über denen der israelischen Siedler.

Ende der achtziger Jahre erhalten ca. 1 Mio. Palästinenser lediglich 16 bis 17 % des im Westjordanland entspringenden Wassers (Lowi 1993a, S. 128). Die ca. 100 000 israelischen Siedler verbrauchen im Schnitt pro Kopf mehr das Vierfache der Palästinenser, 300 l/d im Gegensatz zu 76 l/d (Lowi 1993a, S. 129); nach Isaac ist das Verhältnis sogar 107 bis 156 m^3/a zu 640 bis 1 480 m^3/a (Isaac 1993, S. 60).

3.4 Wasser im Nahost-Friedensprozeß

Die Wasserfrage gehört mit zu den Kernproblemen des im Oktober 1991 in Madrid gestarteten Nahost-Friedensprozesses, an dem erstmals die PLO als "offizielle" Vertretung der Palästinenser beteiligt ist. Die Friedensgespräche finden auf zwei Ebenen statt: Ziel der bilateralen, *direkten* Verhandlungen Israels mit seinen arabischen Nachbarstaaten ist die Herstellung eines "gerechten, dauerhaften und umfassenden Friedens" (Yolles/Gleick 1994, S. 8). Im Vordergrund der bilateralen Verhandlungen stehen die politischen Fragen wie des Grenzverlaufs, der militärischen Kontrolle, des künftigen Status der Palästinenser einschließlich des Status der Flüchtlinge und israelischen Siedlungen, des künftigen Status von Jerusalem sowie mögliche wirtschaftliche Kooperationen. Inzwischen hat auch die Frage der Kontrolle über die gemeinsamen Wasserressourcen und die Festlegung von Wasserrechten Eingang in die bilateralen Verhandlungen gefunden. In den israelisch-jordanischen Verhandlungen wurde ein Unterkomitee "Wasser, Energie and Umwelt", in den israelisch-palästinensischen ein Unterkomitee "Land und Wasser" gegründet.

Neben den bilateralen Verhandlungen wurden während der zweiten Runde der Friedensgespräche im Januar 1992 in Moskau *multilaterale* Arbeitsgruppen zu fünf Themen gebildet: Flüchtlinge, ökonomische Entwicklung, militärische Kontrolle, Umwelt und Wasserressourcen (Lowi 1993a, S. 113). Grundgedanke war, daß Fortschritte auf der einen Ebene inspirierend auf die andere wirken könnten. Ein Steuerkomitee ist für die Vermittlung zwischen den Arbeitsgruppen zuständig (Yolles/Gleick 1994, S. 8). In den multilateralen Wasserverhandlungen stehen nach anfänglichen Schwierigkeiten und der Verlegung der Frage der Wasserrechte in die bilateralen Verhandlungen mittlerweile die praktischen Fragen einer regionalen Kooperation im Vordergrund (ebenda). Bislang kam es zu fünf multilateralen Gesprächsrunden über Wasser: in Wien im Mai 1992, in Washington im September 1992, in Genf im April 1993, in Beijing im Oktober 1993 und in Maskat im April 1994. Zur Zeit der Abfassung dieses Manuskripts ist offen, ob diese Gesprächsrunde als eigenständige Arbeitsgruppe fortgeführt oder in die Umwelt- oder Wirtschaftsarbeitsgruppe integriert werden wird.[3]

Hinsichtlich der *bilateralen Verhandlungen* seien im folgenden in aller Kürze die hydropolitischen Ausgangspositionen der beteiligten Staaten sowie die wichtigsten bisherigen Abkommen skizziert:

---

[3] Mündliche Auskunft von Manuel Schiffler vom DIE am 25.7.1994 nach Informationen des BMZ.

Syrien hat in Distanzierung zum israelisch-ägyptischen "Separatfrieden" von 1979 von Anfang an auf einer "umfassenden und gerechten" Friedenslösung bestanden (Rieck 1994, S. 22). Es gilt als Verfechter der Formel "Land gegen Frieden". Dabei stellt die Wasserfrage ein Hindernis für territoriale Konzessionen dar. Als Voraussetzung für Verhandlungen über Wasser gilt der Abzug der israelischen Truppen von dem Golan. Weitere Bedingungen sind die Herstellung einer international anerkannten Grenze mit Israel, die Wiederherstellung palästinensischer Wasserrechte und der Austausch hydrologischer Daten (Beschorner 1992, S. 25). Entsprechend der genannten Voraussetzungen hat Syrien bislang alle multilateralen Wasserverhandlungen boykottiert. Die auch für Syrien überraschende Prinzipienerklärung Israels und der PLO über befristete Selbstverwaltung im September 1993 hat auf bilateraler Ebene zu einer veränderten Situation für Syrien geführt. Im Januar 1994 erklärte Präsident Assad gegenüber den USA, innerhalb des Jahres 1994 einen Frieden mit Israel anzustreben (Rieck 1994, S. 23). Israels Ministerpräsident Rabin reagierte mit der Ankündigung eines Referendums über den Abzug vom Golan - sofern es zu einem Abkommen mit Syrien kommen würde (ebenda). Ein entsprechendes Abkommen ist bis Ende 1994 nicht absehbar.

Der *Libanon* steht bezüglich seiner Außenpolitik seit der Beendigung des Bürgerkrieges im Jahre 1990 und dem "Treaty of Brotherhood, Cooperation and Coordination" mit Syrien vom Mai 1991 unter syrischer Beobachtung. Grundsätzlich fordert der Libanon einen bedingungslosen Rückzug Israels aus dem Südlibanon gemäß der Resolution des UN-Sicherheitsrates vom 19. März 1978 (Rieck 1994, S. 25). Als Voraussetzung eines Abkommens mit Israel gilt eine syrisch-israelische Einigung (ebenda). Der Libanon lehnt bislang jeglichen Export seiner Wasservorräte grundsätzlich ab. Nach Meinung libanesischer Hydrologen existiere kein exportierbarer Überschuß, und das Wasser werde für die eigene Entwicklung benötigt. Israel hingegen strebt, zumindest nach Angaben aus dem Jahr 1992, auch nach einem Rückzug aus dem Südlibanon die Kontrolle über die Jordan-Quellflüsse Hasbani und Dan an (Beschorner 1992, S. 25 f.). Der Libanon hat sich bislang dem syrischen Boykott der multilateralen Wasserverhandlungen angeschlossen.

Jordaniens König Hussein gehörte zu den ersten, die im Anschluß an den zweiten Golfkrieg direkte Friedensverhandlungen mit Israel forderten (Rieck 1994, S. 26). Die Frage der Wasserzuteilung stellt neben den Fragen des Grenzverlaufes und der Rückführung von Flüchtlingen eines der zentralen Themen der bilateralen Verhandlungen dar. Man erwartet Konzessionen von Israel hinsichtlich eines höheren Anteils am Jordan und Yarmuk aufgrund der bereits erwähnten, für Jordanien nachteiligen Abweichungen vom

Johnston-Plan von 1955. Bereits im Oktober 1992 konnten sich jordanische und israelische Delegierte auf eine "Agenda" für die weiteren Verhandlungen einigen, die aus Rücksicht auf die anderen Parteien allerdings erst nach der Osloer Prinzipienerklärung unterzeichnet wurde (Rieck 1994, S. 26). In der am 14. September 1993, einen Tag nach der Prinzipienerklärung, verabschiedeten "Israelisch-jordanischen Agenda" wird unter anderem Wasser als Bestandteil der israelisch-jordanischen Friedensverhandlungen beschrieben:

"3. Wasser.
   a. Sicherstellung der rechtmäßigen Wasseranteile beider Seiten.
   b. Suche nach Wegen, die Wasserknappheit abbauen."

Des weiteren sollen die Möglichkeiten künftiger bilateraler Zusammenarbeit im regionalen Kontext, soweit zweckmäßig, auch im Gebiet:

"a. Natürliche Ressourcen:
- Wasser, Energie und Umwelt
- Entwicklung des Senkungsgrabens"

sondiert werden (Dokumente 1993, S. D542).

Im Juli 1994 ist es erstmals zu direkten Verhandlungen auf den Territorien Israels und Jordaniens gekommen. Am 25. Juli wurde in Washington offiziell der Kriegszustand zwischen beiden Staaten als beendet erklärt:

"Amerikanische Nahostfachleute vertreten aber die Auffassung, daß die schwierigen Fragen, so die Rückkehr der Flüchtlinge, der Status Jerusalems und die Wasserrechte, nicht schnell gelöst werden können" (FAZ, 26.7.1994).

In den Wasserverhandlungen sind von jordanischer Seite fünf wesentliche Forderungen erhoben worden:

1. Unter Berufung auf den Johnston-Plan und die Verhandlungen mit den USA wird gefordert, daß die Flutwasser des Yarmuks in Zukunft Jordanien zugute kommen sollen. Dies soll durch den Bau eines Kanals vom See Genezareth zum East-Ghor-Kanal verwirklicht werden.
2. Israel wird vorgehalten, es pumpe mehr Wasser vom Yarmuk in den See Genezareth als unter dem Johnston-Plan vorgesehen sowie zusätzliches Wasser auf den Golan.
3. Des weiteren wird der Stop der Verschmutzung des Jordan-Unterlaufes mit Salzwasser und durch Abwasser aus Tiberias gefordert.
4. Israel wird aufgefordert, sein Veto gegenüber einem Staudamm am Yarmuk aufzuheben.
5. Gefordert wird die gerechte Zuteilung des Grundwassers im Arava-Tal/ Wadi Araba (Schiff 1994).

Israel allerdings erkennt bisher keine Wasserverpflichtungen gegenüber Jordanien an. Auf der Grundlage der gegenwärtigen Nutzungen würde eine Neuverteilung eine Beeinträchtigung der ökonomischen Situation in Israel bedeuten. Water Commissioner Gideon Tsur erklärt Ende Juli 1994:

> "The negotiations on water are very difficult, because of the [Jordanian] perspective on water rights [...] I want to believe that [the Jordanians] also know *they're not really talking about stolen water*" (The Jerusalem Post, 29.7.1994; eigene Hervorhebung).

Ze'ev Schiff konstatiert hierzu:

> "There will be no new allocation of water [...] Johnston is dead, and his Plan with him" (Schiff 1994).

Auf der anderen Seite werden die Wasserverhandlungen als Präzedenzfall für die übrigen Verhandlungen erachtet und eine intelligente Lösung der Wasserfrage durchaus angestrebt. Es wird damit gerechnet, daß Israel eine Entsalzungsanlage am Südende des Sees Genezareth, den Verzicht auf das Veto gegenüber dem Yarmuk-Damm und Vereinbarungen über gemeinsame Projekte zur Flutwassersammlung und Entsalzung vorschlagen wird (Schiff 1994). Am 14. September 1994 heißt es in der *Jerusalem Post*:

> "Regarding water, negotiators said both sides were elaborating their positions on how much water they were claiming from the Yarmouk and Jordan rivers. Israel claims all the waters of the Jordan north of where the river forms the border with Jordan. The Hashemite Kingdom wants an agreement to limit Israel's diversion of that artery."

Selbst wenn also doch über Wasserquoten verhandelt werden sollte, stellt die Tatsache, daß dies lediglich auf bilateraler Ebene erfolgt, ein Problem dar: Die Palästinenser, der Libanon und Syrien bleiben aus den Verhandlungen um Jordan und Yarmuk ausgeschlossen.

Für die *Palästinenser* stellte die Selbstverwaltung in der Westbank und im Gazastreifen von Anfang an eine Voraussetzung für Verhandlungen mit Israel über gemeinsame Wasserprojekte dar. Ihre Version von "Land gegen Frieden" setzt voraus, daß zunächst ihre Autorität über die "einheimischen" Wasserressourcen und andere "historische Rechte" wiederhergestellt werden, um auf dieser Grundlage zu einer Kooperation mit Israel zu kommen (Beschorner 1992, S. 24). Nach strengen Geheimverhandlungen in Norwegen wurde am 13. September 1993 in Washington das Abkommen zwischen Israel und der PLO über die befristete Selbstverwaltung der Palästinenser im Gazastreifen und Jericho unterzeichnet. Dieses enthält im Anhang über die wirtschaftliche Zusammenarbeit die Basis für Verhandlungen über die Wasserrechte zwischen Israel und den Palästinensern. Ein ständiger israelisch-palästinensischer Ausschuß für Wirtschaftliche Zusammenarbeit soll hierzu ein wasserwirtschaftliches Entwicklungsprogramm ausarbeiten,

> "..., in dem die Art und Weise der Zusammenarbeit in der wasserwirtschaftlichen Planung im Westjordanland und Gazastreifen festgelegt wird und das Vorschläge für Studien über und Pläne für die Wasserrechte jeder Partei enthält sowie Pläne für die gerechte Nutzung gemeinsamer Wasservorräte, die während und über die Übergangsperiode hinaus Geltung haben" (Abkommen zwischen Israel und der Palästinensischen Befreiungsorganisation über befristete Selbstverwaltung, unterzeichnet in Washington am 13. September 1993, Anhang III.1, in: Dokumente 1993, S. D532).

In einem weiteren Protokoll des Gaza-Jericho-Abkommens über Zusammenarbeit in regionalen Entwicklungsprogrammen werden folgende für den Wassersektor relevante Möglichkeiten vorgeschlagen:

> "(2) Entwicklung eines gemeinsamen israelisch-palästinensisch-jordanischen Plans zur koordinierten Nutzung der Region des Toten Meeres.
> (3) Mittelmeer-Gaza-Totes-Meer-Kanal.
> (4) Regionale Entsalzungs- und andere wasserwirtschaftliche Projekte.
> (5) Ein Regionaler Agrarentwicklungsplan, einschließlich abgestimmter regionaler Maßnahmen zur Verhinderung von Desertifikation" (Anhang IV, in: Dokumente 1993, S. D533).

Am 4. Mai 1994 wurde in Kairo das *Agreement on the Gaza Strip and the Jericho Area* unterzeichnet, das die Grundlagen für die befristete Selbstverwaltung in diesen Gebieten sowie die Rechte und Verantwortlichkeiten der palästinensischen Selbstverwaltungsbehörde (*Palestinian National Authority*, PNA) festlegt. Dieses schließt im Grunde auch die Errichtung einer palästinensischen Wasserbehörde in den Teilautonomiegebieten ein. Hierzu *The Jerusalem Post*:

> "In principle, the water and its full administration in Gaza and Jericho will be under Palestinian control. This includes the digging of new wells and supervising old wells ..." (The Jerusalem Post, 21.4.1994).

Allerdings erweist sich die Realität insofern als eine andere, als bisher[4] keine entsprechende Wasserbehörde existiert: Neben der Festlegung der genannten Rechte werden so viele Einschränkungen in den folgenden Paragraphen gemacht, daß eine entsprechende Behörde de facto keine Kompetenzen hätte (vgl. Abschnitt 4.2.2).

Die palästinensischen Delegierten zeigen sich über die bisherigen Wasserverhandlungen enttäuscht. Noch immer habe man keine genauen Angaben darüber, wieviel Wasser Israel wirklich fördere (The Jerusalem Times, 16.8.1994). Des weiteren sind die Verhandlungen über Wasserrechte an die

---

4 Stand: Ende August 1994.

Verhandlungen über Land geknüpft, die erst in der Endphase der Interimsperiode erfolgen sollen:

"With events still unfolding regarding the final status of the Occupied Territories, it remains to be seen whether the issue of water, or land, will be discussed during the final stages of the current peace agreement and whether Israel will agree to arrangements for sharing the scarce water resources" (JMCC 1994, S. 36).

"Palestinians have not refused regional cooperation as a solution to the water problem, but rather have specified conditions which have to be met prior to cooperation. As Tamimi warns, joint water projects cannot be implemented until a comprehensive solution is agreed between Israel and the Palestinians ..." (JMCC 1994, S. 72).

Auf der *multilateralen* Ebene ist Israel in die Friedensverhandlungen mit dem Vorschlag eingestiegen, "ungenutzte Wasserquellen", d. h. Entsalzung, Import, Flutwasserspeicherung u.a.m. kooperativ zu nutzen. Die Problematik entsprechender Vorschläge, in denen es beispielsweise um Wasserimporte von arabischen Nachbarstaaten in die besetzten Gebiete geht (zuerst vorgeschlagen von Kally 1986), muß darin gesehen werden, daß dies als Versuch gedeutet werden kann, eine Neuverhandlung der derzeitigen Nutzungen zu umgehen und die Wasserfrage aus den "Land-gegen-Frieden"-Verhandlungen auszugrenzen. Auf der Wiener Wasserverhandlung im Mai 1992 hat sich Israel gegen eine Neuaufteilung existierender Wassernutzungen ausgesprochen (Beschorner 1992, S. 24). Nach der Verlegung der Frage der Wasserrechte in die *bilateralen* Verhandlungen wurden die Ergebnisse der multilateralen Wasserverhandlungen in Maskat, Oman, im April 1994 als "Durchbruch" gewertet: zum einen unterstützte die Arbeitsgruppe die Bildung einer palästinensischen Wasserbehörde im Rahmen der Autonomieregelungen mit Israel[5], zum anderen konnte man sich auf folgende Kooperationsprojekte einigen (The Jerusalem Post, 18./19.4.1994; NZZ, 20.4.1994; Feuilherade 1994, S. 32 f.; GTZ 1994, S. 27):

- die Beteiligung Israels an einem Entsalzungsprojekt in Oman, einschließlich der Nutzung von Solartechnologie;
- ein israelisches Pilotprojekt zur Untersuchung von Wasserverlusten in je einem städtischen Leitungssystem in Ägypten, Jordanien, Israel und den (ehemalig) besetzten Gebieten;
- ein US-amerikanisches Projekt zur Abwasserwiederverwendung;
- ein kanadisches Projekt zur Nutzung marginaler Wasservorkommen einschließlich Regenwassersammlung;
- ein Wassermanagement-Trainingsprogramm durch die USA und die EU;

---

5 Diese existiert allerdings bislang nicht (Abschnitt 4.2.2).

- die Erstellung einer deutschen Studie zur Erfassung aller Wasserressourcen und Bedürfnisse der Region mit dem Versuch, diese Daten politisch zu bestätigen (unter Koordination der GTZ).

Vorschläge für zukünftige Projekte beinhalten die Errichtung eines meteorologischen Zentrums, einer Datenbank und einer Regionalen Wasserbehörde (Feuilherade 1994, S. 32). Neben diesen Vorschlägen setzte sich ein Trend fort von Großprojekten, wie z. B. einer türkischen Friedenspipeline, durch (ebenda, S. 33). Die multilateralen Verhandlungen erweisen sich somit zumindest als Forum zur Koordinierung gemeinsamer Forschungs- und Entwicklungszusammenarbeit.

Parallel zu den offiziellen Friedensverhandlungen wird die Wasserproblematik im Nahen Osten in einer Reihe von unabhängigen, inoffiziellen Foren wie akademischen Arbeitsgruppen und Konferenzen vorangetrieben. Hierunter zählen z. B. die "Israeli-Palestinian International Academic Conference on Water" im Dezember 1992 in Zürich, ein "Middle East Water Forum" der IWRA in Kairo im Februar 1993, ein multilateraler Workshop in Los Angeles im April 1993, ein "International Symposion on Water Resources in the Middle East" in Urbana, Illinois, im Oktober 1993 sowie eine "Pugwash Conference on Middle East Issues" in Stockholm im Dezember 1993 (Yolles/Gleick 1994, S. 8; Biswas/Wolf 1994, S. 3, u.a.m.). Laut Yolles/Gleick haben einige Vorschläge dieser akademischen Diskurse Eingang in die israelisch-palästinensischen und in die israelisch-jordanischen Vereinbarungen gefunden, wobei an dieser Stelle nicht klar ist, um welche Vereinbarungen es sich dabei handelt:

> "These ideas include the goal of equitable utilization, the supply of minimum water requirements to existing inhabitants, and the need to examine certain new supply options" (Yolles/Gleick 1994, S. 8; vgl. auch Abschnitt 5.2.2).

Die Osloer Prinzipienerklärung im September 1993 und das Inkrafttreten der Teilautonomie in Gaza und Jericho im Mai 1994 haben zu internationalen Finanz- und Kooperationszusagen für die Teilautonomiegebiete geführt. Das Finanzvolumen wurde auf 2,4 Mrd. US-Dollar in fünf Jahren festgesetzt, wovon bislang aber lediglich 80 bis 100 Mio. US-Dollar zur Verfügung gestellt wurden (GTZ 1994, S. 29). Im Vordergrund stehen die Themen Wasserversorgung, Kanalisation, Elektrizität, Naturressourcen, Landwirtschaft, Management, Erziehung und Gesundheit (Alkazaz 1994, S. 17). Die GTZ unterstützt bereits seit 1989 sechs Projekte zur Wasserver- und -entsorgung, zur beruflichen Weiterbildung und landwirtschaftlichen Entwicklung im Westjordanland (FAZ, 10.11.93). Künftig soll die Bundesrepublik Deutschland den Aufbau des palästinensischen Statistischen Amtes, die Wasserver- und -entsorgung in Nablus sowie die Wasserversorgung in Ramallah unterstützen (Alkazaz 1994, S. 20). Weitere Wasserprojekte werden von der UNDP und der UNWRA gefördert (ebenda).

3.5 Nachtrag

Dieser geschichtliche Überblick fokussierte den Faktor Wasser in der politischen Entwicklung des Jordanbeckens. Die Ereignisse wurden speziell aus dieser einen Perspektive betrachtet. Dabei wurden zwei Fragen gestellt: Zum einen sollte aufgezeigt werden, in welchen historischen Zusammenhängen Wasser eine Rolle gespielt hat, ohne dabei aber die jeweiligen Ereignisse in ihrer Komplexität genauer in den Blick nehmen zu können. Zum anderen galt es, die Entstehung wichtiger wasserwirtschaftlicher Strukturen auf nationaler und internationaler Ebene sowie die internationale Auseinandersetzung, die damit einherging, aufzuzeigen. Zudem stellt das Kapitel über die Friedensverhandlungen den Versuch dar, die Gegenwart "einzuholen".

Zur Bedeutung des Faktors Wasser für die geschichtlichen Ereignisse lassen sich folgende Thesen formulieren: Wasser spielte seit dem Zusammenbruch des Osmanischen Reiches eine wichtige Rolle bei der Etablierung von Staatsgrenzen in der Region. Die Frage einer ausreichenden Wasserversorgung war von Anfang an ein offener Punkt bei den Plänen zur Gründung eines israelischen Staates. Die Gründung des Staates Israel führte zu einer Konkurrenz um die regionalen Vorkommen, die militärische Druckmittel nicht ausschloß. Der dritte israelisch-arabische Krieg von 1967 und die Invasion in den Libanon 1982 stärkten Israels "Sicherheitsinteressen" in Hinblick auf die Wasserressourcen. Israel hat im Verlauf der Ereignisse eine dominierende Rolle bei der Wassernutzung in der Region eingenommen und hat sie weiterhin inne. Im Rahmen des im Oktober 1991 in Madrid aufgenommenen Friedensprozesses wird erstmals direkt über Wasserfragen in der Region verhandelt. Die ersten Verhandlungsergebnisse zwischen Israel, der PLO und Jordanien schließen noch keine "Lösung" der Wasserfrage ein.

Zur Entwicklung der wasserwirtschaftlichen Strukturen in der Region läßt sich folgendes festhalten: Die wesentlichen Ideen der wasserwirtschaftlichen Entwicklung stammen aus den vierziger Jahren bzw. dem Beginn der fünfziger Jahre. Verwirklicht wurde Loudermilks Vision einer nationalen Wasserleitung für Israel, in der Jordan-Wasser bis in den Negev gepumpt wird. Sein Gedanke eines Kanals vom Mittelmeer zum Toten Meer zur Erzeugung von Wasserkraft und zur Wiederauffüllung des Toten Meeres wurde zwar nie in Angriff genommen, ist aber nicht vergessen und gewinnt im Rahmen des Friedensprozesses in der Fassung eines Kanals vom Roten zum Toten Meer wieder an Aufmerksamkeit. Verwirklicht wurde die Bewässerungslandwirtschaft im östlichen Jordantal. Aufgrund israelischer Ablehnung ist der Bau einer Talsperre am Yarmuk zur Speicherung von Winterflutwasser seit den fünfziger Jahren bis heute offen. Andere Projekte, wie der Transfer von Nil- bzw. Litani-Wasser in das Jordanbecken, wurden aus politischen Gründen nie verwirklicht, kamen aber regelmäßig wieder ins Gespräch und werden derzeit im Zusammenhang mit dem Nahost-Friedensprozeß erneut diskutiert.

Die USA haben etliche Versuche unternommen, Einigung im Streit um die Wasserressourcen sowie eine regionale Kooperation in der Wassernutzung - auch in Hinblick auf die Lösung der "palästinensischen Frage" - herzustellen. Diese scheiterten aber an politischen Widerständen. Die Wasserverhandlungen unter Johnston spielen hier insofern eine Ausnahme, als dabei eine im damaligen Verständnis gerechte Aufteilung der Wasserressourcen gelang, die politisch zwar nicht anerkannt, technisch allerdings einen Ausgangspunkt der Kooperation zwischen Israel und Jordanien in den folgenden Jahren darstellte. In den derzeitigen Friedensverhandlungen ist die Relevanz des Johnston-Plans jedoch umstritten.

4. Nationale Wasserbilanzen und wasserpolitische Prioritäten

4.1 Israel

4.1.1 Israels Wasserbilanz

Israels Wasserressourcen sind durch relative Knappheit, starke regionale, saisonale und jährliche Schwankungen in ihrem Auftreten, durch ein geringes Oberflächenwasseraufkommen und zum Teil durch erschwerte Zugänglichkeit gekennzeichnet. Da es praktisch nur im Winter regnet, verschärft sich die Versorgungssituation regelmäßig im Sommer, wenn der Bedarf am höchsten ist. Diese Ausgangssituation hat zu einer Integration des gesamten Wasserpotentials in ein zentrales Wasserversorgungssystem geführt, dessen Kern der Nationale Wasserleiter *(National Water Carrier)* bildet, und das so den relativ regenreichen Norden mit dem relativ trockenen Süden verbindet.

4.1.1.1 Wasserdargebot

Unterscheidet man nach den verschiedenen Herkunftsregionen, so speist sich das Wasserdargebot Israels ungefähr zu je einem Drittel aus drei Quellen: dem See Genezareth als Speicher für Jordan- und zum Teil Yarmuk-Wasser, den ins israelische Kerngebiet fließenden Grundwasserleitern des Westjordanlandes sowie dem Küsten-Aquifer und kleineren Oberflächengewässern in der Küstenebene.

Aus dem 700 Mio. m³ fassenden See Genezareth werden ca. 500 Mio. m³/a[1] abgezogen (Kolars 1992, S. 113). Die Fördermenge aus den im Westjordanland angereicherten westlichen und nordöstlichen Berg-Aquiferen liegt mit ca. 450 Mio. m³/a bei ca. 94 % bzw. 85 % ihrer jährlichen Erneuerungsraten (Beschorner 1992, S. 13). Aus dem Küsten-Aquifer werden

---

[1] Nach Shuval wurden im Schnitt 380 Mio. m³/a in den National Water Carrier eingespeist (Shuval 1993, S. 101). Nach Schwarz hingegen stammten 620 Mio. m³/a aus dem Jordanbecken (Schwarz 1990, S. 58).

ca. 280 Mio. m³/a gefördert[2]; hinzu kommen ca. 500 Mio. m³/a aus kleineren Flüssen wie dem Yarkon und temporär auftretendem Flutwasser sowie ca. 220 Mio. m³/a wiederverwendetes Abwasser (Kolars 1992, S. 114). Tabelle 4.1 faßt das Wasserdargebot nach Herkunftsregionen zusammen.

Tabelle 4.1: Geschätztes israelisches Wasserdargebot nach Herkunftsregionen (in Mio. m³/a)

Quelle	Fördermenge
See Genezareth	500
Westlicher und nordöstlicher Berg-Aquifer	450
Verschiedene Quellen innerhalb der "grünen Linie"	500
Küsten-Aquifer	280
Abwasserwiederverwendung	220
Total	1 950
Trockenheit Anfang der neunziger Jahre	1 600

Quelle: Kolars (1992, S. 113; gekürzt und übersetzt).

Damit liegt das Wasserdargebot in Israel bei 1 950 Mio. m³/a - in der Dürreperiode Anfang der neunziger Jahre hatte es sich auf 1 600 Mio. m³/a reduziert.[3] Nach Zarour und Isaac stammen 55 % dieser Menge aus nicht-israelischen Quellen, wobei diese Zahl die besetzten Gebiete einschließt (Zarour/Isaac 1993, S. 43).

Das israelische Wasserplanungsbüro Tahal (siehe unten) gibt als klimatisch repräsentatives Jahr 1984/85 an. In diesem setzte sich das Dargebot von insgesamt 2 050 Mio. m³/a zu 63 % aus Grundwasser, zu 30 % aus Jordan-Wasser, zu 5 % aus wiederverwendetem Abwasser und zu 2 % aus gestautem Flutwasser zusammen. Für das Jahr 1993 wurde mit einer Ausweitung des Anteils des wiederverwendeten Abwassers auf ca. 205 Mio. m³/a bzw. ca. 10 % des gesamten Dargebots gerechnet. Die Darstellung in Tabelle 4.2 differenziert nach Frisch-, Brack- und Bewässerungswasser (Tahal 1993, S. 3 ff.).

---

[2] Nach Schwarz werden sogar bis zu 400 Mio. m³/a aus dem Küsten-Aquifer gefördert (Schwarz 1990, S. 58).
[3] Laut Tahal wurden 1991 lediglich 1 420 Mio. m³/a bereitgestellt (Tahal 1993, S. 6).

Tabelle 4.2: Wasserdargebot im israelischen Kerngebiet und Westjordanland nach Frisch-, Brack- und Bewässerungswasser (1984/85) (in Mio. m³/a)

Quelle	Frischwasser	Brackwasser	Bewässerungswasser	Total
Grundwasser[4]	1 205	135	-	1 340
Jordanbecken	620	-	-	620
Flutwasser	15	10	15	40
Recyceltes Abwasser	30	-	80	110
Gesamte Bereitstellung	1 870	145	95	2 110
Verluste	-60			-60
Insgesamt	1 810	145	95	2 050

Quelle: Tahal (1993, S. 3; übersetzt).

Der erneuerbare Anteil des Dargebots wird auf 1 600 Mio. m³/a geschätzt (Tahal 1993, S. 4). Darüber hinaus wird auf wiederverwendetes Abwasser und nicht-erneuerbare Ressourcen zurückgegriffen.

4.1.1.2 Wassernutzung

Einen Überblick über die gesamten und die sektoralen Wassernutzungen in Israel in den Jahren 1984/85 und 1990 gibt Tabelle 4.3.

Tabelle 4.3: Sektoraler Wasserverbrauch in Israel

	1984/85[1]		1990[2]	
	Mio. m³/a	%	Mio. m³/a	%
Haushalte	420	22	482	27
Industrie	110	5	106	6
Landwirtschaft	1 410	72	1 162	66
Gesamt	1 940	100	1 750	100

Quellen:
1 Schwarz (1990, S. 59)
2 Beschorner (1992, S. 11).

---

4 Das Grundwasser setzt sich im wesentlichen aus dem Wasser des Küstenaquifers sowie den westlichen und nordöstlichen Berg-Aquiferen zusammen; die Anteile der letzteren werden nicht aufgeschlüsselt (Tahal 1993, S. 5)

Israels bedeutendster Wassernutzer ist die Landwirtschaft mit einem Anteil am Gesamtverbrauch von 66 bis 72 %; die Haushalte folgen mit 22 bis 27 % und die Industrie mit (lediglich) 5 bis 6 %. Im Vergleich zu diesen Zahlen lag der Anteil der Landwirtschaft Mitte der siebziger Jahre sogar noch bei 80 % (Galnoor 1980, S. 144). Zum einen findet eine Umverteilung des Trinkwassers von der Landwirtschaft zu den Haushalten und der Industrie statt, wobei in der Landwirtschaft vermehrt behandeltes Abwasser genutzt wird:

> "With the increasing population, less and less fresh water (not including wastewater effluents and brackish water) allocated to irrigation will be significantly reduced" (Shevah/Kohen 1993, S. 6).

Zum anderen ist aber zu berücksichtigen, daß das Jahr 1990 in eine Dürreperiode fiel, in der die Wasserbereitstellung für die Landwirtschaft temporär eingeschränkt wurde. Die Tatsache, daß die landwirtschaftliche Wassernutzung in Israel solch einen hohen Stellenwert hatte und hat, ist unter anderem auf Vorgaben in der Wasserpolitik zurückzuführen (siehe unten); allerdings ist die Situation in den anderen Staaten des Nahen Ostens ähnlich. Laut Israel Water Commission (siehe unten) hat der Anteil der Landwirtschaft am Wasserdargebot von 77 % in den sechziger Jahren auf 68 % im Jahr 1993 abgenommen, und bis zum Jahr 2000 wird eine weitere Abnahme auf 60 % erwartet (Shevah/Kohen 1993, S. 5).

Etwa die Hälfte der landwirtschaftlich genutzten Fläche Israels wird bewässert. Die Umstellung von Überstaubewässerung auf Tropf- und Beregnungsbewässerung konnte innerhalb von zehn Jahren den Wasserbedarf pro Hektar um 33 % (von 8 700 auf 5 800 m³) bei gleichzeitig gesteigerten Erträgen reduzieren (Shevah/Kohen 1993, S. 15). Die Landwirtschaft war 1988 mit 3,5 % an der Entstehung des Nettoinlandsprodukts beteiligt, und die Ausfuhr landwirtschaftlicher Erzeugnisse machte etwa 10 % der Gesamtexporte aus. Etwa 5 % der arbeitenden Bevölkerung ist in der Landwirtschaft beschäftigt. Israel deckt unter normalen Bedingungen etwa drei Viertel seines Bedarfs an Nahrungsmitteln aus der eigenen Erzeugung (Statistisches Bundesamt 1991, S. 43, 49). Nach Spanien ist es - bei allerdings rückläufigen Exportziffern - der größte Exporteur von Zitrusfrüchten. Die Rückgänge sind auf überholte Produktionsstrukturen und nicht mehr an die Marktbedingungen angepaßte Handelsstrukturen zurückzuführen (ebenda, S. 53 f.). Für das Exportjahr 1989/90 wurden etwa 74 % der Exporte in den EG-Ländern abgesetzt (ebenda, S. 55).

Die Wasserpreise für die israelische Landwirtschaft sind stark subventioniert; die Wirtschaftlichkeit vieler Betriebe in Hinblick auf die wahren Kosten der Wasserbereitstellung ist entsprechend fraglich (siehe unten). Das betrifft vor allem den Wassertransport für landwirtschaftliche Zwecke in den Negev. Die Wasserzuteilung an die Landwirte erfolgt über ein zentrales Quotensystem. Somit wird die Verteilung "begrenzter" Ressourcen gesteuert und der Verbrauch überwacht. Die Quoten sind nicht übertragbar oder handelbar. Resultat dieser Zuteilung ist, daß einige Bauern mehr Wasser verbrauchen, als sie benötigen, während andere bereit wären, für zusätzliches Wasser zu zahlen (Becker 1994, S. 4 f.). Beides, preisliche Subventionen und mengenmäßige Zuteilung, führt zu einer ineffizienten Wasserallokation. Weitere Probleme des landwirtschaftlichen Wasserverbrauchs ergeben sich aus der Protektion einheimischer Produkte sowie dem hohen Anteil wasserintensiver Kulturen wie Baumwolle, Bananen, Zitrusfrüchte und Tomaten.

In der israelischen Industrie wurden Anfang der neunziger Jahre bereits etwa 27 % des Wasserbedarfs durch Brackwasser[5] gedeckt, das insbesondere für Kühlprozesse eingesetzt wird. Des weiteren ist die Kreislaufführung von Wasser verbreitet, und es gibt eine Tendenz zu wasserextensiven Produktionstechniken, z. B. in der Elektronikindustrie (Schwarz 1992, S. 130). Auch für die Industrie besteht ein Quotensystem, wobei für die einzelnen Branchen Standards festgelegt sind, auf deren Grundlage die benötigten Mengen an Wasser zugeteilt werden. Die Standards werden dem technischen Fortschritt angeglichen (Postel 1985, S. 30).

Der private Wasserverbrauch unterliegt einer progressiven Preisstaffelung. Der spezifische Pro-Kopf-Verbrauch[6] liegt mit 100 m^3/a bzw. 274 l/d (Schwarz 1992, S. 130) über dem vieler westlicher Industriestaaten (Bundesrepublik: 144 l/d im Jahr 1991, Umweltbundesamt 1994, S. 321). Bei einem Vergleich sind jedoch klimatische Unterschiede zu berücksichtigen.[7] Tamimi gibt an, daß der Anteil arabischer Dörfer innerhalb Israels am Wasserverbrauch aller Sektoren lediglich bei 2,2 % liegt, obwohl der Bevölkerungsanteil der arabischen Israelis 15 % der Gesamtbevölkerung beträgt (Tamimi 1991, S. 14).

Zusammenfassend läßt sich sagen, daß in Israel der Großteil des bereitgestellten Wassers in der Landwirtschaft genutzt wird, gegenüber einem re-

---

5 Der Chloridgehalt liegt über 400 mg/l.
6 Im folgenden kennzeichnet der Begriff "spezifischer Pro-Kopf-Verbrauch" den privaten, der Begriff "Pro-Kopf-Verbrauch" den gesamten Wasserverbrauch pro Einwohner und Zeiteinheit.
7 In der untersuchten Literatur wird der relativ hohe israelische spezifische Pro-Kopf-Verbrauch lediglich von Avnimelech (1994) in Frage gestellt. Offenbar wird er als Ausdruck eines Lebensstandards gesehen, der diesen Wasserverbrauch selbstverständlich einschließt. Es ist anzunehmen, daß sich der im Vergleich zur Bundesrepublik sehr hohe Wert vor allem aus der Bewässerung von Grünflächen und Gärten ergibt.

lativ geringen Anteil in der Industrie. Der private Pro-Kopf-Verbrauch liegt vergleichsweise hoch, wobei Unterschiede zwischen der jüdischen und der arabischen Bevölkerung bestehen.

4.1.1.3 Bedarfsprognosen und Handlungserfordernisse

Die israelische Bevölkerung zählte 1991 noch 4,6 Mio. Einwohner; Ende 1993 waren es bereits 5,28 Mio. (Canaan 1994, S. 1). Für das Jahr 2000 wird aufgrund der Einwanderungswelle aus der ehemaligen Sowjetunion mit 6,4 Mio. Einwohnern gerechnet (Schwarz 1992, S. 130). Die jährliche Wachstumsrate lag im Zeitraum von 1983 bis 1990 bei durchschnittlich 1,8 % (Statistisches Bundesamt 1991, S. 22).

Prognosen für den künftigen Wasserverbrauch hängen von dem erwarteten Bevölkerungsanstieg, dem künftigen wirtschaftlichen Wachstum der einzelnen Sektoren, ihren jeweiligen Verbrauchsmustern, aber auch vom Trend zur Verstädterung ab. Eine Prognose von Proginin und Glass (1992) rechnet mit 8 Mio. Einwohnern im Jahr 2020, unter der Annahme, daß die zusätzliche Immigration beschränkt und die Wachstumsrate bis dahin auf 1 % zurückgehen werden (in Assaf et al. 1993, S. 42). Shuval hingegen geht in einer Prognose von einer Zunahme der Bevölkerung auf 10 Mio. Einwohner bis zum Jahr 2023 aus, unter der Annahme, daß sowohl die Wachstumsrate aufgrund nichtjüdischer sowie jüdisch-orthodoxer Bevölkerungsanteile nicht unter 1,5 % sinken als auch die Immigration höher ausfallen wird (ebenda).[8]

Was das natürliche Wasserdargebot angeht, wird keine wesentliche Ausweitung der Gesamtmenge erwartet. Schwarz geht für das Jahr 2000 von einer Zunahme der Nutzungen im häuslichen Bereich von 0,7 % aus, was einem spezifischen Pro-Kopf-Wasserverbrauch von 110 m^3/a bzw. 300 l/d entspräche. In der Industrie erwartet er einen Anstieg um 1,4 % unter

---

[8] Es kann in dieser Arbeit keine vertiefte Wertung der Prognosen erfolgen. Dennoch sollen folgende Anmerkungen gemacht werden: Shuvals Prognosen scheinen relativ hoch, vor allem vor dem Hintergrund älterer Angaben in der Literatur, wie z. B. einer Prognose von 6,7 Mio. für 2020 bei Lowi (1993a, S. 120). Des weiteren muß bedacht werden, daß Shuval seine Prognosen in Zusammenhang mit der Bestimmung der künftigen israelischen Wasseranrechte auf der Grundlage sozioökonomischer Faktoren gemacht hat und insofern sich eine hohe Zahl günstig für Israel auswirkt. Auf der anderen Seite wurde in einer gemeinsamen Studie israelisch-palästinensischer Wasserexperten des IPCRI die Prognose von 10 Mio. Einwohnern übernommen, ohne explizit Position zu den Annahmen zu beziehen, aber mit der Bemerkung, daß mit diesen Zahlen im Bereich von +/- 5 Jahren zu rechnen sei (Assaf et al. 1993, S. 44).

der Voraussetzung, daß wassersparende Techniken eingesetzt und vorwiegend wasserextensive Industrien angesiedelt werden. Um den steigenden Bedarf der privaten Haushalte und der Industrie zu kompensieren, müßte der Anteil der Landwirtschaft entsprechend reduziert bzw. durch den Einsatz von aufbereitetem Abwasser ersetzt werden (Schwarz 1990, S. 59; 1992, S. 130). Die Israel Water Commission erwartet eine Reduktion des Anteils der Landwirtschaft auf 60 % der genutzten Wassermenge bis zum Jahr 2000, wobei knapp die Hälfte davon aus behandeltem Abwasser bestehen soll (Shevah/Kohen 1993, S. 5 f.).

Im Jahr 1988 hat Tahal einen Master-Plan veröffentlicht, der eine umfassende Richtungsänderung des israelischen Wassermanagements in Hinblick auf Gewässerqualität und ökonomische Gesichtspunkte propagiert (vgl. Schwarz 1990; 1992). Der Plan geht von der Schwierigkeit aus, alle nationalen Ziele in Hinblick auf Wasser simultan zu erreichen, und erkennt veränderte soziale Anforderungen an. Künftig soll demnach der Ausrichtung des Wassersystems am Bedarf der Städte sowie der Investition in die Wasserqualität Priorität gegenüber der Landwirtschaft eingeräumt werden. Es wird mit einem geringeren Gesamtvolumen und steigenden Kosten pro Wassereinheit gerechnet, falls Restaurationsvorhaben fruchten und die Wasserqualität langfristig gesichert werden soll.

Als Schlüsselprobleme gelten im *Tahal-Master-Plan*:

- die die jährliche Erneuerungsrate der Wasserressourcen übersteigende Nachfrage sowie die langfristige Erschöpfung der Speicher;
- die sich verschlechternde Wasserqualität bei steigendem Bedarf an Wasser mit Trinkwasserqualität;
- die Notwendigkeit, Teile des Wasserversorgungssystems in naher Zukunft zu ersetzen sowie den Energieverbrauch für das Pumpen zu reduzieren.

Die geforderten Maßnahmen lassen sich zusammenfassen in:

- Maßnahmen zur Qualitätssicherung: Aquiferen-Restauration, Trinkwasserschutzgebiete, Abwasserbehandlung sowie duale Leitungssysteme für Grund- und Oberflächenwasser;
- ökonomische Steuerung: Preispolitik und Kostendeckung, Reduzierung wasserintensiver und profitextensiver Landwirtschaft;
- Nutzung marginaler Ressourcen: Abwasserwiederverwendung, Flutwasserspeicherung (einschließlich der Erschließung des zum Jordantal abfließenden Wassers) sowie Wolkenbesamung;

- Meerwasserentsalzung im großen Maßstab wird dagegen aus Kostengründen nur langfristig als Alternative betrachtet.

Die drei letzten Punkte betreffen Maßnahmen zur Nachfragesteuerung und Dargebotsausweitung, die in Kapitel 6 allgemein für die Region diskutiert werden sollen. Im folgenden sollen daher nur die Ansätze zur Qualitätssicherung erläutert werden.

Die übermäßige Ausbeutung der Grundwasserleiter, insbesondere des Küsten-Aquifers, aber auch Teile des Yarkon-Taninim-Aquifers (westlicher Berg-Aquifer), hat zum Eindringen von Meer- bzw. Salzwassersohlen, zum Eintrag von Salzen, Nährstoffen und Pestiziden durch Bewässerungswasser sowie zur Belastung durch andere Schadstoffe geführt. Eine Restauration ist durch die Reduzierung der Fördermenge, durch künstliche Wiederanreicherung und die gezielte Wahl der Lage von Infiltrations- und Entnahmebrunnen geplant. Ziel ist die Wiederherstellung hydraulischer Barrieren. Für den Küsten-Aquifer bedeutet dies eine Reduktion der Fördermenge von 400 auf 210 Mio. m³ jährlich bei gleichzeitiger Errichtung von Infiltrationsanlagen und Bereitstellung einer alternativen Versorgung. Die Fördermenge aus dem westlichen Berg-Aquifer soll auf 310 Mio. m³ reduziert werden. Er soll in den Wintermonaten mit Wasser aus dem See Genezareth mit 35 Mio. m³/Monat angereichert werden. Der Gedanke ist, ihn zum Regulierungsreservoir des Nationalen Wasserleiters zu machen und die Förderorte in den Bereich seiner natürlichen Anreicherung zu verlagern, d. h. in das besetzte Westjordanland.[9] Des weiteren ist die Ausweisung von Trinkwasserschutzgebieten, insbesondere im Bereich des Dans und im Anreicherungsbereich der Aquiferen, vorgesehen.

Gleichzeitig soll die erhöhte Versorgung der Städte durch qualitativ hochwertiges Wasser auf der Basis von Grundwasser unabhängig vom Nationalen Wasserleiter sichergestellt werden, da bei diesem Probleme mit Trübstoffen auftreten. Dabei sollen der Anteil des in der Landwirtschaft genutzten Grundwassers drastisch reduziert und durch aufbereitetes Abwasser oder Wasser aus dem Nationalen Wasserleiter ersetzt sowie der Transport von Wasser hoher Qualität in den Negev verringert bzw. durch behandeltes Abwasser ersetzt werden. Kläranlagen, z. B. für die Stadt Jerusalem, sollen in die regionalen Wassersysteme integriert werden, so daß eine entsprechende landwirtschaftliche Wiederverwendung stattfinden kann. Die Umset-

---

9 Es sei nur daran erinnert, daß diese Planungen sowohl die genutzte Wassermenge aus Jordan und Yarmuk als auch die langfristige Nutzung des größten im Westjordanland entspringenden Grundwasserleiters betreffen.

zung der Ziele des Master-Plans von 1988 ist aufgrund fehlender finanzieller Ressourcen nicht gesichert (Schwarz 1990, S. 64).

Israels technische Errungenschaften im Wassermanagement - insbesondere das durch den Nationalen Wasserleiter integrierte Wassernetz - gelten als "Erfolgsgeschichte". Dieser Erfolg ist aber auch im Zusammenhang mit der restriktiven Wasserpolitik in den besetzten Gebieten, mit außenpolitischen Effekten und in Israel selbst mit der derzeitigen Knappheitssituation und den entsprechenden Qualitätsproblemen zu sehen.

4.1.2 Wasserpolitik in Israel

4.1.2.1 Organisatorische und institutionelle Grundlagen

Die organisatorische Struktur der israelischen Wasserpolitik geht auf das Water Law von 1959 zurück, das den rechtlichen Rahmen für einen zentralisierten Wassersektor setzt. Wasserressourcen und Wasseranlagen gelten als Staatseigentum *(public property)*. Die Verantwortlichkeit für das Wassersystem liegt beim Landwirtschaftsminister, der von einem Water Council beraten wird. Die Water Commission als Regierungskörperschaft hat die zentrale Kontrolle über die Umsetzung der Wasserpolitik und ist für die Festlegung von Wasserquoten und -preisen zuständig. Der Equalization Fund ist für die Regulierung und den Ausgleich der Wasserkosten für die einzelnen Nutzergruppen und Regionen verantwortlich. Planung und Betrieb von Wasserinstallationen sind monopolisiert in den Händen von Mekorot und Tahal (vgl. Abbildung 4.1).

Die Mekorot Company, 1938 gegründet, ist als "nationale Wasserbehörde" verantwortlich für Bau, Betrieb und Wartung von Wasseranlagen sowie für die Vergabe von Quoten. Sie ist Treuhänder des Nationalen Wasserleiters für den Staat. Die Anteilseigner setzen sich zu je einem Drittel aus der Regierung, der Einheitsgewerkschaft Histadrut und der Jewish Agency zusammen. Mekorot ist auch in anderen Bereichen als der Wasserversorgung kommerziell tätig.

Die Water Planning for Israel (Tahal) Company wurde 1952 als Regierungskörperschaft gegründet. Sie berät sowohl den Landwirtschaftsminister als auch Mekorot in Planungsangelegenheiten. Sie ist zu 52 % Staatseigentum und zu je 24 % Eigentum der Jewish Agency und des Jewish National Fund (Davis et al. 1980, S. 14). Auch Tahal ist zusätzlich kommerziell tätig (Galnoor 1980, S. 147-150).

Abbildung 4.1: Israels Wasserinstitutionen

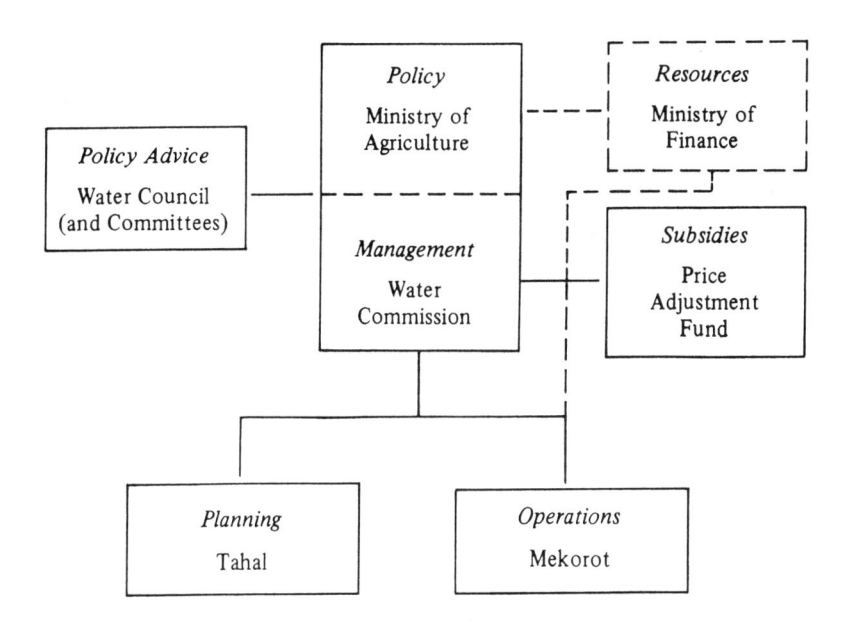

```
                    ┌─────────────────┐    ┌─────────────────┐
                    │     Policy      │    │    Resources    │
┌──────────────┐    │   Ministry of   │----│   Ministry of   │
│ Policy Advice│    │   Agriculture   │    │     Finance     │
│ Water Council│────├─────────────────┤    └────────┬────────┘
│(and Committees)   │   Management    │    ┌────────┴────────┐
└──────────────┘    │      Water      │    │    Subsidies    │
                    │   Commission    │────│      Price      │
                    │                 │    │   Adjustment    │
                    └────────┬────────┘    │      Fund       │
                             │             └─────────────────┘
              ┌──────────────┴──────────────┐
      ┌───────┴────────┐           ┌────────┴───────┐
      │    Planning    │           │   Operations   │
      │     Tahal      │           │    Mekorot     │
      └────────────────┘           └────────────────┘
```

Quelle: Galnoor (1980, S. 148).

Der rechtliche Status von Mekorot ist umstritten. Zum einen ist sie staatlich als Wasserbehörde autorisiert, zum anderen wird sie zu zwei Dritteln von regierungsunabhängigen Organisationen getragen. Diese wiederum gelten als die "bedeutendsten Machtfaktoren" (Hollstein 1984, S. 68) im Staat Israel. Die Jewish Agency ist die zionistische Organisation in Israel, die vom Staat autorisiert unter anderem für die Fragen der Einwanderung, der landwirtschaftlichen Siedlungspolitik, des Landerwerbs durch den Jewish National Fund sowie für die Koordination jüdischer Organisationen zuständig ist. Hierin werden Motive für die Etablierung der restriktiven Wasserpolitik gegenüber Palästinensern in den besetzten Gebieten gesehen (Davis et al. 1980, S. 13).

Die Organisationen der israelischen Wasserpolitik stehen somit in direkter Abhängigkeit vom Landwirtschaftsministerium und von zionistischen Organisationen. Andere relevante Bereiche wie Wirtschaft, Gesundheits- und Umweltschutz werden nicht repräsentiert. Uri Marinov, Umweltminister bis Juli 1992, kommentiert die Situation wie folgt:

"The danger in a system of administration controlled by special interests is obvious, especially in the environment, where unreasonable use for short-term gain will have permanent or longranging detrimental effects. For example, for historical reasons, the production and allocation of water resources has been and remains under the jurisdiction of the Ministry of Agriculture. In a year of drought, the officials of this ministry are under extreme pressure to sanction the overuse of scarce water reserves to satisfy the demands of farmers, their main constituency. Moreover, these officials are in chronic conflict on their attempts to initiate and enforce policies for the limitation and regulation of pesticides" (Marinov/Sandler 1993, S. 1260).

4.1.2.2 Preispolitik und Subventionen

Wasserpreispolitik in Israel unterliegt dem Zielkonflikt, ob soziale Gerechtigkeit und eine Dispersion der Bevölkerung über das Land oder ein konservierender Umgang mit Wasser und ökonomische Effizienz der Bereitstellung angestrebt werden sollen. Die israelische Regierung hat über Jahrzehnte den ersten Weg verfolgt, mit auf nationalem Niveau festgesetzten Preisen und Quoten für die verschiedenen Sektoren bei bis zu 45%iger Subventionierung, vor allem in Landwirtschaft und Industrie.

Die Produktionskosten für Wasser betragen ohne die Kapitalkosten durchschnittlich 19,5 Cents/m³ und mit Kapitalkosten, einschließlich Inflation, 33 Cents/m³.[10] Die Gebühren für den städtischen Verbrauch liegen im Schnitt bei 26 Cents/m³. Für private Verbraucher wurde eine progressive Preisstaffelung eingeführt. Wasseruhren wurden zur Pflicht. So kosten inzwischen die ersten 8 m³ (8 m³/Monat entsprechen 270 l/d) 32 Cents, die nächsten 8 m³ 75 Cents und der Verbrauch darüber hinaus 123 Cents. Anders ist die Situation in der Landwirtschaft und Industrie. In der Landwirtschaft werden 80 % der Quote mit 12,5 Cents/m³ berechnet, die restlichen 20 % mit 20 Cents/m³ und der Verbrauch darüber hinaus mit 26 Cents/m³. Der Tarif für die Industrie liegt bei 15 Cents/m³ (Schwarz 1992, S. 131).

Die jährlichen Subventionen der Wasserbereitstellung liegen insgesamt bei 250 Mio. US-Dollar (Berck/Lipow 1994, S. 4), davon kommen ungefähr 211 Mio. US-Dollar der Landwirtschaft zugute (Becker 1994, S. 16). Nach Schwarz haben 25 % der Hochertragsfarmen und 61 % der Niedrigertragsfarmen eine niedrigere Produktivität pro verbrauchte Wassereinheit, als die eigentlichen Produktionskosten je Wassereinheit betragen (Schwarz 1992, S. 131). Der derzeitige durchschnittliche landwirtschaftliche Ertrag

---

10 Im folgenden werden Preisangaben nicht in den Landeswährungen (Israelischer Schekel/Jordanischer Dinar), sondern in US-Dollar und Cent gemacht, wobei die entsprechenden Werte größtenteils direkt der Literatur entnommen werden können.

(gemittelt über alle Anbauprodukte) pro m³ eingesetztem Wasser wird auf 37 Cents geschätzt. Würden die vollen Kosten der Wasserversorgung berücksichtigt, würde er sich auf etwa 13 Cents reduzieren (Becker 1994, S. 12/133), bei Baumwolle für die Jahre 1980 bis 1988 (unter Berücksichtigung von Weltmarktpreisen) gar auf 8,7 Cents (Berck/Lipow 1994, S. 4). Dies wirft Fragen nach der künftigen Stellung der Bewässerungslandwirtschaft in Israel auf.

Nach Becker würde der vollkommene Verzicht auf Subventionen in der Landwirtschaft zu einer Reduktion der bewässerten Fläche um 36 % (entsprechend seinen Daten entspräche dies 314 Mio. m³/a) und zu einem Verlust für die Landwirte von 142 Mio. US-Dollar führen. Das aber würde bedeuten, daß selbst bei vollständiger Kompensation der Verluste für die Landwirte die staatlichen Ausgaben im Wassersektor immer noch 64 Mio. US-Dollar unter den der heutigen liegen würden (Becker 1994, S. 18); gleichzeitig würde Wasser in beträchtlichem Umfang eingespart.

Jedoch sind alle Bestrebungen, in der Wasserversorgung Israels eine volle Kostendeckung zu erreichen, bisher gescheitert, wobei folgende Argumente vorgebracht wurden:

- Die Kapitalkosten sollten als Investition in die öffentliche Infrastruktur betrachtet und somit von der öffentlichen Hand getragen werden.

- Subventionen in der Landwirtschaft seien weltweit akzeptiert.

- Es sei ungerechtfertigt, Kosten für Sicherheit und Sabotageprävention (in den besetzten Gebieten, I.D.) sowie für die Bereitstellung von Trinkwasserqualität im landwirtschaftlichen Sektor auf die Konsumenten umzulegen.

- Die Ineffizienz von Mekorot als Staatsmonopol solle nicht dem Verbraucher zur Last gelegt werden:

  "The agricultural sector's reasons have been accepted, and therefore water charges have not been raised significantly. Consequently, full cost recovery seems impossible" (Schwarz 1992, S. 131).

4.1.2.3 Strategien der Wasserpolitik

Galnoor hat in seiner Analyse des israelischen Wassersektors die Wechselwirkung zwischen Ideologie und Planung herausgearbeitet. Er vertritt die These, daß die interventionistische Wasserpolitik struktureller Bestandteil der israelischen Ideologie der Staatsschaffung auf der Basis von Siedlungen und Landwirtschaft sei. Wasser hätte sowohl in der zionistischen Ideologie als auch hinsichtlich sozialer Prioritäten des Staates Israel eine zentrale Stellung:

> "Policymakers regarded the development of water resources ('the blood flowing through the arteries of the nation') as a vital mission of the development of the country"(Galnoor 1980, S. 159).

Es kann davon ausgegangen werden, daß in der Phase bis zur Fertigstellung des Nationalen Wasserleiters im Jahr 1964 diese Ideologie klar die Richtung der Planung und Entwicklung bestimmte. Priorität hatten die landwirtschaftliche Entwicklung, die Siedlungen ("Bevölkerungsdispersion"), die Erschließung arider Gegenden, insbesondere des Negevs, verbunden mit dem Gedanken, "die Wüste zum Blühen zu bringen"[11], sowie das allgemeine Wirtschaftswachstum. Die Entwicklung der Wasserversorgungsstrukturen wurde diesen Zielen angepaßt, unabhängig von ökonomischen Erwägungen. So wurde der Wasserpreis weit unter den realen Bereitstellungskosten festgelegt und Subventionen für bestimmte Verbraucher zur Verfügung gestellt. Die Investitionskosten im Wasserbereich betrugen 3 bis 5 % der Bruttoinvestitionen des Landes (Galnoor 1980, S. 150, 158 ff.). In dieser Phase stand die Frage des Zugangs zu vorhandenen Wasserressourcen (Galnoor nennt dies *access phase* - Erschließungsphase) im Vordergrund, die auf technischer Ebene gelöst werden mußte, was durch die organisatorische Struktur realisiert werden konnte:

> "Had an independent water authority been set up with smaller representation according to agriculture, it is doubtful whether water projects would have been given so high a priority as they actually received" (Galnoor 1980, S. 165).

Investiert wurde vorwiegend in den Transport von Wasser (Schwarz 1990, S. 57). Außenpolitisch barg diese Politik die Bereitschaft, für Wasser Krieg zu führen, wie anhand der sich zuspitzenden Ereignisse Mitte der sechziger Jahre erkennbar war:

> "... Israel's policy of deterrence was based on the readiness to go to war in order to safeguard the continued flow of water in the Jordan River" (Galnoor 1980, S. 154).

Nach 1965 verschob sich das Problem von der Bereitstellung zur physischen Verknappung der Ressourcen *(shortage phase)*, für das Problemlösungen in einem breiteren Rahmen zu suchen waren. Das führte zu einem

---

11 Hollstein arbeitet die Bedeutung des Slogan "die Wüste zum Blühen zu bringen" als einen der Mythen zur Legitimierung der israelischen Staatsgründung heraus, der zur Unsichtbarmachung der Entstehungsbedingungen des Staates und der damit verbundenen Vertreibung der Palästinenser führte (Hollstein 1984, S. 19).

Konflikt zwischen der zionistischen Ideologie und der tatsächlichen Planung, was bereits Ende der sechziger Jahre das Landwirtschaftsministerium in die schwierige Situation stellte, ein Management knapper Wasserreserven zu koordinieren, ohne zu sehr an den Vorrechten der Landwirtschaft zu rütteln. Bis 1978 verbrauchte diese noch etwa 80 % des gesamten Wasserdargebots, eine tatsächliche Umorientierung der Politik blieb aus (Galnoor 1980, S. 165 f.).

"... it is important to point out that the existing system - despite the admitted limitations in its capacity to cope with the new problems - is not capable of effecting such drastic changes" (Galnoor 1980, S. 166).

In den siebziger Jahren scheiterte der erste ernsthafte Versuch, das rigide Preis-/Quotensystem zugunsten einer flexiblen preisorientierten Wasserzuteilung aufzuheben, an konservativen Kräften (Becker 1994, S. 5).

Im Jahr 1990 verortete der State Comptroller die Hauptursache für das Wasserdefizit nicht in der Dürresituation, sondern in der unkontrollierten Ausbeutung der Ressourcen, in mangelhaftem Management sowie in fehlender institutioneller Koordination (Beschorner 1992, S. 10).

Es stellt sich die Frage, warum trotz mannigfacher Kritik keine grundsätzlichen Änderungen der israelischen Wasserpolitik eingetreten sind. Berck und Lipow weisen darauf hin, daß es vor allem militärisch-strategische und ideologische Argumente seien, die an den gegebenen Strukturen festhalten lassen. Solange sich Israel in einem potentiellen Kriegszustand befinde, sei es willens, eine Politik der Lebensmittelautarkie sowie landwirtschaftliche Siedlungen in den besetzten Gebieten und in Gebieten mit hohen arabischen Bevölkerungsanteilen aufrechtzuerhalten. Sogar die Verteidigungskräfte würden zur Errichtung landwirtschaftlicher Siedlungen eingesetzt (Berck/Lipow 1994).

Wenn aber das strategische Argument in seiner Tragweite - Lebensmittelautarkie und aktive Siedlungspolitik einschließend - zutrifft, bedeutet dies, daß grundlegende institutionelle Änderungen in der Wasserpolitik, wie die Aufhebung von Subventionen, eine Dezentralisierung der Verwaltung, eine Veränderung von Eigentumsrechten, die Institutionalisierung von Wassermärkten usw., primär von der Errichtung eines gerechten und langfristigen Friedens in der Region abhängen (Berck/Lipow 1994). Nicht nur Veränderungen in der Nutzung der internationalen Wasserressourcen, sondern auch die Veränderung der nationalen Wasserpolitik, die dem Frieden dienlich sein könnte, sind somit an eine regionale Friedenslösung gekoppelt.

4.2 Westjordanland und Gazastreifen

4.2.1 Wasserbilanz des Westjordanlandes und Gazastreifens

Im Westjordanland und im Gazastreifen lebten 1992 ungefähr 2 Mio. Palästinenser, davon 1,2 Mio. im Westjordanland und 0,8 Mio. im Gazastreifen (Beschorner 1992, S. 14).[12] Weitere 700 000 Palästinenser haben die israelische Staatsbürgerschaft, ca. 1,8 Mio. leben in der East Bank in Jordanien und ca. 900 000 in verschiedenen arabischen Staaten (Israeli 1991, S. 177 f.). Auf dem Golan lebt die Minorität der Drusen, deren Bevölkerungszahl 1990 etwa 26 000 betrug (Beschorner 1992, S. 14). Auf eine genauere Darstellung der Situation der Drusen wird in der Arbeit verzichtet werden. Grundsätzlich sind die Probleme ähnlich gelagert wie im Westjordanland und Gazastreifen (Beschorner 1992, S. 14).

4.2.1.1 Wasserdargebot

Das Westjordanland und der Gazastreifen sind überwiegend auf oberflächennahes Grund- und Quellwasser als Frischwasserquellen angewiesen. Das erneuerbare Potential *(safe yield)* der Aquiferen beider Gebiete wird auf 670 Mio. m³/a geschätzt (Khatib/Assaf 1993, S. 120). Für die Westbank wird von 600 Mio. m³/a ausgegangen[13], wovon nach Beschorner 335 Mio. m³/a in die israelische Küstenebene abfließen. Das erneuerbare Potential des Küsten-Aquifers im Gazastreifen wird auf 65 Mio. m³/a geschätzt, nach einer neueren niederländischen Studie beträgt es sogar lediglich 35 Mio. m³/a (Shuval 1993, S. 96). Auf der Grundlage der Verhandlungen unter Johnston gehen palästinensische Experten von einem rechtmäßigen Anspruch der Palästinenser auf 180 bis 200 Mio. m³ (sauberes) Jordan-Wasser aus, womit sich ihr Gesamtanspruch auf 870 Mio. m³/a erhöhen würde (Khatib/Assaf 1993, S. 120). Anfang der neunziger Jahre durften Palästinenser in den besetzten Gebieten insgesamt jedoch nicht mehr als 240 Mio. m³/a nutzen.

---

12 1985 lebten 15 % der Westbank-Bevölkerung und 60 % der Bewohner des Gazastreifens in Flüchtlingslagern (Isaac 1993, S. 62).
13 Nach Beschorner gab die Palestinian Hydrology Group (PHG) in einem Interview vom 5.3.1992 ein Oberflächenpotential von 176 Mio. m³/a und ein Grundwasserpotential von 724 Mio. m³/a im Westjordanland an (Beschorner 1992, S. 78). Lowi geht von einem *safe yield* von 650 Mio. m³/a im Westjordanland aus (Lowi 1993a, S. 121).

4.2.1.2 Wassernutzung

Für die zu großen Teilen grenzüberschreitenden Berg-Aquiferen des Westjordanlandes sind von den israelischen Militärbehörden die in Tabelle 4.4 angegebenen Quoten für palästinensische und israelische Nutzungen zugeteilt worden.

Tabelle 4.4: Quoten der israelischen Militärbehörde für pälastinensische und israelische Nutzungen der Berg-Aquiferen (in Mio. m^3/a)

Aquifer	Potential	Palästinenser	Israelis
Westlicher Aquifer	335	30	310
Nordöstlicher Aquifer	140	25	110
Östlicher Aquifer	125	60	65
Gesamt	600	115	485

Quelle: Isaac (1993, S. 59; übersetzt).

Die Wasserversorgung der palästinensischen Bevölkerung in der Westbank erfolgt vor allem aus den (traditionell genutzten) oberflächennahen Grundwasserschichten über Brunnen und Quellen sowie durch Regenwassersammlung. Die Wassernutzungen werden einschließlich der Regenwassersammlung auf 120 bis 130 Mio. m^3/a geschätzt (Shuval 1993, S. 91). Laut Tahal werden von Palästinensern ca. 110 Mio. m^3/a Wasser genutzt, wobei je 24 Mio. m^3/a aus dem westlichen und aus dem nordöstlichen Berg-Aquifer - beide Aquiferen sind ansonsten fast vollständig an das israelische Netz angeschlossen - sowie 59 Mio. m^3/a aus dem östlichen Berg-Aquifer gefördert werden. Mekorot liefert weitere 3 Mio. m^3/a an Palästinenser, allerdings zu 70 bis 80 % mit Wassertanks, ohne daß diese Dörfer an das israelische Netz angeschlossen sind (in: Shuval 1993, S. 91). Die palästinensischen Schätzungen von 120 bis 130 Mio. m^3/a liegen somit über den Angaben von Tahal, allerdings beinhalten diese auch den Verbrauch Ost-Jerusalems und das durch Regenwassersammlung verfügbar gemachte Wasser (Assaf et al. 1993, S. 28).

Insgesamt sind 38 % der ländlichen Bevölkerung der Westbank nicht an Leitungssysteme angeschlossen (UNCTAD 1993b, S. 29). Lediglich 26 Mio. m^3/a wurden 1992 über Versorgungsnetze abgegeben (Khatib/Assaf 1993, S. 126). Die Leitungsverluste in den Städten werden auf über 50 % geschätzt (Khatib/Assaf 1993, S. 136). Oft ist die Versorgung mit fließendem Wasser auf bis zu 20 Minuten am Tag reduziert (JMCC 1994, S. 59).

Der Anschlußgrad an eine Kanalisation liegt in der Westbank bei 55 %, ohne daß Kläranlagen vorhanden wären (Isaac 1993, S. 62). Die erste Kläranlage wird derzeit in Al Bireh errichtet (GTZ 1994, S. 30). Die Abwässer werden bislang in Wadis (temporär trockene Flußbetten) geleitet.

Die von Palästinensern bewässerte landwirtschaftliche Nutzfläche liegt weit unter der potentiell bewässerbaren Fläche (Khatib/Assaf 1993, S. 133 f.). Laut der Palestinian Hydrology Group (PHG) betrug die bewässerte Fläche 1967 25 % (Beschorner 1992, S. 87). Aufgrund der beschränkten Wasserressourcen, Landkonfiszierungen und der zunehmenden Versalzung der Böden nimmt die nutzbare Fläche immer mehr ab.[14] Viele Bauern sahen sich daher gezwungen, als ungelernte Arbeiter auf den israelischen Arbeitsmarkt abzuwandern. Trotzdem stellt die Landwirtschaft die wichtigste Einkommensquelle der Palästinenser dar, wenn auch der Anteil am Bruttoinlandsprodukt von 34 % auf unter 18 % und der Anteil der in der Landwirtschaft Beschäftigten an der gesamten Beschäftigung von 40 % auf 24 % gesunken ist (UNCTAD 1993a, S. 25). Für Bewässerungszwecke werden jährlich 95 bis 100 Mio. m^3 Wasser eingesetzt (Shuval 1993, S. 91), wobei die Leitungsverluste bei 45 bis 50 % liegen. Das entspricht einem sektoralen Verbrauch von ca. 75 %. Die Bewässerung erfolgt bei Zitrusfrüchten zu ca. 30 % über Tropfbewässerungssysteme (UNCTAD 1993c, S. 85). Laut JMCC werden zu 32 % traditionelle Bewässerungsverfahren verwendet (JMCC 1994, S. 55).

Es verbleiben ca. 20 bis 30 Mio. m^3/a für Haushalte und Industrie (Assaf et al. 1993, S. 28), was bei einer Bevölkerung von 1,2 Mio. einem spezifischen Pro-Kopf-Verbrauch von 46 bis 68 l/d entspricht.[15] Die Angaben über Wasserpreise im Westjordanland variieren in der Literatur. Nach Isaac liegt der Wasserpreis für Palästinenser mit 1,20 US-Dollar/m^3 vierfach über dem der privaten Verbraucher im Kerngebiet Israels (Isaac 1993, S. 60).

Über den Wasserverbrauch israelischer Siedler liegen (bisher) keine offiziellen Angaben vor. Er wird von palästinensischen Autoren auf 65 bis 100 Mio. m^3/a geschätzt, wobei Shuval davon ausgeht, daß von Siedlern 10 Mio. m^3/a aus den westlichen und 40 Mio. m^3/a aus dem östlichen Aquifer gefördert werden (Shuval 1993, S. 91 f.). Nach Isaac liegt der Wasserverbrauch der israelischen Siedlungen bis zu zehnfach über dem palästinensi-

---

14 Probleme gibt es auch beim Erwerb und bei der Anwendung von Agrochemikalien: "Account of fraud, dilution and the sale of wrongly labeled chemicals and banned pesticides are rife. In addition, agrochemicals imported from Israel are labeled only in Hebrew, which most farmers cannot read" (Isaac 1993, S. 62).
15 Laut PHG beträgt der spezifische Wasserverbrauch im Westjordanland lediglich 7 bis 30 l/d*E (A. Rabi in einem Gespräch am 28.8.1994).

schen (Isaac 1993, S. 60). Auch in den israelischen Siedlungen werden keine Kläranlagen betrieben (UNCTAD 1993a, S. 24):

"Sewage from Israeli settlements is often allowed to run freely onto neighbouring Palestinian-owned land, destroying not only the land and crops, but also contaminating the water supply for the surrounding area" (JMCC 1994, S. 58).

Auf Grundlage der von der israelischen Militärbehörde zugeteilten Quoten nutzen die Palästinenser im Westjordanland somit lediglich 19 % der Berg-Aquifere, Israel hingegen 81 %. Im Gegensatz zu dieser Aufteilung beanspruchen einige palästinensische Wasserexperten ein Anrecht der Palästinenser auf das gesamte im Westjordanland angereicherte Grundwasser. An dieser Stelle wird deutlich, daß weder das Prinzip der absoluten territorialen Souveränität, das Palästinensern freie Verfügbarkeit über alle im Westjordanland natürlicherweise angereicherten Ressourcen zusprechen würde, noch das Prinzip der absoluten territorialen Unversehrtheit, das Israel beansprucht, wenn es davon ausgeht, einen Anspruch auf sämtliches, natürlicherweise in israelisches Territorium fließendes Grundwasser zu haben, zu einer Einigung führen können.

Der Gazastreifen gehört mit einer Fläche von 360 km², ca. 800 000 Einwohnern und einer Bevölkerungszuwachsrate von 4,6 % zu den am dichtesten besiedelten Gebieten der Erde (El-Khoudary 1994, S. 363). Die wesentliche Frischwasserquelle stellt der Küsten-Aquifer dar. Der gesamte Wasserverbrauch wird auf 110 bis 130 Mio. m³/a geschätzt, der *safe yield* des Aquifers hingegen lediglich auf 65 Mio. m³/a bzw. 35 Mio. m³/a. Nur einige der israelischen Siedlungen sind im Umfang von 3 Mio. m³/a an das israelische Versorgungsnetz angeschlossen (Beschorner 1992, S. 15).

Die Überförderung des Küsten-Aquifers reicht bis in die Zeit der ägyptischen Verwaltung (1948-1967) zurück. Unter der israelischen Besatzung wurde der Verbrauch zwar eingeschränkt, der Aquifer allerdings weiterhin überfördert (Shuval 1993, S. 96). Die hydrologische Situation wird ökologisch und sozioökonomisch als untolerierbar beurteilt. Das Eindringen von Salzwasser und versalzte Böden haben den Salzgehalt bei 70 % der Brunnen auf 500 mg/l (ppm) erhöht. Spitzenwerte liegen bei 1 500 mg/l (Beschorner 1992, S. 15). Die Chloridwerte liegen somit in einigen Fällen sechsfach über dem Grenzwert der WHO, der mit 250 mg/l angesetzt ist. Zudem steigt der Chloridgehalt jährlich um 15 bis 25 mg/l (Isaac 1993, S. 60). Nitrat überschreitet bis zu siebenfach und Trübstoffe bis zu dreifach die entsprechenden Grenzwerte (Sexton 1992, S. 75). 23 % der Wasserressourcen gelten bereits als ungenießbar (Beschorner 1992, S. 15). Abbildung 4.2 zeigt die Konzentrationsbereiche für Chlorid im Grundwasser des Gazastreifens.

Abbildung 4.2: Chloridgehalt im Grundwasser im Gazastreifen (in ppm)

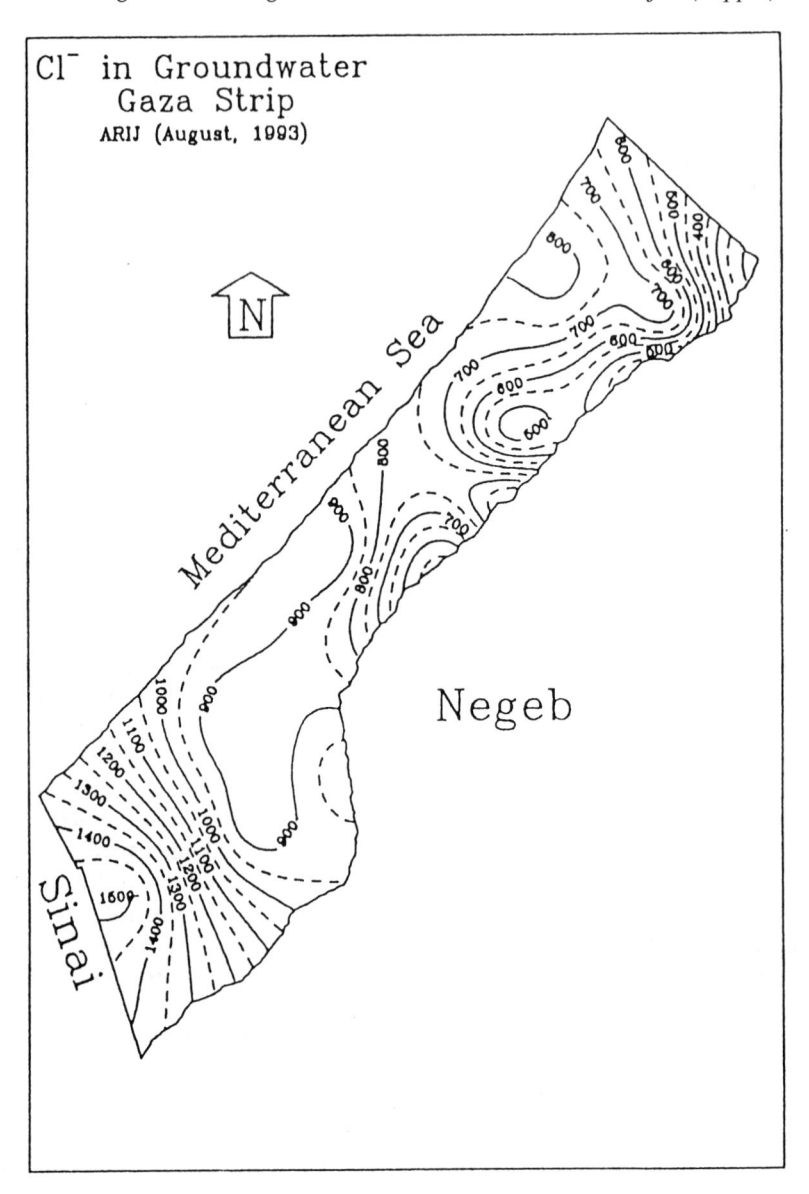

Quelle: Zarour et al. (1993, S. 221).

Das Wasserdefizit wird durch fehlendes Infiltrationswasser von der Landseite her verstärkt, da Grundwasser aus dem Gazatal auf israelischer Seite gefördert und zu Bewässerungszwecken in den Negev umgeleitet wird (Isaac 1993, S. 60). Obwohl der Einfluß dieser Nutzungen auf den Küsten-Aquifer als erwiesen scheint, wird über das Ausmaß gestritten (Shuval 1993, S. 99). Khoudary schätzt die israelischen Entnahmen auf 10 Mio. m^3/a (El-Khoudary 1994, S. 364).

Tabelle 4.5 zeigt den Anteil der verschiedenen Sektoren am Wasserverbrauch im Gazastreifen.

Tabelle 4.5: Sektoraler Wasserverbrauch im Gazastreifen (in Mio. m^3/a)

	Isaac (1993, S. 60)	Beschorner (1992, S. 15)
Bewässerung	60-72	96
Haushalte und Industrie	26	13 + 2
Israelische Siedlungen	20	?
Insgesamt	106-118	130

Der hohe Wasserverbrauch der Landwirtschaft kommt zu zwei Drittel durch den Anbau von Zitrusfrüchten zustande, so daß eine umgehende Entlastung durch die Beschränkung des Zitrusfruchtanbaus erreicht werden könnte (Beschorner 1992, S. 15). Israelische Restriktionen gegenüber der Wassernutzung der Bewohner des Gazastreifens betreffen vor allem die Bewässerungslandwirtschaft aufgrund von Preisungerechtigkeiten (Beschorner 1992, S. 15; Isaac 1993, S. 61). 1984 wurde der gesamte Pro-Kopf-Verbrauch der Palästinenser auf 123 m^3/a (337 l/d) und der der Israelis auf 2 324 m^3/a (6 367 l/d) geschätzt (Beschorner 1992, S. 15). Berechnet man aber aus obigen Daten den spezifischen Pro-Kopf-Verbrauch für die Haushalte allein, so ergibt sich aus Beschorners Angaben ein Verbrauch von 46 l/d, der niedrigste Wert in der Region. 44 l/d gelten als lebensnotwendiges Minimum.

Neben dem Problem der Wasserversorgung stellt sich auch im Gazastreifen das der Wasserentsorgung. Etwa 60 % der Haushalte sind an kein Kanalisationssystem angeschlossen (Isaac 1993, S. 62). Dies trägt entsprechend zur Qualitätsverschlechterung der vorhandenen Wasserressourcen bei. Das sogenannte "schwarze Wasser" aus dem Sanitärbereich versickert oft direkt in den Untergrund, eine Ursache für die hohen Nitratwerte. Das sogenannte "graue Wasser" aus dem Haushaltsbereich fließt entweder in offene Kanäle oder direkt auf die Straße (JMCC 1994, S. 61).

Die katastrophale Ver- und Entsorgungssituation hat auch gesundheitliche Implikationen. Die durchschnittlich hohe Zahl von Nierenerkrankungen im Gazastreifen wird auf die hohen Salzgehalte zurückgeführt (JMCC 1994, S. 60). Im Khan Younis Refugee Camp sind 5 bis 8 % der Bevölkerung an Giardia erkrankt; die Protozoae wurde in 50 % der Wasserproben nachgewiesen (JMCC 1994, S. 59).

4.2.1.3 Bedarfsprognosen und Handlungserfordernisse

Für einen autonomen palästinensischen Staat wird die Bereitstellung adäquater Wasserressourcen eine wesentliche Rolle spielen, um der derzeit dort lebenden und der zurückkehrenden Bevölkerung einen angemessenen Lebensstandard zu ermöglichen. Die fundamentale Voraussetzung einer eigenständigen wasserwirtschaftlichen Entwicklung besteht in der Festlegung von Wasserrechten zwischen Israelis und Palästinensern, um auf dieser Basis Nutzungen planen und Alternativen entwickeln zu können. Dieses Ziel wird vorsichtig erstmals im Anhang III der Osloer Prinzipienerklärung angedeutet (vgl. Abschnitt 3.4).

Der künftige Wasserbedarf der palästinensischen Gebiete wird wesentlich von der weiteren Bevölkerungszunahme, dem Lebensstandard sowie der wirtschaftlichen Entwicklung abhängen. Alle diese Punkte lassen sich nur schwer prognostizieren. Die letzte Volkszählung in den besetzten Gebieten wurde 1967 durchgeführt. Khatib und Assaf gehen unter der Annahme, daß es erstens zu einem Friedensabkommen zwischen Israelis und Palästinensern sowie zur Gründung eines palästinensischen Staates kommt, zweitens das Bevölkerungswachstum aufgrund der neuen Sicherheit und eines erhöhten Lebensstandards sukzessive auf 2 % p.a. abnehmen und drittens zusätzlich zwischen 650 000 und 1 Mio. Palästinenser in einen palästinensischen Staat zurückkehren werden, von einer Zunahme der Bevölkerung auf 4,5 bis 5,8 Mio. im Jahr 2023 aus (in Assaf et al. 1993, S. 40). Für den Verbrauch der Haushalte wird langfristig eine Anpassung an die Verbräuche der Region angenommen, wobei hier durchaus ein Potential zur Nachfragesteuerung gesehen wird (Khatib/Assaf 1993, S. 136). Die potentiell bewässerbare Fläche der palästinensischen Gebiete wird auf 71 200 ha geschätzt. Legt man eine relativ sparsame Bewässerung von 7 000 m^3/ha zugrunde, würde ein landwirtschaftlicher Wasserbedarf von 500 Mio. m^3/a folgen (ebenda, S. 134).

Eine Studie des ARIJ zu Wasserdargebot und Wassernachfrage in Palästina hat drei verschiedene Szenarien für die einzelnen Sektoren in den Jahren 2000, 2010 und 2020 entwickelt (Isaac et al. 1994). Das mittlere Szenario geht von einem Gesamtbedarf von 498 Mio. m³/a im Jahr 2000, von 826 Mio. m³/a im Jahr 2010 und von 1 263 Mio. m³/a im Jahr 2020 aus. Der Wert für das Jahr 2020 setzt sich zusammen aus einer Nachfrage der Haushalte von 787 Mio. m³/a, der Landwirtschaft von 487 Mio. m³/a und der Industrie von 61 Mio. m³/a (ebenda). Allgemein wird angenommen, daß der ökonomische Ausgangspunkt eines palästinensischen Staates in der Bewässerungslandwirtschaft liegen wird, so daß mit einer Ausdehnung der bewässerten Fläche zu rechnen ist. Dies findet in einer Situation statt, in der in anderen Staaten der Region eine Einschränkung der Bewässerungslandwirtschaft erwartet wird.

Insgesamt wird die gesamte Wasserinfrastrukur der Palästinenser, angefangen von der Bereitstellung über Versorgungs- und Bewässerungssysteme bis zur Abwasserentsorgung, überholt bzw. überhaupt erst neu eingerichtet werden müssen. In den vergangenen Jahren haben Nichtregierungsorganisationen wie die PHG und Entwicklungshilfeorganisationen versucht, entsprechende Schritte einzuleiten. So wurde z. B. eine Studie über Zustand und Potential natürlicher Quellen durchgeführt, von denen viele vernachlässigt sind. In der Westbank wurden 600 Systeme zur Regenwassersammlung installiert und im Gazastreifen künstliche Regenwasserbecken angelegt. In Zukunft plant die PHG die Etablierung eines umfassenden Meßprogrammes. Weitere Maßnahmen umfassen die Einführung wassersparender Techniken und Anbauprodukte in der Landwirtschaft, Öffentlichkeitskampagnen über Wassernutzung sowie die Weiterführung der Entwicklungszusammenarbeit im Bereich der Wasserver- und -entsorgung (JMCC 1994, S. 72 f.).

Khatib und Assaf haben Szenarien sowohl für kurzfristige Maßnahmen in der Interimsperiode als auch für langfristige Maßnahmen unter der Voraussetzung eines unabhängigen palästinensischen Staates entwickelt. Im Mittelpunkt der kurzfristigen Maßnahmen sollen institutionelle Maßnahmen stehen. Des weiteren sollen zur Sicherung der Wasserversorgung vor allem:

- das Potential der Nachfragesteuerung,
- die Abwasserreinigung und -wiederverwendung sowie
- die Regen- und Flutwasserspeicherung

nutzbar gemacht werden (Khatib/Assaf 1993, S. 134-142).

Zu den langfristigen Maßnahmen eines palästinensischen Staates könnten:

- der Bau eines West-Ghor-Kanals am Jordan,
- der Bau eines nationalen Versorgungssystems ähnlich dem israelischen sowie

- Maßnahmen zur Verbesserung der Wasserqualität des Jordans gehören. Brack- und Meerwasserentsalzung sowie Wasserimporte werden derzeit als weder politisch noch ökonomisch machbar erachtet (Khatib/Assaf 1993, S. 142-144), während davon ausgegangen wird, daß Wasser aus dem Westjordanland in den Gazastreifen transferiert werden wird (El-Khoudary 1994, S. 369).

4.2.2 Wasserpolitik im Westjordanland und Gazastreifen

Nach der Besetzung der Westbank und des Gazastreifens durch Israel im Jahr 1967 wurde die Wasserversorgung über Verordnungen unter die Kontrolle der "Zivilverwaltung" der israelischen Armee gestellt. Das vorher gültige Recht wurde aufgehoben und die Wasserressourcen zum Staatseigentum erklärt sowie die Neuerrichtung und Reparatur jeglicher Wasserinstallationen von Genehmigungen abhängig gemacht. Laut palästinensischer Wasserexperten werden Anträge auf Genehmigungen aufgrund der Vielzahl der bürokratischen Schritte, der Länge und Unsicherheit des Genehmigungsprozesses, der Verwicklung mit finanziellen Fragen sowie möglicher Demütigungen oft gar nicht erst gestellt (Assaf 1994, S. 311); die Militärverordnungen haben offenbar faktisch den Status von Verboten.

Die Wasserabteilung der israelischen Militärverwaltung besteht aus den Bereichen Technik, Hydrologie, Planung und Administration. Die Bereiche Technik und Verwaltung liegen praktisch in den Händen von Mekorot (JMCC 1994, S. 46), und zusätzlich wurde Mekorot 1982 die Kontrolle über alle Wasserressourcen unter israelischer Verfügungsgewalt eingeräumt, was zum fortschreitenden Anschluß palästinensischer Städte und Dörfer an das israelische Wassernetz führte, gemäß JMCC "effective annexation", nach israelischer Lesart "Wohltätigkeit".

Für das von Mekorot gelieferte Wasser werden die vollen Kosten erhoben (JMCC 1994, S. 53). Immer wieder ist die Wasserversorgung einzelner Dörfer ohne nähere Angabe von Gründen eingestellt worden, was bedeutet, teureres Wasser per Tank kaufen zu müssen und mit unzureichenden Mengen versorgt zu sein. Im August 1994 meldeten die Zeitungen, daß die Wasserversorgung eines palästinensischen Dorfes nahe Bethlehem ohne vorherige Ankündigung bereits seit dem 12. Mai ausgefallen war, weshalb die Bevölkerung über Monate Wasser für 3 US-Dollar/m^3 anstelle von 1 US-Dollar/m^3 von Tankern kaufen mußte; zudem traten hygienische Probleme auf (The Jerusalem Times, 19.8.94).

Die politischen Intentionen und sozioökonomischen Folgen der israelischen Wasserpolitik in den besetzten Gebieten sind in der Literatur folgendermaßen eingeschätzt worden:

"Israel's water policies and land acquisition and settlement strategies have caused significant changes to the West Bank economy and society. Efforts have been made to integrate the Occupied Territories into the Israeli economy and to prevent the establishment of an independent economic infrastructure that could serve as the infrastructure for a Palestinian state" (Lowi 1993a, S. 130).

"The water stress imposed by the occupation authorities on the Palestinians is one of the many impediments to development in the West Bank and Gaza Strip. [...] Although the Palestinian water question will have to be dealt with extensively within the ongoing peace progress, immediate measures are required to overcome the urgent environmental and socioeconomic consequences of the water policies currently in effect" (Zarour/Isaac 1993a, S. 44).

Israel konnte durch die Besatzungspolitik seinen eigenen Zugriff auf die Wasserreserven der besetzten Gebiete sichern, hat dadurch aber eine eigenständige palästinensische Wasserinfrastruktur und wirtschaftliche Entwicklung verhindert; diese Restriktionen gegenüber den Palästinensern gehen zugleich mit erheblichen Umweltproblemen einher.

Neben Mekorot existieren einige lokale palästinensische Wasserversorgungsunternehmen in Bethlehem, Nablus, Ramallah und in Teilen von Ost-Jerusalem, die aber ebenfalls von der Genehmigungspraxis der israelischen Militärverwaltung abhängig sind. Dies betrifft insbesondere Brunnenbohrungen und auch -renovierungen (JMCC 1994, S. 45).

Im Kairoer Abkommen über die Teilautonomie von Gaza und Jericho vom 4. Mai 1994 wurde die Gründung einer Palästinensischen Wasserbehörde für die Autonomiegebiete festgelegt. Dieser wird einerseits das Recht eingeräumt, Wassersysteme zu betreiben, was das Recht, neue Brunnen zu bohren, einschließt (Art. 31a, in: Government of Israel 1994, S. 20 ff.); andererseits soll die Wasserversorgung der Siedlungen und militärischen Gebiete im Autonomiegebiet unangetastet bleiben (Art. 31c) und der Schutz aller Wassersysteme sichergestellt werden (Art. 31g). Für die Wasserversorgung durch Mekorot soll der volle Preis gezahlt werden (Art. 31e). Nach Auffassung des Leiters der künftigen palästinensischen Umweltbehörde, J. Isaac, ist diese Konzeption demnach widersprüchlich, da es unmöglich sei, das Wasserdargebot zu erhöhen, wenn gleichzeitig der Verbrauch der Siedlungen unangetastet und Ressourcen geschützt bleiben sollen.[16]

Damit ist die Zukunft möglicher palästinensischer Wasserinstitutionen in den besetzten Gebieten und den Teilautonomiegebieten in wichtigen Fragen

---

16 In einem Gespräch am ARIJ in Bethlehem am 27.8.1994.

weiterhin offen. Neben einer nationalen Wasserbehörde sollen ein Planungszentrum und lokale Wasserversorgungsunternehmen gegründet werden (Khatib/Assaf 1993, S. 135). Namhafte palästinensische Wasserexperten haben sich für die Errichtung von Zweckverbänden ausgesprochen (GTZ 1994, S. 32). Sie erachten eine souveräne Wasserversorgung als fundamentalen Bestandteil des zukünftigen palästinensischen Staates, und betonen aber ihre Bereitschaft zur Kooperation unter der Voraussetzung, daß auf nationaler Ebene die Souveränität auch in der Frage der Wasserversorgung garantiert wird:

"Although advanced water technologies can reduce the strain on existing water supplies, the only genuine and lasting solution to the region's water problems is a comprehensive peace settlement. And, like other issues in the Israeli-Palestinian conflict, that of water rests on the issue of sovereignty, on the right of Palestinians to self-determination, and their right to develop their land and its resources as they wish" (JMCC 1994, S. 72).

4.3 Jordanien

4.3.1 Jordaniens Wasserbilanz

Die wasserwirtschaftliche Situation Jordaniens kann neben der der Palästinenser als die kritischste in der Region bezeichnet werden. Bei bereits niedrigem Pro-Kopf-Verbrauch an Wasser und einem Bevölkerungswachstum von 3,8 % übersteigt die Nachfrage seit 1987 regelmäßig das sichere Dargebot. Ähnlich wie in Israel sind Regenfälle sehr ungleich über das Land und saisonal verteilt, was dazu führt, daß nur im äußersten Nordwesten Regenfeldbau uneingeschränkt möglich ist, aber auf ca. 90 % der Fläche Jordaniens der Niederschlag unter 200 mm im Jahr liegt (Al-Mubarak Al-Weshah 1992, S. 125). Abbildung 4.3 (S. 95) gibt einen Überblick über die wichtigsten Wassereinzugsgebiete Jordaniens.

4.3.1.1 Wasserdargebot

Der jährliche Niederschlag in Jordanien wird auf 7 200 Mio. m^3 geschätzt, wovon ca. 85 % verdunsten, so daß ein erneuerbares Potential von ca. 1 100 Mio. m^3 abfließt und versickert (Al-Mubarak Al-Weshah 1992, S. 126). Da dies den Yarmuk, an dem Jordanien aber nur beschränkte Nut-

Abbildung 4.3: Jordanien mit Wassereinzugsgebieten

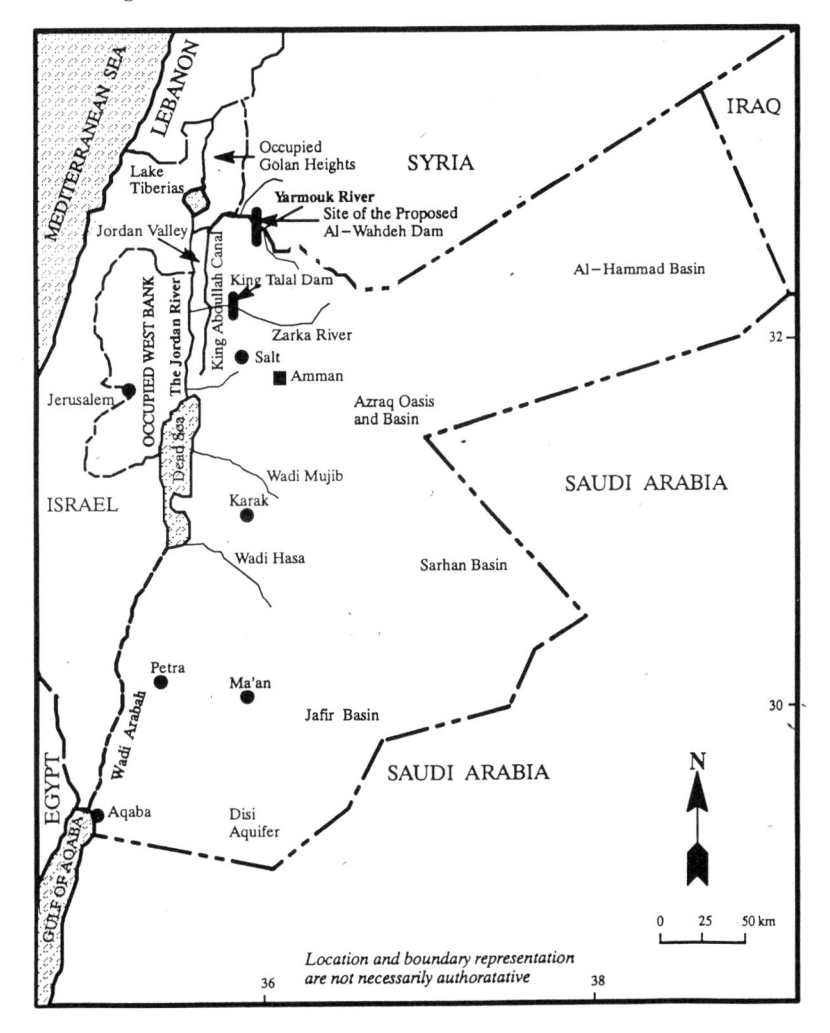

Quelle: Al-Mubarak Al-Weshah (1992, S. 125).

zungsrechte hat, sowie unzugängliche Ressourcen im Umfang von ca. 120 Mio. m³ (Schiffler 1993, S. 17) einschließt, herrscht relativ große Unsicherheit über das zugängliche erneuerbare Dargebot. Nach Abu-Taleb et al.

liegt der maximal erschließbare *safe yield* bei 862 Mio. m³/a, was den bisher nicht verwirklichten Wahda-Damm am Yarmuk einschließen würde (Abu-Taleb et al. 1992, S. 120). Nach Schiffler betragen erneuerbares Grund- und Oberflächenwasser 680 Mio. m³/a (Schiffler 1993, S. 17). Die Literaturangaben über den Anteil der Grund- und Oberflächenreserven schwanken stark (Al-Mubarak Al-Weshah 1992, S. 126), wobei darauf hinzuweisen ist, daß Grund- und Oberflächenwasser in Jordanien direkt miteinander gekoppelt sind, da die meisten Grundwasser an anderer Stelle wieder als Quellwasser auftreten und nur geringe Mengen ins Tote Meer versickern (Schiffler 1993, S. 17).

Die Werte für die insgesamt bereitgestellte Menge liegen zwischen 730 (Abu-Taleb et al. 1992, S. 120) über 800 (Beschorner 1992, S. 15) bis zu 880 Mio. m³ (Schiffler 1993, S. 17), wobei die beiden letzteren Quellen ca. 200 Mio. m³/a (ca. 20 %) nicht-erneuerbares Grundwasser einschließen. Nach Abu-Taleb nutzt Jordanien seine erneuerbaren Grundwasservorkommen zu 110 % (Abu-Taleb et al. 1992, S. 120); es kommt zu einem Abbau der Bestände.

Im Norden Jordaniens bildet der Yarmuk über 40 km die gemeinsame Grenze mit Syrien bzw. den annektierten Golan-Höhen, im Westen der Jordan die Grenze zum besetzten Westjordanland. Oberflächenwasser gewinnt Jordanien aus dem Yarmuk durch die Ableitung in den westlich zum Jordan verlaufenden King-Abdullah-Kanal sowie durch die Stauung des Zarqas (King-Talal-Damm) und andere, kleinere Staudämme in den Seitenwadis des Jordantals. Hinzu kommen die Wadis des Toten Meeres. Grundwasser wird aus dem Disi- und dem Jafir-Aquifer im Süden des Landes sowie der Azraq-Oase östlich von Amman und dem Wadi Araba gefördert. Weitere Grundwasservorkommen befinden sich in der Gegend von Amman und Zarqa.

Neben den geteilten Grenzflüssen besitzt Jordanien gemeinsame Grundwasservorkommen mit Syrien und Saudi-Arabien. Der Anteil an internationalen Wasservorkommen ist somit relativ hoch, und deren Nutzung gestaltet sich für Jordanien insgesamt als problematisch. So ist der Anteil am Yarmuk 1955 im Unified/Johnston-Plan auf 377 Mio. m³/a festgelegt worden; diese konnten allerdings aufgrund des nicht realisierten Wahda-Dammes nie voll genutzt werden. Zudem hat sich seit Ende der achtziger Jahre auch der Wasserverbrauch des Yarmuk-Oberanliegers Syrien von 90 auf 170 bis 200 Mio. m³/a erheblich erhöht (Schiffler 1993, S. 62; Kolars 1992, S. 114), so daß neben der israelischen Verhinderung des Staudammbaus eine Einigung mit Syrien immer schwieriger wird. Obwohl die Umleitungsmenge aus dem Yarmuk in den King-Abdullah-Kanal Anfang der achtziger Jahre noch durchschnittlich 130 Mio. m³/a betrug, nahm diese seit 1988 kontinuierlich ab; 1991 konnte Jordanien aufgrund von Sedimentansammlungen nur noch 95,5 Mio. m³/a überführen, wobei nach Al-Mubarak Israel die Beseitigung verhinderte (Al-Mubarak Al-Weshah 1992, S. 127).

Ein weiterer für Jordanien offener Punkt des Johnston-Planes ist die Zuteilung von 100 Mio. m³/a aus dem Jordan-Unterlauf, die allerdings aufgrund des extrem hohen Salzgehalts nicht genutzt werden können. Somit nutzt Jordanien heute 357 Mio. m³/a Oberflächenwasser weniger aus dem Jordanbecken, als ihm im Jahr 1955 zugeteilt worden war.

Mit Saudi-Arabien herrschen Rivalitäten um die Nutzung des gemeinsamen Disi-Aquifers, der aus fossilem Tiefenwasser besteht (Beschorner 1992, S. 25). Aufgrund der geringen Niederschlagsmengen und der hohen Verdunstungsrate ist die jährliche Erneuerungsrate gering, die Angaben liegen zwischen 30 und 100 Mio. m³/a (Schiffler 1993, S. 71; Beschorner 1992, S. 16). Heute fördert Jordanien bereits 56 Mio. m³/a (Kolars 1992, S. 115) und Saudi-Arabien 250 Mio. m³/a, letzteres zum Anbau von Weizen, so daß nach vorliegenden Schätzungen die fossilen Grundwasserbestände in ca. 25 Jahren erschöpft sein werden (Beschorner 1992, S. 16). Der Grundwasserspiegel ist in den vergangenen Jahren bereits um neun Meter gefallen. Dennoch plant die jordanische Regierung die Ausweitung der Förderung, um 80 bis 100 Mio. m³/a nach Amman leiten zu können (Schiffler 1993, S. 71). Einen weitereren offenen Punkt stellen die grenzüberschreitenden Grundwasservorkommen mit Israel im Wadi Araba/ Arava-Tal südlich des Toten Meeres dar (Lowi 1993b, S. 182).

Das Gesamtpotential der fossilen Vorkommen in Jordanien ist bisher noch nicht vollständig erfaßt. Deren Verwendung entspricht aber nicht dem Konzept der nachhaltigen Wassernutzung (vgl. Abschnitt 6.1) und verschiebt lediglich die Suche nach Alternativen.

4.3.1.2 Wassernutzung

Tabelle 4.6 (S. 98) gibt einen Überblick über den sektoralen Wasserverbrauch in Jordanien im Jahr 1990. Demnach liegt der Anteil des landwirtschaftlichen Wasserverbrauchs am Gesamtverbrauch noch über dem israelischen. Die Hälfte der bewässerten landwirtschaftlichen Fläche liegt im Jordantal. Hier werden vor allem Gemüse und Zitrusfrüchte angebaut, insbesondere für den Export in die Golfstaaten und nach Saudi-Arabien, neuerdings aber auch in die EU (Schiffler 1993, S. 29). Mittlerweile überwiegt als Bewässerungsmethode die wassersparende Tropfbewässerung mit einem

Anteil von 60 %, Klarwasser (Kläranlagenabläufe) werden nahezu vollständig wiederverwendet (ebenda, S. II). Aufgrund der Bewässerung bei aridem Klima kommt es auch im Jordantal zur Versalzung der Böden (ebenda, S. 19 f.). Im Jahr 1991 lag dort aufgrund des Wassermangels die Hälfte der Nutzfläche brach (ebenda, S. 31).

Tabelle 4.6: Sektoraler Wasserverbrauch in Jordanien (1990)

	Mio. m^3/a	%
Landwirtschaft	520	71
Haushalte	175	24
Industrie	35	5
Gesamt	730	100

Quelle: Beschorner (1992, S. 16; Abu-Taleb et al. 1992, S. 120; übersetzt).

Die Bereitstellung von Bewässerungswasser ist auch in Jordanien stark subventioniert, die Tarife decken im Jordantal nur ca. 10 % der Bereitstellungskosten (ebenda, S. II). Teurer ist die Bewässerung im Hochland, wo für die Pumpkosten von Grundwasser aufgekommen werden muß. Ein weiteres Problem stellen die hohen Leitungsverluste dar. Im Bewässerungsnetz betragen sie im landesweiten Durchschnitt 39 % (ebenda, S. 19/54). Durch die hohen Verdunstungsraten liegen die Wasserverluste in der Landwirtschaft insgesamt bei 58 % (Abu-Taleb et al. 1992, S. 120).

Im Jahr 1991 betrug der Anteil der Landwirtschaft am jordanischen BSP 7 %, und etwa 10 % der arbeitenden Bevölkerung waren in der Landwirtschaft beschäftigt. Trotz entsprechender Anstrengungen erreichte Jordanien keine Nahrungsmittelselbstversorgung, insbesondere bei Weizenanbau lag die Selbstversorgung lediglich bei 5 bis 15 % (Schiffler 1993, S. 26); 1990 entfielen 19 % des Imports auf Lebensmittel.

Die Versorgung der Haushalte wird im Schnitt zu 70 % über Hausanschlüsse sichergestellt, ansonsten erfolgt sie über kommunale Zapfsysteme und Tankwagen (Abu-Taleb et al. 1992, S. 120). Der Anschlußgrad an das Leitungsnetz beträgt in den Städten, wo 75 % der Bevölkerung leben, 85 %, auf dem Land lediglich 20 % (Abu-Taleb et al. 1992, S. 119). Die Bereitstellung pro Kopf wird mit 142 l/d angegeben, wobei durch Bereitstellungsverluste der tatsächliche Verbrauch aber nur bei 73 bis 92 l/d liegt (Schiffler 1993, S. 20). Die technisch bedingten Verluste in den städtischen Netzen liegen bei bis zu 40 %. Verbrauchserfassungen erfolgen unvollständig. Doch gibt es im kommunalen Bereich einen progressiv gestaffelten

Wassertarif, der Anfang der neunziger Jahre erhöht wurde, um zum Wassersparen zu ermutigen. Funktionieren kann dies aber nur, sofern Wasseruhren vorhanden sind. Die Tarife sind regional unterschiedlich und liegen bei progressiver Staffelung zwischen 0,1 US-Dollar/m³ und 0,9 US-Dollar/m³ (Abu-Taleb et al. 1992, S. 123 f., und Wechselkurs von 1990: 1 JD = 1,51 US-Dollar). Wasserausfälle liegen in Jordanien an der Tagesordnung. Da beispielsweise in Amman das Wasser im Sommer oft nur an einem Tag in der Woche bereitgestellt wird, verfügen nahezu alle Häuser über eigene Wasserspeicher (Schiffler 1993, S. 20). Die großen Wasserkonsumenten in der Industrie betreiben weitgehend ihre eigenen Grundwasserbrunnen, wobei unter die wichtigsten Industriezweige Jordaniens die Phosphat- und Düngemittelindustrie fällt (Schiffler 1993, S. 21). Insgesamt haben die Wasserdefizite seit 1987 vor allem zu Rationierungen in den Städten, 1991 aber auch in der Landwirtschaft geführt.

4.3.1.3   Bedarfsprognosen und Handlungserfordernisse

Die jordanische Bevölkerung betrug im Jahr 1991 nach offiziellen Statistiken 3,87 Mio. Einwohner. Bis zum Jahr 2000 rechnet man bei einer Wachstumsrate von 3,8 % mit 5 Mio. und bis 2010 mit 6,5 Mio. Einwohnern (Schiffler 1993, S. 14; Al-Mubarak Al-Weshah 1992, S. 126). Entsprechend wird mit einem erheblichen Anstieg des Wasserverbrauchs im urbanen Bereich gerechnet. Für die Industrie rechnet man mit einem Anstieg des Bedarfs um 7 % pro Jahr (Schiffler 1993, S. 21), für die Landwirtschaft dagegen mit konstant bleibendem Verbrauch, "da aufgrund der Wasserknappheit keine wesentliche Ausweitung, aus politischen Gründen jedoch auch keine deutliche Einschränkung der Bewässerungsfläche zu erwarten ist" (Schiffler 1993, S. 46).

Die Höhe des Anstiegs wird stark von den Rahmenbedingungen abhängen. Je nachdem, ob von gleichbleibenden Wassertarifen, einem steigenden Pro-Kopf-Einkommen und gleichbleibenden Leitungsverlusten *(business-as-usual scenario)* oder von steigenden Tarifen, einem gleichbleibenden Einkommen und einer Reduzierung der Leitungsverluste *(conservation scenario)* ausgegangen wird, dürfte sich die Nachfrage der Kommunen bis zum Jahr 2010 um 360 Mio. m³/a oder lediglich um Mio. 80 m³/a erhöhen (Schiffler 1993, S. 46 f.). Al-Mubarak rechnet bis zum Jahr 2005 mit einem Anstieg der Nachfrage im kommunalen Bereich um 220 Mio. m³ sowie um weitere 272 Mio. m³/a in Landwirtschaft und Industrie (Al-Mubarak Al-Weshah 1992, S. 128). Danach ist mit einer Gesamtnachfrage von ungefähr

1 240 Mio. m³/a für das Jahr 2010 zu rechnen, falls keine Nachfragesteuerung und keine wesentlichen technischen Veränderungen erfolgen. Dieser künftige Bedarf läge um 560 Mio. m³/a über dem derzeitigen *safe yield*. Bereits jetzt werden in Jordanien einige Grundwasservorkommen bei zunehmender Versalzung stark überfördert, insbesondere in der Gegend von Amman und Zarqa sowie bei der Oase Azraq, aus der Trinkwasser für das 100 km entfernte Amman gefördert wird. Diese Oase war ein wichtiges Feuchtgebiet für Zugvögel, das aber mittlerweile aufgrund der hohen Entnahmemenge weitgehend ausgetrocknet und versalzen ist (Schiffler 1993, S. 47).

Weitere Probleme ergeben sich aus zum Teil erheblichen Oberflächen- und Grundwasserbelastungen aufgrund fehlender oder unzureichender Kläranlagen. Aufgrund des ariden Klimas besteht eine sehr geringe Selbstreinigungskapazität der Oberflächengewässer. Hinzu kommen die typischen landwirtschaftlichen Belastungen durch Nährstoffe, Pestizide und Aufsalzung der Böden. Als besonders belastet gilt der Fluß Zarqa:

> "The Zarqa River [...] is an environmental disaster. During summer, the river's flow consists almost entirely of sewage effluent, discharged from industrial and municipal users" (Abu-Taleb et al. 1992, S. 122 f.).

Es stellt sich somit für Jordanien (ebenso wie für Israel und die palästinensischen Gebiete) die Frage, wie auf das gegenwärtige und erwartete Wasserdefizit reagiert werden kann. Jordanien greift bereits in erheblichem Maße auf nicht-erneuerbare fossile Grundwasservorkommen zurück und rationiert gegebenenfalls die Wasserversorgung. Investitionen im Wassersektor gingen in den letzten Jahren vor allem in den Bau kleinerer Dämme, den Bau von Kläranlagen, in die Reparatur des Versorgungsnetzes sowie in die Umstellung auf Tropfbewässerung (Abu-Taleb et al. 1992, S. 121). Neben der Fortführung dieser Maßnahmen gilt es, die Grundwasserförderung besser zu überwachen und eine Überförderung zu vermeiden, den Anschluß der Bevölkerung an die Kanalisation zu erhöhen und die Reinigungsleistung bestehender Kläranlagen zu verbessern. Für die Industrie sollten Nutzungslizenzen oder sonstige Zuteilungssysteme eingeführt und in der Landwirtschaft der Düngemittel- und Pestizideinsatz überwacht werden (Abu-Taleb et al. 1992, S. 123).

In Hinblick auf die langdiskutierte Option des Wahda-(Unity-)Dammes sind die Erwartungen in der Literatur gedämpft. Beschorner hält den Bau aufgrund der zunehmenden Wassernutzung Syriens am Yarmuk-Oberlauf für fragwürdig (Beschorner 1992, S. 25). Schiffler geht davon aus, daß die so bereitgestellte Menge die Wasserversorgung auch nur für höchstens zehn Jahre lang sicherstellen könnte (Schiffler 1993, S. 76).

4.3.2 Wasserpolitik in Jordanien

Auf institutioneller Ebene hat in Jordanien - nach Rivalitäten in den vergangenen Jahren - eine zunehmende Zentralisierung unter dem 1988 neugeschaffenen Ministerium für Wasser und Bewässerung (MWI) stattgefunden. Andere wichtige Institutionen des jordanischen Wassersektors stellen die Jordan Valley Authority (JVA), gegründet 1977 und zuständig für die Ressourcenentwicklung im Jordantal, und die allgemein für die Entwicklung und den Schutz der Wasserressourcen zuständige, 1984 gegründete Water Authority of Jordan (WAJ) dar, deren Kompetenzen sich teilweise überschneiden. Obwohl das MWI, anders als in Israel, nicht direkt vom Landwirtschaftsministerium abhängt, haben Ziele der Agrarpolitik, insbesondere die der Nahrungsmittelselbstversorgung und zunehmender Agrarexporte, einen wesentlichen Einfluß auf die Bewässerungslandwirtschaft und deren Wasserverbrauch (Schiffler 1993, S. 26 f.). Zudem werden Entscheidungen, wie die Anpassung von Tarifen, nicht vom Ministerium, sondern vom Kabinett getroffen, wo die Interessen aller Ressorts, einschließlich des Landwirtschaftsministeriums, einfließen, so daß insgesamt in Jordanien landwirtschaftliche Interessen in der Wasserpolitik stark zum Tragen kommen.

Wie auch in Israel erklärt das jordanische Water Authority Law die Wasserressourcen zum Staatseigentum. Die gegenwärtigen Tarifsysteme unterscheiden sich regional zwischen Amman, dem Jordantal und den sonstigen Regionen, wobei die Tarife in Amman am höchsten und im Jordantal am niedrigsten sind (Abu-Taleb et al. 1992, S. 124). In allen drei Fällen liegt eine progressive Preisgestaltung vor, allerdings ohne die Betriebs- und Wartungskosten der Versorgung zu decken. Im Jordantal wird die Kostendeckung auf 27 bis 50 % geschätzt. Die Subventionen für die JVA lagen in den achtziger Jahren bei 75 Mio. US-Dollar pro Jahr (Schiffler 1993, S. 32).

Im Jahr 1991 wurde in Jordanien die *National Environment Strategy* verabschiedet, die den Entwurf eines Umweltgesetzes einschließt. Auf dieser Grundlage soll vom MWI eine nachhaltige Wasserpolitik konzipiert werden. Dabei werden eine angemessene Trink- und Abwasserversorgung sowie die Bereitstellung für Bewässerung und Industrie als Ziele genannt. Schiffler kritisiert, daß die bisherigen Konzepte das Problem der Ausbeutung nicht-erneuerbarer Grundwasservorräte nicht ausdrücklich enthalten und keine Empfehlungen zu geeigneten Maßnahmen zur Senkung der Wassernachfrage gemacht werden (Schiffler 1993, S. 23 f.).

4.4 Syrien und Libanon

Die hydrologische Situation dieser beiden Länder ist weniger klar als die Israels und Jordaniens. Sie sollen hier in aller Kürze gemeinsam betrachtet werden.

Syrien ist das größte der an das Jordanbecken angrenzenden Länder. Die Bevölkerung betrug 1991 12,8 Mio., und bei einer Wachstumsrate von 3,8 % wird bis zum Jahr 2010 mit einer Zunahme auf 22,4 bis 25,9 Mio. Einwohner gerechnet. Dieses Wachstum dürfte sich entsprechend auf den Wasserverbrauch auswirken. Im Mittelpunkt der hydropolitischen Interessen Syriens steht die Auseinandersetzung mit der Türkei und dem Irak um den Euphrat, mit der Sorge um die Aufrechterhaltung eines Mindestabflusses aus der Türkei auf der einen sowie um irakische Forderungen auf der anderen Seite. Aufgrund der ehrgeizigen Bewässerungs- und Wasserkraftprojekte in der Südosttürkei wird mit einer verminderten Quantität und auch mit einer reduzierten Wasserqualität des Euphrats gerechnet.

Akute Wasserprobleme herrschen in Syrien vor allem in den Ballungszentren Damaskus, Aleppo und Homs; hier stehen Transportprobleme sowie Wasserverschmutzung im Vordergrund. Der Anteil der Landwirtschaft am gesamten Wasserverbrauch wird auf über 90 % geschätzt. Eine wichtige Rolle spielt Wasser auch zur Erzeugung von Elektrizität, wobei in dem Abkommen mit Jordanien über den Wahda-Damm am Yarmuk von 1987 eine 85%ige Nutzung der erzeugten Elektrizität durch Syrien vorgesehen. Allerdings wird dieses Projekt von syrischer Seite durch zunehmende Wassernutzung aufgrund eigener Bewässerungsprojekte am Yarmuk-Oberlauf unterminiert (Beschorner 1992, S. 17 f.; Kolars 1992, S. 115).

Auch die hydrologischen Daten des Libanons sind, auch wegen der jahrelangen kriegerischen Wirren, nicht klar. Kolars gibt das gesamte zugängliche Wasseraufkommen mit 3 713 Mio. m^3/a, Beschorner allein das Oberflächenwasser mit 4 800 Mio. m^3/a an. Die Bilanzierung des libanesischen Wasserexperten Hakim ergibt ein Potential von nur 3 200 Mio. m^3/a. Seinen Angaben gemäß beträgt der derzeitige Verbrauch der libanensischen Haushalte 440 Mio. m^3/a, mit einem spezifischen Pro-Kopf-Verbrauch von 300 l/d. Der Verbrauch der Industrie, die weitgehend eigene Brunnen betreibt, wird auf 200 Mio. m^3/a geschätzt. Der Verbrauch der Bewässerungslandwirtschaft wurde 1980 in einer FOA-Studie mit 670 Mio. m^3/a angenommen. Damit ergäbe sich ein Gesamtverbrauch von 1 310 Mio. m^3/a. Die Bevölkerung des Libanons beträgt derzeit 4 Mio.; die Prognosen für das Jahr 2010 liegen bei 4,3 bis 4,9 Mio. Nach Kolars ist mit keiner wesentlichen Ausweitung der bewässerten Flächen zu rechnen, allerdings mit steigendem kommunalen und industriellen Wasserverbrauch. Beschorner hingegen geht bis zum Jahr 2000 von einer Verdopplung des Verbrauchs in der Landwirtschaft aus und schätzt den Anstieg des Gesamtverbrauchs auf 1 700 Mio. m³/a. Nach Hakim beträgt die bewässerbare Fläche im Libanon 245 000 ha. Unter der Voraussetzung, daß diese vollständig bewässert würde, stiege entsprechend seinen Annahmen der Bedarf in der Landwirtschaft auf 3 200 Mio. m³/a - was das gesamte erneuerbare Potential ausmachen würde. Danach hat der Libanon also keinen Wasserüberschuß.

In der internationalen Auseinandersetzung um das Jordanbecken ist der südlichste ins Mittelmeer fließende Fluß, der Litani, seit langem Gegenstand israelischen und jordanischen Interesses (siehe Abschnitt 3.2.5). Mit einem natürlichen Abfluß von ca. 900 Mio. m³/a stellt er den größten Fluß des Libanons dar, mit einem Anteil am Gesamtdargebot von etwa 25 %. 1966 wurden am Litani der Qirawn-Damm und der Markaba-Tunnel zur Gewinnung von 230 MW elektrischer Energie fertiggestellt, wozu ein Großteil des Wassers zum Fluß Awali umgeleitet wird. Die Gewinnung von Wasserkraft gilt als vorrangiges libanesisches Interesse. Künftig ist zusätzlich der Ausbau der Bewässerungslandwirtschaft am Unterlauf des Litanis geplant. (Beschorner 1992, S. 18 f.; Kolars 1992, S. 115 f.; Hakim 1994, S. 49-65).

4.5 Überblick und Vergleich

Tabelle 4.7 (S. 104) stellt die im Text genannten statistischen Angaben für Israel, die palästinensischen Gebiete und Jordanien einander gegenüber. Zusätzlich sind in Tabelle 4.8 (S. 106) die Charakteristika des Wasserdargebots, der Ver- und Entsorgung, der Wasserpolitik sowie die wesentlichen Probleme und wasserpolitischen Maßnahmen gegenübergestellt.

Unter den Anrainern des Jordanbeckens kann langfristig lediglich die Wasserversorgung des Libanons als ausreichend gesichert angesehen werden. Israel, die palästinensischen Gebiete und Jordanien haben begonnen, in ihrer Nutzung das zur Verfügung stehende, sich jährlich erneuernde Wasserdargebot zu überschreiten. Sie gehören nach Falkenmark zu den Ländern unter "Wasserstreß", da das gesamte Wasserdargebot je Einwohner bei unter 500 m³/a liegt (in: Shuval 1992, S. 134). Gleichzeitig stellt sich die Frage, wie hoch das nutzbare Volumen angesetzt wird, d. h. welche ökologischen Funktionen bei und trotz weitgehend menschlicher Wassernutzung aufrechterhalten werden sollen.

Tabelle 4.7: Vergleich des Wasserdargebots, der Nutzungen und der Prognosen für Israel, die palästinensischen Gebiete und Jordanien

	Israel	Westbank	Gazastreifen	Jordanien
Einwohner (Mio.):	4,6 (1991) 5,3 (1993/4)	1,2	0,8 (1992)	3,87 (1991)
Jährliche Bevölkerungswachstumsrate (%):	1,8	?	4,8	3,8
Wasserdargebot (Mio. m³/a):	1 950	110-130	120	880
Anteil an internationalen Ressourcen (%):	55	79	?	(36)
Safe yield (Mio. m³/a):	1 600 (inkl. 480 aus Berg-Aquiferen	600	65	680
Wasserverbrauch (Mio. m³/a):	1 940	120 + israel. Verbrauch	120 + israel. Verbrauch	730-880
Anteile (%): - LW - H - I	72 22 5	75 25	72 26	75 20 5
Pro-Kopf-Verbrauch (m³/a):	375	107-156	123	250-300[g]
Spezif. Pro-Kopf-Verbrauch ohne I und LW (l/d):	274	46-68	46	73-92
Wassertarif (US $/m³): - LW - H - I	ca. 0,125 ab 0,26 ca. 0,15	1,20	ab 0,01[e] ab 0,10	
Investitionskosten (US $/m³):	0,33	0,33		0,84[a]
Anteil der LW am BSP (%):	3,5	von 34 auf 18		7
Anteil der in der LW Erwerbstätigen (%):	5	von 40 auf 24		10
Bevölkerung (Mio.): - 2000 - 2010 - 2020	6,4 8/10	4,6-5,8		5 6,5
Erwartetes Dargebot 2000 (Mio. m³/a):	2090	??		880
Erwarteter zusätzlicher Bedarf (Mio. m³/a): - H - I - LW	b +330 +25 -??	c +?? +?? +500	d +740 +61 +320	e f +80/360 +220 +?? }+272 +-0

Sowohl in Israel und den palästinensischen Gebieten als auch in Jordanien ist auffällig, daß trotz der Wasserknappheit der für die Landwirtschaft aufgewendete Anteil des genutzten Wassers außerordentlich hoch liegt, ohne daß die Landwirtschaft einen hohen Anteil an der Wertschöpfung in der Volkswirtschaft dieser Länder hätte. Der Stellenwert der Landwirtschaft in wasserknappen Ländern wird in Anbetracht der zum Teil hohen Kosten einer Dargebotsausweitung heute vor allem von ökonomischer Seite kritisiert:

> "It is [...] important, when talking about water crisis, to be clear about the purpose, and the type of externalities involved in keeping large areas irrigated on a permanent basis" (Sexton 1992, S. 71).

Für die gesamte Region läßt sich prognostizieren, daß der Wasserbedarf, wenn auch aus unterschiedlichen Gründen, weiterhin steigen und gleichzeitig die Qualität der vorhandenen Ressourcen weiter abnehmen werden.

Trotz der gleichlaufenden Tendenzen werden bei einer genaueren Betrachtung Unterschiede in der Wassersituation Israels, des Westjordanlandes, des Gazastreifens und Jordaniens deutlich. Israel dominiert aufgrund der politischen Entwicklungen der vergangenen Jahrzehnte nicht nur in seinem derzeitigen Zugriff auf die regionalen Wasserressourcen; als einziges industriell entwickeltes Land der Region hebt es sich auch hinsichtlich der Wasserinfrastruktur sowie des auf der Grundlage einer entsprechenden Wasserversorgung möglichen Lebensstandards heraus.

Grundsätzlich stehen alle drei Länder vor der Herausforderung, neben den technischen und ökonomischen Möglichkeiten der Dargebotsausweitung und/oder Nachfragesteuerung die Qualität der bestehenden Ressourcen besser zu schützen bzw. wiederherzustellen. Die entsprechenden Maßnahmen hierfür umfassen die Erhöhung der Anschlußraten an die Kanalisation, eine an die klimatischen Gegebenheiten angepaßte Abwasserbehandlung sowie besonders gewässerschonende landwirtschaftliche Methoden. Zudem müssen die hydrologischen Gleichgewichte der Grundwasserleiter durch kontrollierte Entnahme einerseits oder künstliche Wiederanreicherung andererseits stabilisiert werden.

(zu Tabelle 4.7)

Legende: LW: Landwirtschaft; H: Haushalte; I: Industrie

Quellen: siehe Text und a) Schiffler (1993, S. 35); b) Schwarz (1992, S. 130); c) Khatib/Assaf (1993, S. 134); d) Isaac et al. (1994): mittlere Prognose für 2020 abzüglich des heutigen Verbrauchs; e) Schiffler (1993, S. 31, 46); f) Al-Mubarak Al-Weshah (1992, S. 128); g) Salameh/Bannayan (1993, S. 135).

Tabelle 4.8: *Vergleich charakteristischer Elemente von Wasserdargebot und Wassernutzung in Israel, den palästinensischen Gebieten und Jordanien*

	Israel	Gaza/Westbank	Jordanien
Wasserressourcen	starke zeitliche/räumliche Variationen; geringe Wasserressourcen im Kerngebiet; hoher Anteil nicht-israelischer Ressourcen	geteilte Aquifere mit Israel; relativ regenreich; v. a. Grundwasser; geringe paläst. Nutzung aufgrund israel. Restriktionen	starke Variationen; relativ hoher Anteil an internationalen Ressourcen bei geringem Zugriff; fossiles Grundwasser
Wasserversorgung	integriertes Wassernetz mit National Water Carrier als Hauptachse; hoher Anschlußgrad	v. a. Brunnen; limitierte Entnahme; Landbevölkerung zu 38 % ohne Wasseranschluß; hohe Bereitstellungsverluste	70 % Haushaltsanschlüsse, sonst Zapfsysteme; hohe Bereitstellungsverluste
Wasserentsorgung	Kanalisation vorhanden (1970: Anschlußgrad 85 %); Ausbau und Umrüstung der Kläranlagen und stärkere Wiederverwendung angestrebt	Anschlußgrad: Westbank 55 %; Gaza 40 %; keine Kläranlagen	Anschlußgrad der Bevölkerung 45 %; unzureichende Leistungsfähigkeit der Anlagen; Verdopplung der Kapazität benötigt
Wasserpolitik	angesiedelt beim Landwirtschaftsministerium; starke landwirtschaftliche Lobby; Mythos Agrarland; strategische Bedeutung der Landwirtschaft	27 Jahre israel. Besatzungspolitik; Ausweitung der Bewässerungslandwirtschaft erwartet; Souveränität in der Wasserpolitik wird angestrebt	Zentralisierung unter MWI 1988; Konzept für nachhaltige Wasserpolitik wird angestrebt; hoher ideologischer Stellenwert der Landwirtschaft
Problembereiche	Übernutzung der Ressourcen bei steigendem Bedarf; zunehmende Qualitätsverschlechterung; hoher Energiebedarf für Transport; subventionierte Wassertarife	unzureichende Ver- und Entsorgung der Bevölkerung; Bereitstellungsverluste, z. T. Austrocknung von Brunnen; Gewässerbelastung; Verlust fruchtbaren Landes durch Versalzung	Übernutzung der Grundwasservorkommen bei steigendem Bedarf; zunehmende Förderung fossilen Grundwassers; Bereitstellungsverluste; Versorgungsausfälle im Sommer; subventionierte Wassertarife
Mögliche Maßnahmen	Qualitätssicherung (Aquifer-Sanierung, Kläranlagen); Modifikation der Versorgungsinfrastruktur; Ausbau der Abwasserwiederverwendung; *water harvesting*; ökonomische Steuerung	Schaffung eigener Institutionen; Bereitstellung einer angemessenen Wasserver- und -entsorgung; Bau von Leitungsnetzen und Kläranlagen; Abwasserwiederverwendung; Regen- und Flutwasserspeicherung; Aufklärung; Nachfragesteuerung	Trinkwasser in ausreichender Menge und guter Qualität; Bereitstellung für Bewässerung und Industrie; Qualitätssicherung (Kläranlagen etc.); Netz-Reparatur; *water harvesting*

* Sammlung von Regen- und Flutwasser für landwirtschaftliche Zwecke und zur Grundwasseranreicherung.

Hinsichtlich der technischen Umsetzung dieser Maßnahmen bestehen erhebliche Unterschiede zwischen Israel auf der einen und den palästinensischen Gebieten und Jordanien auf der anderen Seite; Israel verfügt über ein umfassendes Know-how, das es den anderen grundsätzlich zur Verfügung stellen könnte. Gleichzeitig ist in Jordanien und den palästinensischen Gebieten zu gewährleisten, daß es überhaupt zur Bereitstellung einer ausreichenden Menge an Wasser angemessener Qualität für die künftige Entwicklung kommt und daß der palästinensischen Forderung nach einer souveränen Wasserwirtschaft entsprochen wird.

Vor diesem Hintergrund stellt sich auch die Frage einer regionalen Neuverteilung der Anrechte auf die Nutzung der internationalen Wasserressourcen im Jordanbecken. Deshalb soll im folgenden der theoretische Rahmen für eine solche Neuverteilung abgesteckt werden (Kapitel 5), um im Anschluß daran die Möglichkeiten einer nachhaltigen Wassernutzung diskutieren zu können (Kapitel 6).

5. Anforderungen an eine gerechte Wassernutzung im Jordanbecken

Im folgenden sollen zunächst mehrere wichtige Prinzipien einer gerechten Nutzung internationaler Flußwassersysteme (Abschnitt 5.1) vorgestellt werden. Auf dieser Basis werden dann mögliche Zuteilungskriterien (Abschnitt 5.2) diskutiert, die bei einer Zuteilung von Rechten an den Wasserressourcen des Jordanbeckens herangezogen werden können.

5.1 Gerechte Nutzung internationaler Wasserläufe

Weltweit werden etwa 200 Wasserläufe von zwei und mehr Staaten geteilt. Mehr als 280 Verträge über gemeinsame Wasservorkommen sind Ausdruck möglicher Probleme bei ungeregelter Nutzung. Konflikte um Wasser haben im 20. Jahrhundert zugenommen, beschleunigt durch Faktoren wie starkes Bevölkerungswachstum, die technische und industrielle Entwicklung und ganzjährige Intensivlandwirtschaft. Mittelfristig wird die zunehmende Desertifikation eine Rolle spielen, langfristig mögliche Klimaveränderungen. Die Wahrnehmung einer weltweiten Wasserknappheit kann als neues Phänomen betrachtet werden, das von den Betroffenen direkter wahrgenommen wird als andere globale Umweltprobleme, wie beispielsweise der Abbau des stratosphärischen Ozons oder der Treibhauseffekt (Rogers 1992, S. 64).

Ein internationaler Flußlauf kann als eine Allmenderessource (*common property resource*) betrachtet werden, die von den an sie angrenzenden Staaten geteilt wird und bei der, sofern keine weiteren Vereinbarungen getroffen sind, keine exklusiven Nutzungsrechte bestehen. Dabei werden einzelne Nutzungen zumeist Wirkungen auf andere Nutzungen haben, wobei zwischen positiven und negativen externen Effekten unterschieden werden kann. Da die Wirkungen auf den Unterlieger hin gerichtet sind, erweist sich das Verhältnis zwischen Ober- und Unterlieger als asymmetrisches Verhältnis (Rogers 1992a). Tabelle 5.1 gibt einen Überblick über mögliche Effekte.

Sind sowohl Ober- als auch Unterlieger auf die geteilten Wasserressourcen angewiesen, empfiehlt es sich, die Nutzungen vertraglich zu regeln. Entsprechende Vereinbarungen über die Nutzung internationaler Ressourcen können durch direkte Verhandlungen, durch Mediation über eine dritte Partei oder einen Schiedsspruch, z. B. am Internationalen Gerichtshof, angestrebt werden (Elmusa 1993, S. 66). Keiner dieser Wege kann aber von der internationalen Staatengemeinschaft erzwungen werden. Zum einen existiert keine entsprechende supranationale Autorität, zum anderen handelt es sich beim Völkerrecht nicht um eine verpflichtende Gesetzgebung (*compulsory jurisdiction*) (McCaffrey 1993, S. 97).

Tabelle 5.1: Mögliche Effekte der Nutzungen von Oberliegern auf Unterlieger

	Downstream Effect	Nature of Externality
Water use		
Hydropower		
Base load	Helps regulate rivers	Positive
Peak load	Creates additional peaks	Negative
Irrigation diversions	Removes water from the system	Negative
Flood storage	Provides downstream flood protection	Positive
Municipal and industrial diversions	Removes water from the system	Negative
Wastewater treatment	Adds pollution to river	Negative
Navigation	Keeps water in river	Positive
Recreation strorage	Keeps water out of system	Negative
Ecological maintenance	Keeps low flows in river	Positive
Groundwater development	Reduces groundwater availability	Negative
	Reduces stream flow	Negative
Indirect use		
Agriculture	Adds sediment and agricultural chemicals	Negative
Forestry	Adds sediment and chemicals, increases runoff	Negative
Animal husbandry	Adds sediment nutrients	Negative
Filling of wetland	Reduces ecological carrying capacity, increases floods	Negative
Urban development	Induces flooding, adds pollutants	Negative
Mineral deposits	Adds chemical to surface and groundwater	Negative

Quelle: Rogers (1992a, S. 65).

Hinsichtlich der nicht-schiffahrtlichen Nutzung internationaler Flußläufe konnte bislang auf UN-Ebene keine Einigung über eine Vereinheitlichung völkerrechtlich bindender Prinzipien erzielt werden. Dennoch bedeutet dies nicht, daß es keine entsprechenden völkerrechtlichen Prinzipien gäbe. Solche Prinzipien lassen sich sowohl in existierenden zwischenstaatlichen Verträgen als auch in den Meinungen qualifizierter Autoren sowie internationaler Rechtsorganisationen finden. Somit stellt sich die Frage, welche Prinzipien zur Etablierung neuer Regime zur Nutzung internationaler Flußwassersysteme herangezogen werden können. Neben den völkerrechtlichen Prinzipien können sich auch ökonomische Ansätze zur Analyse von Kosten und Nutzen möglicher Lösungen für die betroffenen Staaten als hilfreich erweisen.

5.1.1 Internationales Wasserrecht

Die Lösung von Konflikten um die Nutzung internationaler Wasserläufe wird dadurch erschwert, daß diesbezüglich bisher keine einheitlich anerkannten völkerrechtlichen Regeln gelten. Dies ist unter anderem darauf zurückzuführen, daß von verschiedenen Staaten verschiedene Doktrinen vertreten werden:

- die "Doktrin der absoluten Gebietshoheit" *(absolute territorial sovereignty)*;
- die "Doktrin der absoluten territorialen Unversehrtheit" *(absolute territorial integrity)*;
- die "Doktrin der eingeschränkten Gebietshoheit" *(limited territorial sovereignty)*;
- die "Doktrin der optimalen Entwicklung des Flußeinzugsgebiets" *(community coriparian states)*.

Die "Doktrin der absoluten Gebietshoheit" (sogenannte "Harmon-Doktrin") geht von der absoluten Hoheitsgewalt über den Wasserfluß innerhalb eines Staatsgebietes aus, was bedeutet, daß der jeweilige Staat über das Wasser in seinen Grenzen frei verfügen kann und andere Länder kein Recht besitzen, dies einzuschränken. Diese Doktrin wird vorzugsweise von den Oberliegern vertreten.

Bei der "Doktrin der absoluten territorialen Unversehrtheit" wird von dem Anrecht aller betroffenen Staaten auf die unbeeinträchtigte natürliche Ressource ausgegangen, was einen entsprechenden Nutzungsverzicht der Oberlieger impliziert. Sie wird vorzugsweise von den Unterliegern eingefordert. (Entsprechende Forderungen Ägyptens in den fünfziger Jahren wurden von der Nil-Kommission jedoch abgelehnt.)

Die "Doktrin der eingeschränkten Gebietshoheit" geht davon aus, daß Rechte und Pflichten einzelner Anrainer durch die der anderen beschränkt werden. Dies führt zu einer Interessengemeinschaft mit gemeinsamen Rechten und Pflichten angesichts der internationalen Wasserressource.

Der "Doktrin der optimalen Entwicklung des Flußeinzugsgebiets" liegt der Gedanke zugrunde, internationale Flußeinzugsgebiete als hydrologische

Einheiten zu begreifen. Im Vordergrund steht die optimale Nutzung, unabhängig von politischen Grenzen. Besonders interessant ist diese Doktrin für technische und ökonomische Planungen, aber auch für "ganzheitliche" Ansätze im Sinne eines nachhaltigen Gewässermanagements. Dieser Ansatz setzt eine bereits erfolgte politische Integration voraus.

Die Doktrinen der absoluten Gebietshoheit und der absoluten territorialen Unversehrtheit schließen sich gegenseitig aus. Die Doktrin der optimalen Entwicklung des Flußeinzugsgebiets geht über die internen Interessen souveräner Staaten hinaus. Heute entspricht lediglich die Doktrin der eingeschränkten Gebietshoheit dem Völkergewohnheitsrecht. Sie stellt die Grundlage zahlreicher Verträge und Konventionen zwischen Staaten dar (Goldberg 1992, S. 71). Werden keine speziellen Regelungen getroffen, so gelten zwei Prinzipien als anerkanntes Gewohnheitsrecht: Jeder Staat hat erstens ein Anrecht auf einen gerechten und angemessenen Anteil an den Nutzungen der Wasserressourcen des Einzugsgebietes *(equitable and reasonable share in the beneficial use)* und zweitens die Verpflichtung, den Mitanliegerstaaten keinen spürbaren Schaden zuzufügen *(to prevent significant harm)* (GITEC 1993, S. 97 f.).

Im folgenden soll dargestellt werden, welche dieser Prinzipien durch die verschiedenen, sich mit völkerrechtlichen Fragen befassenden Organisationen geltend gemacht werden. Hierunter fallen unter anderem die Frage nach der Definition eines internationalen Wassersystems, Prinzipien für die Nutzung internationaler Gewässer sowie Faktoren für die Bestimmung einer gerechten und angemessenen Verteilung der Nutzungen. In Hinblick auf die spezifischen Verteilungsprobleme im Jordanbecken soll insbesondere gefragt werden, ob diese Bestimmungen auch für Grundwasservorkommen gelten, welches Gewicht existierende Nutzungen dabei haben und inwiefern ökologische Gesichtspunkte berücksichtigt werden.[1]

---

[1] Dabei soll die Diskussion um mögliche Faktoren, die zur Bestimmung einer gerechten und angemessenen Verteilung der Nutzungen herangezogen werden können, sowie das Verhältnis dieser Faktoren untereinander einen verhältnismäßig großen Anteil der Analyse einnehmen, da insbesondere die Auseinandersetzung zwischen israelischen und palästinensischen Experten zeigt, daß mit Hilfe wie diese einzelnen Faktoren gegeneinander ausgespielt werden. Ohne auf diese Diskussion in allen Einzelheiten einzugehen, läßt sich sagen, daß die Israelis vor allem die vergangenen und gegenwärtigen Nutzungen als Zuteilungsgrundlage, die Palästinenser hingegen die Überschneidung der jeweiligen Territorien mit den hydrologischen Gegebenheiten, stark machen (z. B. Elmusa 1993, S. 66 ff.; Assaf et al. 1993, S. 7 f.). Dabei ist insbesondere der Status der gegenwärtigen israelischen Nutzungen umstritten. Israelische Experten weisen darauf hin, daß die derzeitigen Nutzungen des Westbank-Aquifers bis in die dreißiger Jahre zurückgehen, wo bis dahin ungenutztes Wasser durch technische Maßnahmen nutzbar gemacht wurde, und daß die Nutzungen bereits vor 1967 auf

5.1.2 Interpretationen verschiedener Organisationen

5.1.2.1 International Law Association

Die ILA als Nichtregierungsorganisation hat 1966 die "Helsinki Rules on the Uses of the Water of International Rivers" verabschiedet. Diesen sogenannten Helsinki-Regeln liegt der Gedanke des "internationalen Flußeinzugsgebiets" *(international drainage basin)* zugrunde. Dieses schließt alle Grund- und Oberflächenwasser innerhalb des Wassereinzugsgebiets ein, die in ein gemeinsames Mündungsgewässer *(terminus)* fließen:

> "An international drainage basin is a geographical area extending over two or more States determined by the watershed limits of the system of waters, including surface and underground waters, flowing into a common terminus" (Art. II) (UN 1975, S. 188 ff.).

Da sich in der Vergangenheit die meisten internationalen Wasser-Regime primär auf internationale Flußläufe bezogen, ist die Einbeziehung von Oberflächen- und Grundwasser zunächst keine Selbstverständlichkeit. Im Zusammenhang mit dem israelisch-palästinensischen Konflikt stellt sich aber die Frage, ob auch gemeinsame Grundwasservorkommen, die nicht Bestandteil eines Oberflächengewässers sind, unter obige Definition fallen. 1987 hat die ILA zu dieser Frage festgestellt:

> "... the international drainage basin may be completely underground" (zit. in Zarour/Isaac 1993, S. 49).

Zusätzlich hat die ILA 1986 die "Seoul Rules on International Groundwater" verabschiedet, mit denen die Helsinki-Regeln auf grenzüberschreitende Grundwasserleiter ausgedehnt werden, unabhängig davon, ob das Grundwasser Bestandteil eines hydrologischen, in ein gemeinsames Mündungsgewässer fließenden Systems ist oder nicht (GITEC 1993, S. 96). Als Anlie-

---

den derzeitigen Umfang ausgedehnt wurden. Des weiteren wird darauf verwiesen, daß Ägyptens historische Ansprüche international anerkannt wurden, wobei kein Wasser als Regen über Ägypten fällt (Assaf et al. 1993, S. 8). Palästinensische Experten verweisen darauf, daß es nicht klar sei, worauf sich der Begriff "vergangene Nutzungen" zu beziehen habe, was hinsichtlich Israel insofern kritisch sei, als daß es sich um eine "gewaltsame" Landnahme handle (Isaac in einem Gespräch am 27.8.1994). Des weiteren gelten die Nutzungen der Westbank-Siedlungen als illegal. Zudem wird Israel Verantwortungslosigkeit vorgeworfen, da es die gemeinsamen Ressourcen zum Teil übernutze, um ökonomisch nicht rechtfertigbare, subventionierte Landwirtschaft zu betreiben, wohingegen die Grundversorgung der Bevölkerung in den besetzten Gebieten nicht gesichert sei (Assaf et al. 1993, S. 7).

ger gelten gemäß der Helsinki-Regeln die Staaten, deren Hoheitsgebiet sich mit dem internationalen Wassereinzugsgebiet überschneidet:

> "A 'basin state' is a State the territory of which includes a portion of an international drainage basin" (Art. III).

Den Helsinki-Regeln liegt die "Doktrin der eingeschränkten Gebietshoheit" im Sinne einer angemessenen und gerechten Aufteilung der Nutzungen (*reasonable and equitable share in the beneficial uses*, Art. IV) zugrunde. Zur Bestimmung der angemessenen und gerechten Nutzungen sollten alle jeweils relevanten Faktoren, die sowohl den Wasserlauf als auch die Anliegerstaaten betreffen, berücksichtigt werden (McCaffrey 1994, S. 114), einschließlich natürlicher Faktoren und sozioökonomischer Bedürfnisse:

> "1. What is a reasonable and equitable share [...] is to be determined in the light of all the relevant factors in each particular case.
> 2. Relevant factors which are to be considered include, but are not limited to:
>   (a) the geography of the basin, including in particular the extent of the drainage area in the territory of each basin State;
>   (b) the hydrology of the basin, including in particular the contribution of water by each basin State;
>   (c) the climate affecting the basin;
>   (d) the past utilization of the waters of the basin, including in particular existing utilization;
>   (e) the economic and social needs of each basin State;
>   (f) the population dependent on the waters of the basin in each basin State;
>   (g) the comparative costs of alternative means of satisfying the economic and social needs of each basin State;
>   (h) the availability of other resources;
>   (i) the avoidance of unnecessary waste in the utilization of waters of the basin;
>   (j) the practicability of compensation to one or more of the co-basin States as a means of adjusting conflicts among uses; and
>   (k) the degree to which the needs of a basin State may be satisfied without causing substantial injury to a co-basin State" (Art. V.2.)

Das Gewicht, das den einzelnen Faktoren eingeräumt wird, soll durch den Vergleich mit den anderen Faktoren bestimmt werden:

> "In determining what is a reasonable and equitable share, all relevant factors are to be considered together and a conclusion reached on the basis of the whole" (Art. V.3.)

Weiterhin wird der Status gegenwärtiger angemessener Nutzungen reflektiert. Diese werden potentiellen anderen Nutzungen vorgezogen, solange sie im Verhältnis zu allen anderen relevanten Faktoren gerechtfertigt bleiben:

"A basin state may not be denied the present reasonable use of the waters of an international drainage basin to reserve for a co-basin State a future use of such waters" (Art. VII).

"An existing reasonable use may continue in operation unless the factors justifying its continuation are outweighed by other factors leading to the conclusion that it be modified or terminated so as to accommodate a competing incompatible use" (Art. VIII.1).

Andere Artikel schließen unter anderem die Themen Verschmutzung und Bildung einer gemeinsamen Flußgebietskommission ein, und neuere Bestrebungen der ILA berücksichtigen auch ökologische Gesichtspunkte. 1980 verabschiedete sie zwei weitere Artikel im Sinne der Helsinki-Regeln, die die Wirkungen gewässerbezogener Nutzungen auf andere Umweltmedien der Anrainerstaaten und - umgekehrt - die Auswirkungen der Nutzung anderer Ressourcen auf den Zustand der Gewässer anderer Staaten betreffen. Diese Artikel weichen eine stark anthropozentrische Sicht auf, indem gefordert wird, daß auch die Schädigungen, die nicht natürliche oder juristische Personen betreffen, zu vermeiden seien:

"Technological progress and the increasing use of natural resources are now demanding a greater engagement of the law in the problem of the relation man/things, where the effect of the law over other people is only indirect" (McCaffrey 1991, S. 146).

Insgesamt gilt das Prinzip der gerechten Nutzung *(equitable utilization)* als Kernprinzip der Helsinki-Regeln (McCaffrey 1994, S. 114). Der Vorteil dieses Prinzips wird in seiner Flexibilität gesehen: Da sich gerechte Nutzung immer nur auf Nutzungen zu einem gegebenen Zeitpunkt beziehen kann, muß es möglich sein, das Verständnis dessen, was als gerecht gilt, bei veränderten Bedingungen entsprechend anzugleichen. Obwohl vergangene Nutzungen und die Vermeidung eines spürbaren Schadens zu berücksichtigen sind, wird durch die Priorität des Prinzips der gerechten Nutzung die Anpassung an eine spätere Entwicklung als möglich betrachtet. Dies betrifft insbesondere den häufig auftretenden Fall, daß Oberliegerstaaten ihre Wassernutzungen später als die Unterlieger entwickeln:

"One of the doctrine's principal virtues [...] is that [...] it would permit a later-developing upstream state to initiate new development of its water resources [...] even if that would mean depriving a downstream state of some of the water it had historically been utilizing" (McCaffrey 1994, S. 115).

McCaffrey betont, daß die ILA im Konfliktfall dem Prinzip der gerechten Nutzung Priorität gegenüber dem der Vermeidung spürbaren Schadens *(no significant harm)* einräumt, um Entwicklungen nicht grundsätzlich zu behindern:

"It was principally in order to avoid freezing development that the International Law Association gave priority to the principle of equitable utilization over the 'no-harm' rule in the event that the two would come into conflict. Such a conflict would occur in a situation such as that in the *Jordan basin*, where virtually all of the waters of the watercourse that are fit for use are utilized and where one or more states in the basin (e.g., Jordan) wishes to increase its share. [...] the equitable utilization doctrine would permit such an increase under appropriate circumstances, whereas the no-harm rule, a priori, would not" (McCaffrey 1994, S. 116; eigene Hervorhebung).

5.1.2.2 Institute of International Law

Das Institute of International Law hat 1961 die "Salzburg Resolution on the Use of International Non-Maritime Waters" verabschiedet. Auch dieser Resolution liegen die Prinzipien der eingeschränkten Gebietshoheit und der gerechten Nutzung zugrunde. Die 1979 folgende "Athens Resolution on the Pollution of Rivers and Lakes" hält die Anrainerstaaten zur Vermeidung weitergehender Verschmutzung an und empfiehlt die Bildung neuer Formen der Kooperation in Hinblick auf den Gewässerschutz:

"... such as exchange of data concerning pollution, prior notification of potential polluting activities, consultation concerning pollution problems, and the establishment of international commissions competent to deal with basin-wide pollution problems" (McCaffrey 1993, S. 98).

5.1.2.3 International Law Commission

Die ILC der Vereinten Nationen[2] hat seit Anfang der siebziger Jahre den Versuch unternommen, einen Regelkodex für die nicht-schiffahrtliche Nutzung internationaler Flußsysteme zu erstellen. 1991 wurde die erste Lesung mit der Annahme von 32 "Draft Articles on the Law of the Non-Navigational Uses of International Watercourses" abgeschlossen (McCaffrey 1993, S. 98). Die ILC ersetzt den Begriff des internationalen Flußeinzugsgebiets durch den des "internationalen Wasserlaufs",

"wobei 'Wasserlauf' 'ein System von oberirdischen und unterirdischen Gewässern' bedeutet, 'die aufgrund ihrer physischen Verbundenheit ein einheitliches Ganzes bilden und in ein gemeinsames Mündungsgewässer fließen'" (GITEC 1993, S. 95).

---

2 Die 34 Mitglieder der ILC werden von der Generalversammlung der Vereinten Nationen gewählt, die auch die Themen stellt. Die Mitglieder sind nur sich selbst verantwortlich und vertreten keine Regierungen (McCaffrey 1993, S. 98).

Mit dieser Definition soll die zusätzliche Berücksichtigung anderer natürlicher Ressourcen im Einzugsgebiet, z. B. Böden, ausgeschlossen werden. Grundwasser gilt dagegen dann als eingeschlossen, wenn es mit dem Wasserkreislauf in Verbindung steht (GITEC 1993, S. 96). Den "ILC Draft Articles" liegen die folgenden Prinzipien zugrunde:

- die gerechte Nutzung (Art. 5);
- die Verpflichtung, keinen Schaden zuzufügen (Art. 7);
- die Verpflichtung, regelmäßig hydrologische und andere relevante Daten und Informationen auszutauschen (Art. 9).

Andere Artikel umfassen die vorherige Benachrichtigung bei veränderten Nutzungen, den Schutz der Ökosysteme und der Wasserqualität, gemeinsames Management, den Schutz von Einrichtungen und den gleichen Zugang zu juristischen und administrativen Verfahren (McCaffrey 1993, S. 98 f.).

Faktoren und Umstände, die für eine angemessene und gerechte Nutzung relevant sind, sind ähnlich wie in den Helsinki-Regeln formuliert (Art. 6):

"(a) geographic, hydrographic, hydrological, climatic, ecological and other factors of a natural character;
(b) the social und economic needs of the watercourse States concerned;
(c) the effects of the use or uses of the watercourse in one watercourse State on other watercourse States;
(d) existing and potential uses of the watercourse;
(e) conservation, protection, development and economy of use of the water resources of the watercourse and the costs of measures taken to that effect;
(f) the availability of alternatives, of corresponding value, to a particular planned or existing use."

Hinsichtlich existierender und potentieller Nutzungen gibt die ILC keiner der beiden Priorität:

"... neither existing use nor potential use is given priority" (zit. in Zarour/Isaac 1993, S. 49).

In Artikel 10 heißt es:

"1. In the absence of agreement or custom to the contrary, no use of an international watercourse enjoys inherent priority over other uses.
2. In the event of a conflict between uses of an international watercourse, it shall be resolved with reference to the principles and factors set out in articles 5 to 7, with special regard being given to the requirements of vital human needs."

McCaffrey dagegen argumentiert, daß der ILC-Entwurf der Vermeidung spürbaren Schadens Priorität gegenüber einer gerechten Nutzung einräume; er zitiert aus einem Kommentar:

"Thus a watercourse State may not justify a use that causes appreciable harm to another watercourse State on the ground that the use is 'equitable', in the absence of agreement between the watercourse States concerned" (zit. in McCaffrey 1994, S. 116).

Allerdings räumt er ein, daß die ILC im Konfliktfall die Möglichkeit spezieller Vereinbarungen vorsieht, die entsprechende Korrekturen auf der Basis der Gleichheit der Rechte aller Staaten vorsieht:

"In such a case [a 'conflict of uses', I.D.], international practice recognizes that some adjustments or accomodations are required in order to preserve each watercourse State's equality of right. These adjustments or accomodations are to be arrived at on the basis of equity, and can best be achieved on the basis of specific watercourse agreements" (zit. in McCaffrey 1994, S. 117).

5.1.2.4 Die Weltbank

Die Strategie der Weltbank bei Projekten an internationalen Wasserläufen ist in der "Operational Directive (OD)" 7.50 verankert. Der Standpunkt der Bank ist der einer internationalen, kooperativen Institution, die sowohl im Interesse des betroffenen Mitgliedes als auch der Mitglieder als Ganzes handelt. Ihre Definition für internationale Wasserläufe weicht von den obigen insofern ab, als daß sie sich auf Oberflächengewässer, wie Flüsse, Kanäle oder Seen sowie ihre Zuflüsse, die durch zwei oder mehr Staaten fließen, beschränkt. Auch die Weltbank verfolgt die zwei wesentlichen Prinzipien der gerechten Nutzung und der Schadensvermeidung:

"(1) Das Prinzip der Vermeidung spürbaren Schadens (appreciable harm) durch Beschränkung von Wasserrechten, Verschmutzung oder andere Maßnahmen.
(2) Das Prinzip des Rechts aller Anlieger eines internationalen Wasserlaufs auf einen angemessenen und gerechten Teil bei der Nutzung des Wasserlaufes *(reasonable und equitable share in the utilization)*" (Goldberg 1992, S. 72; eigene Übersetzung).

Spürbarer Schaden bezieht sich auf Schaden, der anhand objektiver Evidenz festgemacht werden kann. Gerechte Verteilung bedeutet nicht unbedingt eine gleiche Aufteilung des Wassers, sondern gleiches Recht aller Anlieger auf eine Aufteilung entsprechend ihren Bedürfnisse.

Das Prinzip der Schadensvermeidung soll bei Weltbank-Vorhaben imperativen Charakter haben. Das Prinzip der gerechten und angemessenen Nutzung hingegen kann nach Goldberg aufgrund der mangelnden Autorität und/ oder Kompetenz der Weltbank nicht gleichermaßen berücksichtigt werden, solange keine Einigung zwischen den Parteien oder eine gerichtliche Entscheidung vorliegt. "Gerecht" im Sinne von "billig" bleibt negativ definiert, in dem Sinne, als eine Nutzung dann nicht gerecht ist, wenn sie spürbaren Schaden verursacht (Goldberg 1992, S. 73).

Bei der Durchführung von Weltbank-Projekten wird der mögliche Anleihenehmer bereits im Identifizierungsstadium aufgefordert, die übrigen Anlieger formal über das Vorhaben zu benachrichtigen (Prinzip der vorherigen Benachrichtigung). Sie müssen in der Lage sein, eine mögliche spürbare Schädigung abschätzen zu können sowie umgekehrt zu bestätigen, daß das Projekt nicht durch ihre eigenen Vorhaben nachteilig betroffen sein wird. Erfolgt keine Benachrichtigung, wird das Projekt unterbrochen. Einwände müssen geprüft werden.

Es läßt sich also zusammenfassen, daß die Weltbank bei der Kreditvergabe für geplante Wassernutzungen an internationalen Flußläufen formal die drei wichtigen Prinzipien des Völkerrechts, das sind vorherige Benachrichtigung, Vermeidung spürbaren Schadens und das Anrecht jedes Anliegers auf einen angemessenen und gerechten Anteil bei der Nutzung, berücksichtigt. Kritisch zu sehen ist meines Erachtens die Praxis der Bank, das Prinzip des angemessenen und gerechten Anteils auf das der Schadensvermeidung zu reduzieren.

Neben der Frage nach den angewendeten Prinzipien der Weltbank bei Projekten an internationalen Wasserläufen stellt sich die Frage, welche Rolle ihr generell bei der Lösung internationaler Wasserkonflikte zukommt und zukommen kann. Bislang unterstützt die Weltbank vor allem großtechnische Projekte, die Wassernutzungen erheblich ausweiten und daher leicht zu internationalen Spannungen führen können. Möglicherweise macht dies den besonderen Status und vielleicht auch die besondere Verantwortlichkeit der Bank aus. Tatsächlich räumt beispielsweise Rogers der Weltbank eine herausragende Rolle für Vermittlungsprozesse in internationalen Auseinandersetzungen um Wasser ein:

> "There is [...] a pressing need for mechanisms that bring parties in dispute together to negotiate resolutions. The Bank has previously been successful in this process and may be uniquely qualified as the only international agency that can host the parties and mobilize the requisite technical, economic, legal, and political skills" (Rogers 1992a, S. 69).

Unklar ist, ob die Vermittlung auch unabhängig von Projektfinanzierungen möglich sein könnte. Erwähnt sei des weiteren, daß es innerhalb der Weltbank Initiativen zur Umstrukturierung des Wassersektors von der derzeitigen Praxis einer sukzessiven Abwicklung von Projekten hin zu einem umfassenden Wassermanagement gibt:

"The increased competition for water has [...] made most of the project-by-project planning methods inadequate. New approaches are needed that will integrate water resource uses among different users and across different economic sectors" (Rogers 1992b, S. 1).

5.1.3 Schlußfolgerungen

Bisher konnte keine umfassende Einigung auf UN-Ebene über kodifizierte Bestimmungen für nicht-schiffahrtliche Nutzungen internationaler Flußwasserläufe erzielt werden, doch liegt mit dem ILC-Entwurf von 1991 eine "gründliche Untersuchung des bestehenden konventionellen Rechts, der gerichtlichen Entscheidungen und der Praxis der Staaten sowie der Expertenmeinungen" vor (GITEC 1993, S. 96). Weitgehende Einigkeit scheint bei den verschiedenen Organisationen über die Doktrin eingeschränkter Gebietshoheit unter dem Gesichtspunkt angemessener und gerechter Aufteilung der Nutzungen zu herrschen. Wichtige Prinzipien sind dabei vorherige Benachrichtigung, Vermeidung spürbaren Schadens sowie gerechte Verteilung.

In die Bestimmung der angemessenen und gerechten Nutzung sollten hydrologische, soziale, ökonomische und ökologische Faktoren sowie Alternativen einfließen. Sowohl auf der Grundlage der ILA als auch der ILC sind die gerechten Anteile an den Nutzungen bei veränderten Bedingungen unter Berücksichtigung aller relevanten Faktoren anzugleichen; was unter gerechte Nutzung fällt, muß somit von Fall zu Fall ausgehandelt werden.

Grenzüberschreitende Grundwassersysteme wurden explizit bislang nur in den Seoul-Richtlinien behandelt. Allerdings kommt Barberis auf Grundlage der geltenden Praxis zu dem Schluß, daß die generell akzeptierten gewohnheitsrechtlichen Prinzipien auch auf die Nutzung geteilter Grundwasser anzuwenden seien (Barberis 1991).

Weitgehende Berücksichtigungen von Umweltbelangen bei der Bestimmung gerechter Nutzung sind von der ILA und von der ILC formuliert worden: Die ILA empfiehlt, die ökologischen Folgen der Nutzung von Wasser für die Mitanrainer einzubeziehen und betont die Notwendigkeit, das anthropozentrische Verständnis von Schädigung im Sinne der Verletzung natürlicher oder juristischer Personen auf die natürliche Umwelt auszuweiten.

Da der rechtliche Rahmen bisher keine Verbindlichkeit besitzt, liegt seine Rolle in der bloßen Bereitstellung von geeigneten Kriterien. Die Lösung selbst muß auf politischer Ebene erfolgen. Damit ist eine Einigung wesentlich von der Bereitschaft der betroffenen Staaten abhängig. Ein Schiedsspruch durch den Internationalen Gerichtshof kann nach UN-Charter auf Wunsch aller betroffenen Parteien erfolgen, aber nicht erzwungen werden.

5.1.4 Ökonomische und politische Strategien

Während das Völkerrecht Hinweise auf allgemeine Prinzipien der Nutzung internationaler Wasserläufe gibt, stellt sich dennoch die Frage nach der Operationalisierung dieser Prinzipien. Ökonomische und politische Ansätze bieten Methoden und Konzepte, auf die bei Verhandlungslösungen um internationale Ressourcen zurückgegriffen werden kann. Dieses Thema soll hier lediglich in aller Kürze diskutiert werden.

Wohlfahrtsökonomischen Ansätzen liegt das Kriterium der Nettonutzenmaximierung zugrunde. Eine Lösung gilt dann als pareto-effizient, wenn kein Individuum besser gestellt werden kann, ohne daß ein anderes schlechter gestellt wird. Damit setzt die effiziente Allokation einer internationalen Ressource die Analyse von Kosten und Nutzen unterschiedlicher Nutzungen voraus, was die Berücksichtigung von Opportunitätskosten und die Internalisierung von (grenzüberschreitenden) externen Effekten einschließt. Hierbei ergeben sich in der Praxis zum Teil erhebliche Bewertungsprobleme. Am einfachsten lassen sich die Nutzungen optimieren, wenn das Flußbecken als hydrologische Einheit unabhängig von Staatsgrenzen betrachtet wird. Dies allerdings setzt das entsprechende Einverständnis der betroffenen Staaten voraus, wovon in den seltensten Fällen ausgegangen werden kann. Um einen gewissen Druck in Hinblick auf ein Verhandlungsergebnis aufzubauen, könnte mit einer Verhandlungskommission vereinbart werden, daß die Parteien zunächst versuchen, durch Verhandlungen eine Einigung zu erzielen, um dann aber, falls keine Einigung möglich scheint, auf das Konzept der optimalen Beckenentwicklung unabhängig von politischen Grenzen zurückzugreifen. Dabei muß die grundsätzliche Angemessenheit der pareto-optimalen Lösung anerkannt werden (Rogers 1992a).

Mit Hilfe der Spieltheorie läßt sich untersuchen, unter welchen Bedingungen sich kooperatives Verhalten gegenüber dem Nichtkooperieren für gemeinsame Akteure auszahlt. Direkte Normen zur Konfliktlösung um internationale Wasserläufe lassen sich spieltheoretisch nach Rogers allerdings nicht ableiten. Allgemein erweisen sich aber bei internationalen Konflikten neuere Ansätze zur Allokation von Kosten und Nutzen auf der Basis von Koalitionen als interessant (ebenda).

Generell wird in der Entscheidungstheorie analysiert, wie und warum gewisse Entscheidungen zustande kommen. Da Entscheidungen bei internationalen Wasserläufen auf politischer Ebene stattfinden, geht es zunächst um die Identifikation der politischen Interessen der einzelnen Akteure (Staaten). Zu berücksichtigen sind innen- wie außenpolitsche Motive. Innenpolitisch steht, in Abhängigkeit von der politischen Verfaßtheit, die Vertretbarkeit bestimmter Lösungen gegenüber den verschiedenen gesellschaftlichen Gruppen, insbesondere ihre sozialen und wirtschaftlichen Konsequenzen, aber auch der Symbolgehalt oder die Berührung bestimmter Werte im Vordergrund. Außenpolitisch spielen die jeweiligen Machtpositionen, das Völkerrecht, das Image bestimmter Maßnahmen, die Art und Weise wie die Souveränität der Staaten betroffen ist, die Verknüpfung mit anderen bi- oder multilateralen Anliegen sowie die Reziprozität der vertraglichen Vereinbarungen eine Rolle (ebenda).

Eine breite Diskussion wird um sogenannte alternative Konfliktlösungsverfahren *(alternative dispute resolution)* geführt (z. B. Wolf 1993). Unterschieden werden Verfahren in An- oder Abwesenheit einer dritten Instanz. Deren Rolle wiederum kann in einer bloßen Erleichterung *(faciliation)*, einer Vermittlung *(mediation)* oder aber in der Fällung eines Schiedsspruchs *(arbitration)* liegen. Die Wahl des Verfahrens hängt unter anderem von der Vereinbarkeit der Positionen ab. Ziel ist es, per Verhandlung tatsächlich zu einer Lösung zu kommen, ohne daß diese Lösung die allein "richtige" sein muß, wobei von vornherein Schritte und Regeln des Verfahrens festgelegt werden. Überlegungen für die Anwendung einer *faciliation* für das Jordanbecken finden sich bei Wolf: In einem ersten Schritt sollen Akteure, Interessen und Machtkonstellationen identifiziert werden; die gegenseitige Anerkennung und der Wunsch zur Verhandlung müssen sichergestellt werden. In einem zweiten Schritt gilt es, gemeinsame Analysekriterien zu entwickeln; dies betrifft sowohl naturwissenschaftlich-technische Parameter als auch das Verständnis zentraler Begriffe. In einem dritten Schritt sollen Optionen erarbeitet werden, die möglichst allen Beteiligten Nutzen stiften, um in einem letzten Schritt Feedback-Mechanismen für Probleme und aufkeimende Konflikte zu entwickeln (Wolf 1993, S. 10 f.). In ein solches Konzept wäre die Ressourcenzuteilung zu integrieren.

5.2 Kriterien der Wasserzuteilung im Jordanbecken

Die Frage des angemessenen und gerechten Umgangs mit einer knappen Wasserressource in einem internationalen Konfliktfeld bezieht sich zum einen auf die gerechte Ressourcenzuteilung und zum anderen auf die angemessene Ressourcennutzung. Daß mit der Frage der Zuteilung bzw. des Zugangs noch nicht alle Probleme gelöst sind, zeigt sich in der Bandbreite externer Effekte der Wassernutzung (siehe oben). Anders formuliert: mit der anthropogenen Nutzung der Ressource Wasser geht nicht nur eine quantitative Minderung der verfügbaren Menge, sondern in den meisten Fällen auch eine qualitative Beeinträchtigung einher, die wiederum mit der Quantität rückgekoppelt ist. Umgekehrt ist in einer Region, in der Wasser nicht nur quantitativ knapp ist, sondern auch in unterschiedlicher Qualität vorliegt, zu überlegen, inwieweit es sinnvoll ist, die Zuteilungsfrage an die Qualität zu koppeln. Im folgenden wird zwar die Frage der quantitativen Zuteilung im Vordergrund stehen, es sollte dabei aber die doppelte Verknüpfung mit dem Qualitätsproblem bewußt bleiben:

(a) Die zuzuteilenden Wasserressourcen können unterschiedlicher Qualität sein.
(b) Die Beeinträchtigung der Ressourcen durch die Nutzung sollte minimiert werden.

Wie kann eine Wasserallokation aussehen, die sich an natürlichen Gegebenheiten, an vergangenen, gegenwärtigen und potentiellen Nutzungen sowie an sozialen und ökonomischen Bedürfnissen unter der Berücksichtigung von Alternativen orientiert? Im folgenden sollen zwei Vorschläge aus der Literatur und ein eigener für mögliche Kriterien einer Wasserallokation im Jordanbecken vorgestellt werden.

5.2.1 Vorschlag nach Zarour und Isaac

Das Konzept

Zarour und Isaac schlagen in ihrem 1993 erschienenen Beitrag "Nature's Apportionment and the Open Market: A Promising Solution to the Arab-Israeli Water Conflict" eine Wasserzuteilung auf der alleinigen Basis natürlicher Faktoren vor, die im Anschluß an die Vergabe entsprechender Rechte durch einen freien Wassermarkt optimiert werden soll. Als Grundlagen einer solchen Zuteilung betrachten sie die Prinzipien der eingeschränkten Gebietshoheit *(limited territorial sovereignty)*, der angemessenen und gerechten Nutzung *(reasonable and equitable utilization)* und der Vermeidung spürbaren Schadens *(prevention of significant harm)* (Zarour/Isaac 1993, S. 48). Die Faktoren zur Bestimmung einer angemessenen und gerechten Nutzung unterscheiden sie gemäß ILC in die Kategorie der natürlich-physikalischen Faktoren und in die der umweltsozioökonomischen Faktoren (ebenda).

Ausgangspunkt ist die Feststellung, daß das Konzept der Wasserzuteilung nur grenzüberschreitende Ressourcen betreffen kann.[3] Staaten erhalten Rechte und Pflichten aufgrund ihrer geographischen Überschneidung mit einem Wassersystem. Die Signifikanz natürlicher Faktoren - Klima, Geologie, Topograhie, Geomorphologie, Hydrologie sowie die Struktur von Böden und Fels - halten die Autoren für selbstevident. Die zusätzliche Einbeziehung von umweltsozioökonomischen Faktoren halten sie allerdings für problematisch:

> "How can one judge which needs are reasonable and which are not? How can a system of priorities take into account the conflicting demands of states?" (Zarour/Isaac 1993, S. 48).

Eine weltweit gleichhohe Pro-Kopf-Zuteilung von Wasser lehnen sie als nicht sinnvoll ab, mit dem Argument, daß dies dazu führen würde, daß z. B. China 25 % der weltweiten Wasserressourcen beanspruchen könnte oder Kanada, wo sich 9 % der weltweiten Wasserressourcen befinden, seine territoriale Souveränität über dieses Wasser aufgeben müßte. Auch die objektive Bestimmung spürbaren Schadens halten sie für unmöglich. Hinsichtlich der Rolle von existierenden oder historischen Nutzungen stellen sie fest, daß diese nicht eindeutig im Völkerrecht behandelt würden.

Vor diesem Hintergrund ziehen die Autoren es vor, eine praktikable Zuteilungsformel auf der alleinigen Grundlage natürlicher Faktoren vorzuschlagen und die Berücksichtigung anderer Bedürfnisse den selbstregulativen Mechanismen eines Wassermarktes zu überlassen. Diese beruht auf der Input-Output-Bilanz eines gesamten Wassereinzugsgebietes:

| (Zufuhr - natürliche Verluste) - anthrop. Verbrauch = Veränderung im Speicher[4] |
| (Netto-Input) (Output) |

Das Wassereinzugsgebiet wird als nichtteilbare hydrologische Einheit betrachtet. Das bedeutet, daß im Gesamtsystem der natürliche Nettoinput (vor allem Niederschlag abzüglich Verdunstung) und die anthropogene Entnah-

---

3 Die Autoren sehen diese trivial erscheinende Annahme durch israelische Ansprüche auf den Litani und das Grundwasser des Westjordanlands verletzt.

4 Eine solche Bilanz kann immer nur eine vereinfachte Annäherung an die Realität darstellen, da sich natürliche Wassersysteme von Oberflächen-, Grund- und Verdunstungswasser als sehr komplex erweisen. Beispielsweise können Flüsse influent oder effluent sein, dies sich wiederum in Abhängigkeit von klimatischen Bedingungen ändern etc. Was in der Bilanz als "natürliche Verluste" auftaucht, stellt in der Regel einen Transfer von einer Ressource in die andere dar.

me bei gleichbleibendem Speicherbestand gleich groß sein müssen (Nullsummenformel). Die Differenz aus Nettoinput und Speicherbestand ergibt die Gesamtmenge des langfristig nutzbaren Wassers. Daraufhin können die Anrechte der einzelnen Staaten an dieser Gesamtmenge anteilsmäßig bestimmt werden. Dies geschieht in diesem Modell von Zarour und Isaac auf der Basis der Faktoren Anteil am Nettoinput und Anteil an der Speicherkapazität. Es werden also zwei, die natürlichen Wassergegebenheiten wiedergebende Parameter gewählt, die praktisch abgeschätzt werden können, wobei mit ersterem vor allem klimatische und mit zweiterem vor allem geologische Bedingungen berücksichtigt werden. Zur Bestimmung der Wassernutzungsrechte müssen sie zueinander ins Verhältnis gesetzt werden, wobei sie prinzipiell beliebig gewichtet werden können. Zarour und Isaac schlagen eine Gleichgewichtung vor, allerdings ohne daß ihre Begründung plausibel erscheint.[5] Andererseits - warum sollte beispielsweise die Höhe des Niederschlags in einem Staat eine größere oder kleinere Rolle für eine gerechte Wasserzuteilung in einer Region spielen als die Größe der Wasserspeicher in seinem Territorium?

Rechte und Pflichten der einzelnen Staaten ergeben sich somit zum einen aus dem Anteil der Wasserspeicherkapazität der einzelnen Staaten an der gesamten Speicherkapazität, zum anderen aus den Anteilen der natürlichen Input-Output-Bilanz innerhalb der Staatsgebiete an der des gesamten Beckens. Bei Gleichgewichtung ergibt sich folgende Zuteilungsformel (Zarour/Isaac 1993, S. 50; eigene Übersetzung):

$$Y_i = 50 * [S_i/S_t + (Z_i-V_i)/(Z_t-V_t)]$$

mit:

Y_i = Anteil der Rechte und Pflichten des Staates "i" in %
S_i = Speicherfläche/-volumen des Staates "i" auf und unterhalb des Territoriums in L^2 für Oberflächenwasser oder L^3 für Grundwasser
S_t = Gesamtspeicherfläche/-volumen des Wassereinzugsgebietes in L^2 oder L^3 (siehe oben)
Z_i = natürliche Wasserzufuhr in Staat "i" in L^3
Z_t = gesamte Wasserzufuhr in L^3
V_i = natürliche Verluste in "i" in L^3
V_t = gesamte natürliche Verluste in L^3

---

5 Sie folgern die Gleichgewichtung aus der Betrachtung des Wassereinzugsgebietes als hydrologische Einheit, indem Inputkapazität gleich Outputkapazität sein soll. Diese Annahme wurde aber nicht für die Gewichtung der Kriterien zur Bestimmung von Wasseranrechten gemacht, sondern zur Bestimmung der gesamten nutzbaren Menge. Eine Gewichtung von Kriterien zur Bestimmung der Anteile daran ergibt sich daraus nicht.

Was bedeutet es, einen bestimmten Rechte- *und* Pflichtenanteil an dem Wasser eines Wassereinzugsgebietes zu haben? Zunächst muß die Aufrechterhaltung der gesamten Wasserbilanz innerhalb bestimmter Schwankungen als "gerecht" verteilte Verantwortlichkeit aller Anlieger betrachtet werden. Der Anteil ist dann die Menge, die anthropogen genutzt und gleichzeitig zur Aufrechterhaltung der Gesamtbilanz nicht überschritten werden darf. Kontrolliert wird die "aktive" Variable der Bilanz: die Nutzung. Weitere Pflichten, die durch diesen quantitativen Ausdruck nicht erfaßt werden, betreffen nach Zarour/Isaac Umweltschutzmaßnahmen wie beispielsweise Gewässerschutz, Abwasserreinigung, Flutwasserkontrolle sowie finanzielle Verläßlichkeit.

Da die vorgeschlagene Zuteilung aufgrund natürlicher Kriterien in einer Gegend mit Wasserknappheit noch nicht garantiert, daß alle, die Wasser benötigen, auch Zugang erhalten, schlagen die Autoren im Anschluß an die rechtliche Wasserzuteilung einen Wasserhandel in einem offenen Wassermarkt vor:

> "The approach is simply to internalize problems of surpluses and shortages among the states sharing the dispute" (Zarour/Isaac 1993, S. 51).

Dies setzt voraus, Wasser als wirtschaftliches Gut zu begreifen und eine entsprechende grenzüberschreitende Handelszone zu errichten. Der Transfer von Wasseranrechten könnte durch unterschiedliche Formen wie Vermietung, Verkauf oder Tausch institutionalisiert werden. Abschließend muß erwähnt werden, daß die Autoren sich aufgrund mangelnder Daten nicht in der Lage sahen, die Zuteilung der Wassermenge an die Staaten des Jordanbeckens zu quantifizieren.

Diskussion

Zarour und Isaac (1993) haben einen Vorschlag zur Operationalisierung einer Wasserzuteilung auf der Grundlage natürlicher Faktoren vorgelegt. Die Zuteilungsformel stellt eine interessante Vereinfachung der vielfältigen, gewohnheitsrechtlich zu berücksichtigenden natürlichen Faktoren dar, da die verwendeten Parameter die wesentlichen hydrologischen Abläufe gut annähern. Eine Zuteilung von Grundwasserressourcen auf dieser Basis entspräche der Vorgehensweise bei mineralischen Ressourcen (Barberis 1991, S. 178).

Da in diesem Ansatz weitere völkerrechtlich zu berücksichtigende Faktoren aber recht pauschal ausgeschlossen werden, kann eine Lösung auf der alleinigen Grundlage der vorgeschlagenen Zuteilungsformel noch nicht als befriedigend betrachtet werden. Auch der vorgesehene regionale Wassermarkt scheint noch keine Garantie für die Befriedigung der sozialen und ökonomischen Grundbedürfnisse der betroffenen Staaten zu sein. Eine Situation, in der gegebenenfalls nur noch Wohlhabende über den Wassermarkt qualitativ gutes oder zumindest unbedenkliches Trinkwasser beziehen könnten, wäre sozial nicht vertretbar.

5.2.2 Vorschlag nach Shuval

Das Konzept

Shuval hat ein umfassendes Konzept für die Zuteilung von Rechten und Pflichten an geteilten Wasserressourcen unter Berücksichtigung sozioökonomischer Faktoren, alternativer Wasserressourcen und bedingt auch unter Berücksichtigung "historischer De-facto-Nutzungen" entwickelt.[6] Er geht davon aus, daß direkten Verhandlungen Priorität gegenüber einer Mediation oder einem Schiedsspruch eingeräumt werden sollten. Den Verhandlungen sollten gemäß des Völkergewohnheitsrechtes die Prinzipien des internationalen Wassereinzugsgebietes *(international drainage basin)*, der eingeschränkten Gebietshoheit *(limited territorial sovereignty)*, der gerechten Aufteilung *(equitable apportionment)* und der Interessengemeinschaft *(community of interest)* zugrunde gelegt werden. Diese Interpretation stützt sich auf die "Helsinki Rules", die "Seoul Rules", die "Geneva Proposals" sowie

---

6 Die Grundgedanken dieses Konzepts stammen aus dem Jahr 1992, beispielsweise in "Approaches to Resolving the Water Conflicts Between Israel and Her Neighbors - A Regional Water-for-Peace Plan". Eine ausführlichere Darstellung findet sich in "Proposed Principles and Methodology for the Equitable Allocation of the Water Resources Shared by the Israelis, Palestinians, Jordanians, Lebanese and Syrians" (1993). Eine leicht veränderte Fassung hat Eingang in das Konsenspapier des israelisch-palästinensischen Expertenteams: "A Proposal for the Development of a Regional Water Master Plan" (Assaf/Khatib/Kally/Shuval 1993) gefunden (im folgenden zitiert als (Assaf et al. 1993); die Formulierungen wurden größtenteils wörtlich aus Shuvals anderen Veröffentlichungen übernommen). Eine Aktualisierung der Daten zur Illustrierung findet sich in "Proposals for Cooperation in the Management of the Transboundary Water Resources Shared by Israel and Her Neighbors" (1994). Um dem Konzept gerecht zu werden, stütze ich mich in meiner Darstellung vor allem auf die beiden letztgenannten Quellen, da es sich bei dem einen um das Konsenspapier eines israelisch-palästinensischen Wissenschaftlerteams, bei dem anderen um die neueste mir vorliegende Fassung des Konzepts handelt.

den "Bellagio Draft Treaty"[7], wobei davon ausgegangen wird, daß der Gedanke des internationalen Wasserlaufes sich gleichermaßen auf Oberflächen- und Grundwasser anwenden läßt. Der ILC-Entwurf bleibt unberücksichtigt, da sich die Priorität des Prinzips der Vermeidung spürbaren Schadens *(no appreciable harm)* gegenüber dem einer gerechten Verteilung bisher nicht durchsetzen konnte.

Shuval geht ferner davon aus, daß weder aktuellen De-facto-Nutzungen noch natürlichen Faktoren eine absolute Priorität eingeräumt werden kann. Es wird anerkannt, daß das Völkerrecht die Berücksichtigung der gegenwärtigen und künftigen menschlichen Bedürfnisse und der zusätzlich erhältlichen Wasserressourcen sowie die Möglichkeit der ökonomischen Kompensation vorsieht.

Auf der Grundlage dieser Überlegungen formuliert Shuval "Grundprinzipien" *(proposed basic principles)* und "Handlungsrichtlinien" *(guidelines for action)* in hierarchischer Reihenfolge. Die "Grundprinzipien" umfassen:

1. den Ausschluß von Gewalt;
2. die Festlegung von "Minimum Water Requirements" (MWR) auf der Basis des Prinzips der gerechten Verteilung unter Berücksichtigung anderer Wasserressourcen;
3. die primäre Verwendung anderer als internationaler Ressourcen zur Befriedigung der "Minimal Water Requirements";
4. die "Aufrechterhaltung" und "Normalisierung" der "historischen De-facto-Nutzungen" über Verhandlungen auf der Grundlage, daß die MWRs entweder von Quellen innerhalb der Staatsgebiete oder von "angrenzenden" Ressourcen gedeckt werden, für die durch ein Abkommen die Rechte definiert werden;
5. den Austausch aller erhältlichen relevanten Daten.

Die "Handlungsrichtlinien" bestimmen Prinzipien für die Deckung der "Minimal Water Requirements" in Staaten mit einem Defizit durch andere Anliegerstaaten oder sonstige Nachbarstaaten. Ziel ist es, Vereinbarungen über den Verkauf oder den Transfer ungenutzter Wasserressourcen der übrigen Anrainerstaaten oder anderer Staaten zu erwirken. Bestehen keine ungenutzten Wasserressourcen in der Region, so sollen die Anrainerstaaten den Überschuß über ihre eigenen "Minimum Water Requirements" hinaus zur Verfügung stellen.

---

7 Der "Bellagio Draft Treaty" wurde von einem internationalen Wasserexpertenteam in Bellagio, Italien, entworfen. Er dient als Modell und stellt selbst keine völkerrechtliche Grundlage dar. Eine ausführliche Darstellung findet sich in Hayton/Utton 1989 (Elmusa 1993, S. 75).

Die Bestimmung der "Minimum Water Requirements" stützt sich auf eine Pro-Kopf-Zuteilung zur Befriedigung menschlicher Bedürfnisse innerhalb eines 30jährigen Planungshorizonts. Hierfür werden folgende Annahmen gemacht: Innerhalb des Planungshorizonts wird in allen Staaten der gleiche Lebensstandard angestrebt. Zur Sicherstellung eines angemessenen Lebensstandards auf der Basis von Beschäftigung im städtischen und industriellen Sektor werden pro Person und Jahr ein Bedarf von 100 m^3 Wasser festgesetzt. Es wird davon ausgegangen, daß diese zur Hälfte in häusliche Nutzungen und zur anderen Hälfte in öffentliche Einrichtungen, Gewerbe und Industrie fließen. Zusätzlich werden "symbolisch" weitere 25 m^3 pro Person und Jahr zur Selbstversorgung mit frischen Nahrungsmitteln zugeteilt. Diese 100 + 25 m^3 sollen ausschließlich im kommunalen Bereich und nicht landwirtschaftlich genutzt werden, da davon ausgegangen wird, daß sich unter den in der Region herrschenden Knappheitsbedingungen die landwirtschaftliche Nutzung von Frischwasser ökonomisch nicht länger rechtfertigen läßt. Statt dessen wird eine hochwertige Abwasseraufbereitung und Wiederverwendung in der Landwirtschaft angestrebt. Es wird angenommen, daß bis zu 65 % des Wasserdargebots wiederverwendet werden können, so daß diese die Basis künftiger landwirtschaftlicher Aktivität darstellen könnten.

Somit kann auf der Basis von Bevölkerungsprognosen in einem Planungshorizont von 30 Jahren und den "Minimal Water Requirements" der Gesamtanspruch der einzelnen Anrainerstaaten bestimmt werden. Für Jordanier und Palästinenser wird (in der Version des IPCRI) zugestanden, daß bis zur vollständigen Einrichtung des Systems zur Abwasserwiederverwendung ein Teil des Frischwassers landwirtschaftlich genutzt werden darf. Allerdings wird die für die Übergangsperiode nicht unerhebliche Einschränkung gemacht, daß in dieser die Gesamtansprüche so lange lediglich auf der aktuellen Bevölkerungsbasis und nicht auf der Basis der Prognose berücksichtigt werden, wie das darüber hinausgehende Volumen durch den Verzicht auf "historische De-facto-Nutzungen" anderer Parteien gedeckt werden müßte. Eigentlich sieht das Konzept vor, von vornherein auf der Grundlage der Bevölkerungsprognosen zuzuteilen. Dieses Prinzip wird dann nicht angewendet, wenn dabei andere Anrainer ihre "historischen De-facto-Nutzungen" aufgeben müßten.

"... if part of the MWR is to be supplied to one partner to the dispute who suffers from a shortage of water to meet domestic needs, by another from the stock of resources covered by its recognized historic de facto use, then only the *actual* domestic, urban and industrial requirements at any given time would be transferred, up to the full allocation of the MWR as real demand grows" (Assaf et al. 1993, S. 23 f.).

Die quantitative Umsetzung dieser Überlegungen führt bei Shuval zu dem in Tabelle 5.2 wiedergegebenen Resultat.

Tabelle 5.2: "Can Available Water Resources Meet the Minimum Water Requirements (MWR) of Middle Eastern Countries? Estimated water resource potential, estimated population in the year 2023, and availability of water resources to meet Minium Water Requirements (MWR) for survival at 125 cubic meters/person/year for domestic/urban/industrial and fresh vegetables"

	1 Population		2 Water Resources Potential	3 Total Water Capita/Year		4 Total MWR	5 Total Excess Short
	1993	2023		1993	2023	2023	
	Millions		MCM/Yr	CM/Yr		MCM/Yr	MCM/Yr
Israel	5	10	1500	300	150	1,250	+250
Jordan	3	10	880	250	90	1.250	-370
Palest.	2	5	200	100	40	625	-475
Syria	12	26	15,000	1,250	580	3,250	+11,750
Lebanon	3	4.3	9,000	3,000	2,100	540	+8,460
Turkey	55	83	250,000	4,500	3,000	10,400	+240,000
Egypt	60	120	60,000	1,000	500	12,800	+47,000

Quelle: Shuval (1994, S. 295).

Auf der Basis des derzeit in den einzelnen Staaten genutzten Wasserpotentials und von Bevölkerungsprognosen von jeweils 10 Mio. Einwohnern in Israel und Jordanien sowie 5 Mio. Einwohnern in einem palästinensischen Staat wird es nach Shuval bis zum Jahr 2023 in Palästina zu einem Defizit von 425 Mio. m³/a, in Jordanien zu einem Defizit von 370 Mio. m³/a und in Israel zu einem Überschuß von 250 Mio. m³/a kommen. Dies bedeutet ein Defizit von 795 Mio. m³/a in Jordanien und Palästina bzw. ein Gesamtdefizit in allen drei Staaten von 545 Mio. m³/a. Für die beiden anderen Anrainerstaaten des Jordan-Yarmuk-Systems, Syrien und Libanon, kommt es zu einem Überschuß von 11 750 Mio. m³/a bzw. 8 460 Mio. m³/a.[8] Shuval schlägt vor, das Defizit vorzugsweise von allen Anrainern proportional zu

---

8 Die zugrundegelegten Daten für diese Länder sind im Vergleich mit anderen Literaturangaben zwar nicht gesichert, doch ist davon auszugehen, daß der Überschuß über den MWRs dieser Länder wesentlich über dem israelischen liegen wird. Haddad gibt das erneuerbare Potential Syriens mit 7 600 Mio. m³/a und des Libanons mit 4 800 Mio. m³/a an (Haddad 1994, S. 295), was für Syrien einen Überschuß von 4 300 Mio. m³/a und für den Libanon von 4 240 Mio. m³/a ergeben würde.

ihrem Überschuß zu decken, so daß insbesondere Syrien und der Libanon in die Verantwortung zur Deckung des Defizits der Region gezogen würden (Shuval 1994, S. 297).

Neben diesen Vorschlägen zur Wasserzuteilung plädiert Shuval für die Etablierung einer "Jordan River Joint Commission", die für Datenaustausch, gemeinsamen Wasser- und Umweltschutz, regionale Projekte und Konfliktregelungen zuständig sein soll (Shuval 1994, S. 299).

Diskussion

Der Vorschlag von Shuval hat eine Reihe von Stärken, er bringt aber auch Probleme mit sich. Als gelungen sind die Auseinandersetzung mit den Prinzipien des Völkergewohnheitsrechts sowie die grundsätzlichen Aussagen zur Gewichtung der Faktoren zur Bestimmung einer gerechten Zuteilung, das heißt die eingeschränkte Bedeutung historischer Nutzungen und natürlicher Faktoren sowie die Priorität sozioökonomischer Bedürfnisse, alternativer Ressourcen und einer Kompensation, zu betrachten. Es kann davon ausgegangen werden, daß eine solche Priorität gegenüber sozioökonomischen Faktoren dem derzeitigen *common sense* entspricht und zum zentralen Kriterium einer gerechten Zuteilungslösung gemacht werden sollte. Es gibt keine überzeugende Begründung dafür, nicht allen Individuen einer Region die gleiche Basis für eine soziale und ökonomische Entwicklungsfähigkeit zuzusprechen *(equality of individuals)*. Unklarer hingegen ist, in welchem Verhältnis die zusätzlich erhältlichen Ressourcen und die Kompensation zu dem Kriterium der Befriedigung sozioökonomischer Bedürfnisse stehen und wie diese dann in die Begründung von Rechten und Pflichten der Anrainerstaaten eingehen (siehe unten). Des weiteren halte ich die Begründung der Pro-Kopf-Basis von 100 + 25 m^3/a als "Minimum Water Requirement" insofern für gerechtfertigt, als daß diese auch industrielle und gewerbliche Nutzungen einschließen sollen.[9] Auch die angestrebte landwirtschaftliche Wiederverwendung im Umfang von 65 % des Dargebots scheint sinnvoll, da dies eine konstruktive Lösung der offenen und problematischen Frage der Bewässerungslandwirtschaft in der Region darstellen würde.

Es stellt sich dennoch die Frage, wie die vorgeschlagenen "Grundprinzipien", die "Handlungsrichtlinien" und die Methode der Ermittlung von Defiziten und Überschüssen zu interpretieren sind und ob sie den vorangestellten generellen Abwägungen gerecht werden. Nach "Grundprinzip 2" basiert

---

9 Für den spezifischen Verbrauch an Frischwasser in Haushalten wird in Kapitel 6 90 l/ d*E empfohlen werden. Das entspricht 33 m^3/a.

die Bestimmung der "Minimal Water Requirements" auf dem Prinzip der gerechten Verteilung der gemeinsamen Ressourcen und auf der Berücksichtigung aller zusätzlichen Wasserressourcen. Allen Partnern des "israelisch-arabischen Konflikts" wird eine entsprechende Mindestversorgung auf einer gerechten Basis zugesichert:

> "The 'Minimum Water Requirements' (MWR) of the partners to the Israeli-Arab conflict should be assured in the spirit of international water law based on the principle of equitable apportionment of the shared water resources and the other water resources available to each. In order to meet the minimum legitimate human and social needs of each partner they should be assured a minimum of an equal water allocation per person per year for domestic, urban, industrial and minimal fresh food use required for survival" (Assaf et al. 1993, S. 18).

Anrainer einer geteilten Ressource zu sein, heißt also, das Recht auf eine "gerechte" Mindestversorgung zur Deckung lebenswichtiger Grundbedürfnisse zu haben. "Grundprinzip 3" bestimmt, daß die Ressourcen innerhalb des Territoriums eines Anrainers zuerst zur Deckung der MWRs genutzt werden und erst danach für andere Nutzungen verwendet werden sollen. "Grundprinzip 4" legt fest, daß Anrainer, die ihre MWRs nicht decken können, durch Verhandlungen das Recht erhalten sollten, diese von angrenzenden Ressourcen zu decken. Gleichzeitig wird der Status der historischen Nutzungen festgelegt: Nachbarstaaten müssen ihre historischen Nutzungen für eine solche Umverteilung nur im Umfang der aktuell gegebenen Bedürfnisse des Staates, der seine MWRs nicht decken kann, aufgeben:

> "*Historical de facto water usage* from shared resources *should be maintained* and normalized through negotiations and mutual agreement on condition that the MWR can be met for each partner *from sources within* each territory sharing the water resource, *or from adjacent sources* to which the territory has obtained the rights of use through agreement with another entity. If water is transferred from one entity to another to help meet its minimal human needs (the MWR), the amount that will be transferred at any given time will only be that amount required to meet the *actual* current domestic/urban/industrial demands at that given time" (Assaf et al. 1993, S. 18; eigene Hervorhebung).

Der Faktor "historischer De-facto-Nutzungen" wird somit in das Zuteilungskonzept integriert; gleichzeitig impliziert diese Integration den Ausschluß der Berücksichtigung natürlicher Faktoren bei der Wasserzuteilung. Umverteilt wird auf der alleinigen Basis historischer Nutzungen, ohne daß natürliche Faktoren die Umverteilung mitbestimmen würden. Das heißt, daß Shuval an dieser Stelle seine anfängliche Abwägung, daß weder historische Nutzungen noch natürliche Faktoren Priorität haben sollten, verletzt, indem historische Nutzungen Eingang in das Konzept finden, natürliche Faktoren aber nicht. Dieser Schritt wird nicht begründet, und es gibt auf

Grundlage der anfänglichen Abwägung auf der rechtlichen Ebene auch keine Rechtfertigung hierfür. Anzunehmen ist, daß dieser Schritt politisch-psychologisch begründet werden würde.

Verbunden mit diesem Aspekt ist die Frage nach den Pflichten der Anrainerstaaten. In den "Guidelines for Action" heißt es:

> "In the case where there are more than two entities sharing a water resource and one or more of them cannot meet all of their own present and future MWR and two or more of the other entities can meet their own MWR, then *the degree of liability* of potential donors to assist the water short entity *shall be proportional to the extent of the potential donors' unused water resources and/or to the excess water above the amount needed to meet their own MWR*" (Assaf 1993, S. 19; eigene Hervorhebung).

Das bedeutet, daß sich bei mehreren Anrainern der Grad der Verpflichtung der "Überschußstaaten" zur Umverteilung proportional zu der Menge ihres ungenutzten Wassers und/oder zu dem Ressourcenüberschuß über ihren eigenen MWR's verhält. Somit werden wie bei der Bestimmung der Rechte auch bei der Festlegung der Pflichten die alternativ erhältlichen Ressourcen vollständig berücksichtigt. Nicht aber berücksichtigt werden wiederum natürliche Faktoren, wie z. B. der Anteil des Anrainers an dem Gesamtvolumen der Ressource. Das impliziert, Anrainer eines internationalen Wasserlaufs zu sein, kann für den wasserreicheren Staat zu der Verpflichtung führen, die wasserärmeren Staaten bis zu dem Punkt zu unterstützen, wo auch er nur noch seine Minimalbedürfnisse befriedigen kann, ohne daß er eigene Vorteile aus der Anrainerschaft an der internationalen Ressource zöge.[10] Das Paradoxe an dieser Regelung wird insbesondere für den Libanon deutlich: Dieser ist zwar Anrainer des Jordan-Yarmuk-Systems, nutzt schon heute hieraus kein Wasser und wird nun aufgefordert, künftig zusätzlich die Folgen, die sich auch aus den derzeitigen De-facto-Nutzungen eines geteilten Wasserlaufs ergeben, an dem er selbst kein Anrainer ist (dem Berg-Aquifer), zu unterstützen.

Somit liegt die Problematik dieses Ansatzes zum einen darin, als Ausgangspunkt der Umverteilung die De-facto-Nutzungen zu wählen, zum anderen darin, auch zur Bestimmung von Pflichten alle zusätzlich erhältlichen Ressourcen einzubeziehen. Folge ist, daß nicht mehr zwischen verschiedenen internationalen Flußeinzugsgebieten mit jeweils unterschiedlichen Ak-

---

10 Das Proportionalitätskriterium verdeutlicht sich in Shuvals Illustration: Zur Deckung des jordanisch-palästinensischen Defizits im Jahr 2023 auf der Grundlage der heutigen De-facto-Nutzungen müßte Israel 2 % oder 16 Mio. m^3/a beitragen, der Libanon 41 % oder 326 Mio. m^3/a und Syrien 57 % oder 453 Mio. m^3/a (Shuval 1994, S. 297).

teuren unterschieden werden kann. Eine andere Schwerpunktlegung, z. B. die zusätzliche Berücksichtigung des Anteils am geteilten Wassersystem (natürliche Faktoren) oder die getrennte Behandlung verschiedener Problemfelder, würde eindeutig zu anderen Ergebnissen führen.

5.2.3 Eigener Vorschlag

Im folgenden soll - aufbauend auf den vorangegangenen Vorschlägen - der Versuch unternommen werden, durch eine Hierarchisierung mit anschließender Iteration zu einer weitergehenden Einbeziehung der unterschiedlichen, im Völkerrecht verankerten Faktoren zur Bestimmung einer gerechten Verteilung internationaler Wasserressourcen zu gelangen. Dabei sollen folgende Faktoren in das Konzept integriert werden:

- der gegenwärtige und künftige Wasserbedarf der Anrainerstaaten auf der Basis einer Pro-Kopf-Zuteilung und einer Bevölkerungsprognose;
- die derzeitigen Nutzungen;
- die geologischen, hydrologischen und klimatischen Überschneidungen der einzelnen Staaten mit den geteilten Wasserressourcen (natürliche Faktoren);
- der Zugang zu anderen Ressourcen;
- die Möglichkeit der Kompensation.[11]

Zur Bestimmung der Rechte der Anrainer internationaler Wasserläufe wird folgende Hierarchisierung vorgeschlagen:

I. Jeder Anrainer hat ein Recht auf die Befriedigung seiner Grundbedürfnisse nach Wassernutzung, wobei hierfür 100 + 25 m³ pro Kopf und Jahr (Shuval) als erster Schätzwert angenommen werden. Die Sicherstellung der Befriedigung dieser Grundbedürfnisse nach Wasser auf der Basis der Gleichheit aller Individuen der Staaten eines gemeinsamen Wassereinzugsgebietes hat oberste Priorität.

II. Die Grundbedürfnisse nach Wasser (zunächst geschätzt auf 100 + 25 m³ pro Einwohner und Jahr) werden in der folgenden Reihenfolge gedeckt:
    1. durch die nicht-internationalen Ressourcen innerhalb des Territoriums der einzelnen Staaten;

---

11 Vgl. *Helsinki-Rules*, Art. V, Abschn. 2., außer (g), (i) und (k) in Abschnitt 5.1.2.1.

2. durch die gerechte Verteilung der internationalen Ressourcen mit der geringsten Zahl an Mitanrainern;
3. nach und nach durch die Verteilung der internationalen Ressourcen mit der jeweils höheren Zahl an Mitanrainern.

Durch diese Reihenfolge wird sichergestellt, daß tatsächlich alle erhältlichen Ressourcen berücksichtigt werden, wobei die internationalen Ressourcen mit mehreren Anrainern erst dann beansprucht werden, wenn sich alle anderen Alternativen erschöpft haben. Auf diese Art erkennt das Konzept an, daß unterschiedliche Konflikte in einer Region bestehen können, und bestimmt gleichzeitig das Verhältnis dieser zueinander.

III. Die gerechte Aufteilung der internationalen Ressourcen erfolgt durch die gleichgewichtete Berücksichtigung der gegenwärtigen Nutzungen und der Überschneidung der einzelnen Staatsgrenzen mit den hydrologischen Gegebenheiten. Der Wert für die gegenwärtigen Nutzungen ergibt sich aus dem gegenwärtig genutzten Anteil an dem Gesamtvolumen der internationalen Ressource. Der Wert für die Überschneidung mit den hydrologischen Gegebenheiten ergibt sich aus dem Anteil am klimatischen und hydrogeologischen Geschehen des internationalen Wassersystems. Er wird bestimmt durch die Formel von Zarour und Isaac (Abschnitt 5.2.1).

Die Faktoren "gegenwärtige Nutzungen" und "Überschneidung mit dem klimatischen und hydrologischen Gesamtgeschehen" werden gleichgewichtet, solange kein Grund vorliegt, einen der beiden Faktoren höher als den anderen zu bewerten. In der Literatur ist nachgewiesen, daß israelische Vertreter auf der Berücksichtigung historischer Rechte, palästinensische Repräsentanten dagegen auf der der natürlichen Faktoren bestehen (Elmusa 1993, S. 66 ff.). Historische und gegenwärtige Nutzungen können als Gewohnheitsrechte gelten, die mit bestimmten existierenden Einrichtungen verbunden sind (dabei ist der Status der gegenwärtigen israelischen Nutzungen allerdings nicht unumstritten; siehe oben). Die Berücksichtigung der Überschneidung mit dem hydrologischen Gesamtgeschehen ist für die Bestimmung von Rechten am internationalen Wassereinzugsgebiet und von Pflichten für dieses selbstevident und wird beispielsweise auch für mineralische Ressourcen angewendet. Die Gleichgewichtung wird als pragmatischer Kompromiß angesehen.

Zunächst werden auf dieser Basis sämtliche internationalen Ressourcen verteilt. Die sich für die einzelnen Staaten ergebenden Gesamtanrechte einschließlich der eigenen Ressourcen werden mit dem zuvor ermittelten Grundbedarf auf der Basis der festgelegten Pro-Kopf-Quote verglichen. Ist ein Staat oder sind mehrere Staaten nach dieser Zuteilung noch nicht in der Lage, seine bzw. ihren künftigen Grundbedarf bereitzustellen, so wird mit den Staaten, die hierzu in der Lage sind, eine Verhandlungslösung angestrebt. Dabei ergibt sich im Zweifelsfall der Grad der Verpflichtung von Staaten mit Überschüssen aus dem Überschuß über ihren eigenen, auf Basis der Pro-Kopf-Quote festgelegten Gesamtbedarf (*Proportionalitätsregelung*). Eine solche Regelung läßt zunächst offen, wie die Staaten, die auf der Grundlage gegenwärtiger Nutzungen und der Überschneidung mit den hydrologischen Gegebenheiten noch nicht ihre (wie oben definierten) Grundbedürfnisse decken können, über Verhandlung diese Deckung erreichen können.

Sind alle Staaten zur Befriedigung ihrer Grundbedürfnisse in der Lage, so muß beschlossen werden, ob die erfolgte Zuteilung anerkannt wird. Alternativ könnte eine andere Quantifizierung der Grundbedürfnisse in Betracht gezogen werden. Gleiches muß erfolgen, wenn sich der angenommene Gesamtbedarf sämtlicher Anrainer nicht auf der Grundlage der vorhandenen Wasserressourcen decken läßt. Dies kann iterativ erfolgen.[12]

IV. Werden Gewässer unterschiedlicher Qualität verteilt, so kann über eine finanzielle Kompensation für die Aufbereitung von seiten der Staaten, die die bessere Qualität erhalten, nachgedacht und entschieden werden.

Voraussetzung für eine Zuteilung der internationalen Ressourcen nach diesem Konzept ist - abgesehen von der Bereitschaft zu einer Verhandlungslösung -, daß es zur Einigung über alle relevanten Daten einschließlich der *safe yields* der internen und internationalen Ressourcen sowie der jeweiligen Bevölkerungsprognosen kommt. Ist eine entsprechende Zuteilung erfolgt, sollten die neubestimmten Anrechte der einzelnen Staaten von Anbeginn an gelten, um Nutzungen und Entwicklungen angemessen planen zu

---

12 Ein iteratives Verfahren könnte umgangen werden, indem der gesamte *safe yield* der Region durch die prognostizierte Gesamtbevölkerungszahl geteilt und so eine regionale Pro-Kopf-Quote bestimmt würde. Dabei würde allerdings das Zuteilungsverfahren wesentlich auf diese Quote reduziert, und es wäre noch nicht klar, wer wieviel aus welchen Ressourcen entnehmen könnte. Dies könnte zwar auch nach den Faktoren gegenwärtiger Nutzungen und Überschneidung mit den hydrologischen Gegebenheiten erfolgen, was aber nicht garantieren würde, daß die Rechnung für die einzelnen Ressourcen aufginge. (Beispielsweise könnten Staaten Wasser aus Ressourcen beanspruchen, von denen sie gar keine Anrainer sind.) Diese Probleme werden mit dem oben vorgeschlagenen Verfahren weitgehend umgangen.

können.[13] Des weiteren sollten die Abkommen zeitlich begrenzt werden, so daß bei unerwarteten Entwicklungen Angleichungen möglich wären bzw. zu einem späteren Zeitpunkt eine Bestätigung erfolgen könnte. Der Vorteil eines solchen relativ komplexen Verfahrens liegt darin, daß es die unterschiedlichen Ansprüche und Erwartungen an die Leistung einer Verhandlungslösung in ein einheitliches Konzept integriert und operationalisiert, das somit praktisch umsetzbar wäre.[14]

---

13 Eine Alternative zu einer einmaligen Bevölkerungsprognose wäre die Dynamisierung der Entnahmequoten entsprechend der tatsächlichen Bevölkerungsentwicklung. Allerdings würde dies die Bevölkerungspolitik der Länder in eine zu starke Abhängigkeit von der Wasserfrage bringen und planungshemmend wirken. Dies beträfe auch den Wassersektor selbst.
14 Eine mathematische Darstellung dieses Zuteilungskonzepts ist geplant.

6. Anforderungen an eine nachhaltige Wassernutzung im Jordanbecken

6.1 Das Konzept der nachhaltigen Entwicklung

Das Konzept der nachhaltigen oder auch zukunftsfähigen (Simonis) Entwicklung *(sustainable development)* steht für ein neues planungs- und entwicklungspolitisches Paradigma: Soziale und wirtschaftliche Entwicklung wird nicht mehr losgelöst von Natur, sondern innerhalb eines gesellschaftlichen Verhältnisses zur Natur begriffen.[1] Dem liegt der Gedanke zugrunde, daß gesellschaftliche Entwicklung, verstanden als Verwirklichung wünschenswerter gesellschaftlicher Ziele, wenn sie nachhaltig sein soll, nur möglich ist bei gleichzeitiger Berücksichtigung der Ziele anderer Gesellschaften und des Erhalts der ökologischen Grundlagen.

Das Konzept des *sustainable development* ist erstmals durch den Abschlußbericht der "Weltkommission für Umwelt und Entwicklung" (Brundtland-Bericht) 1987 einer breiten Öffentlichkeit vorgestellt worden. In diesem Bericht heißt es:

> "Zukunftsfähige Entwicklung *(sustainable development)* ist ein Prozeß der Veränderung, in dem die Nutzung der Ressourcen, die Struktur der Investitionen, die Art des technischen Fortschritts und die institutionellen Strukturen in Übereinstimmung gebracht werden müssen mit den zukünftigen und den gegenwärtigen Bedürfnissen" (zit. nach der Übersetzung durch Simonis 1993, S. 5).

Dies bedeutet, die Nutzung von Ressourcen als auch institutionelle Rahmenbedingungen, Techniken und Investitionen derart zu gestalten, daß diese sowohl (globalen) gegenwärtigen als auch zukünftigen Bedürfnissen gerecht

---

1 Hinsichtlich eines gesellschaftlichen Naturverhältnisses gehe ich von folgenden Annahmen aus:
 1. Gesellschaften formieren sich notwendigerweise in Abgrenzung zu dem, was als "Natur" bezeichnet wird.
 2. "Natur" ist dabei nichts Gegebenes, sondern wird von historisch kontingenten Gesellschaften als solche bestimmt.
 3. In letzter Zeit wird die "Rückkopplung" gesellschaftlicher Entwicklung auf die Umwelt/"Natur" verstärkt erkannt. Das gesellschaftliche Verhältnis zur Natur erweist sich somit als gegenseitiges Abhängigkeitsverhältnis.
 4. Aufgrund fehlenden besseren Wissens muß davon ausgegangen werden, daß der Erhalt der bisherigen "natürlichen" Bedingungen Voraussetzung für das Überleben der Menschheit ist.

werden. Damit wird Entwicklung als Ziel nicht aufgegeben, sondern es werden wichtige Zusammenhänge neu akzentuiert. Dies betrifft insbesondere die Zusammenhänge zwischen:

- Entwicklung und Umwelt;
- Industrie- und Entwicklungsländern (synchronische oder intragenerationelle Solidarität);
- gegenwärtigen und zukünftigen Generationen (diachronische oder intergenerationelle Solidarität) (Harborth 1993).

Alle drei Aspekte stehen in einem engen Zusammenhang mit ökonomischen Aktivitäten und folglich auch mit der Nutzung natürlicher Ressourcen. Insofern wird das Problem der Ressourcennutzung zu einer der zentralen Fragen im Blick auf eine nachhaltige Entwicklung. Dies betrifft sowohl erneuerbare und nicht-erneuerbare natürliche Ressourcen als auch die Assimilationsfähigkeit der natürlichen Umwelt.

Goodland und Daly haben die Grundgedanken der Ressourcennutzung in zwei Input-Regeln und einer Output-Regel formuliert:

Input-Regel 1:

"Die Entnahme *(harvest rate)* erneuerbarer Ressourcen sollte im Rahmen ihrer Erneuerungsfähigkeit oder der Grenzen des sie hervorbringenden natürlichen Systems liegen."

Input-Regel 2:

"Die Ausbeutung *(depletion rate)* nicht erneuerbarer Ressourcen sollte der Entwicklung erneuerbarer Substitute durch menschlichen Erfindungsgeist und Investitionen entsprechen."

Output-Regel:

"Schadstoffemissionen sollten im Rahmen der Aufnahmefähigkeit der Umwelt liegen, ohne deren zukünftige Aufnahmefähigkeit oder andere wichtige Funktionen unangemessen zu schädigen" (zit. nach Schiffler 1993, S. 4).

Folgt man diesen Regeln, so ergibt sich beim Zurückgriff auf natürliche, erneuerbare Ressourcen die Notwendigkeit, diese nicht über deren Erneuerungsrate hinaus zu nutzen, um künftige Handlungsmöglichkeiten nicht einzuschränken. Werden hingegen nicht-erneuerbare Ressourcen genutzt, so müssen im gleichen Maße erneuerbare Substitute entwickelt werden, um dem Gedanken intergenerationeller Gerechtigkeit gerecht zu werden. Techniken zur Herstellung erneuerbarer Substitute werden *backstop-technologies* genannt (Endres/Querner 1993). Ein weiterer Vorschlag besteht in der Einrichtung intergenerationeller Fonds zur Finanzierung der Entwicklung solcher *backstop-technologies* (Schiffler 1993). Zudem wird bei Befolgung dieser Regeln deutlich, daß nicht nur bestimmte entnehmbare, natürliche Ressourcen verknappen, sondern auch die Aufnahme- und Assimilationsfähigkeit der natürlichen Umwelt (*carrying capacity*) sich hinsichtlich bestimmter menschlicher Emissionen erschöpfen kann, in dem Sinne, daß bestimmte ökologische Funktionen zerstört werden oder die menschliche Handlungsgrundlage durch Belastungen beeinträchtigt wird.

Mit diesen Regeln zur Ressourcennutzung und Emissionsbetrachtung werden somit Handlungsziele unter der Prämisse formuliert, gegebene ökologische Gleichgewichte im Interesse der Menschheit aufrechtzuerhalten. Dies heißt aber weder, daß sich "natürliche" Grenzen des Handelns notwendigerweise objektiv bestimmen ließen, noch daß "die Natur diese setze". Zum einen ist es immer der Mensch, der Grenzen formuliert. Zum anderen stellt sich die Frage nach einem Kriterium dafür, wann ein ökologisches System "aus dem Gleichgewicht gerät". Es lassen sich dabei lediglich Schwellenwerte annähern, ab denen sich betrachtete Gleichgewichtszustände verändern. Insofern ist es sinnvoll, zur Operationalisierung obiger Normen in bestimmten Kontexten konkrete Grenzen nach bestem Wissen zu formulieren, wobei die Erkenntnisse der Ökologie, der Ökotoxikologie und anderer Wissenschaften hilfreich sein können. Letztlich müssen Zukunftsszenarien aber ohne letzte, wissenschaftlich gesicherte Erkenntnis politisch abgewogen werden.

Unter Berücksichtigung der hergestellten Zusammenhänge impliziert das Konzept der nachhaltigen Entwicklung, daß bei der Nutzung internationaler Wasserressourcen sowohl eine synchronische als auch eine diachronische Verteilungsgerechtigkeit angestrebt werden muß:

1. Die Nutzungen müßten derart gestaltet sein, daß die gegenwärtigen Bedürfnisse aller potentiell Betroffenen berücksichtigt und die Nutzungen von allen Beteiligten als gerecht aufgefaßt werden *(synchronische Solidarität)*. Nachhaltige Entwicklung kann in diesem Zusammenhang als "Konfliktvermeidungsstrategie" verstanden werden (Klötzli 1992, S. 1; eigene Übersetzung).

2. Die Nutzungen müßten die Möglichkeit zur Befriedigung der Bedürfnisse künftiger Generationen aufrechterhalten *(diachronische Solidarität)*. Das bedeutet erstens, die natürlichen Wasserressourcen und ihre Aufnahmekapazität zu wahren, und zweitens, Techniken sowie Institutionen zu entwickeln, die auch langfristige Nutzungen ermöglichen und aufrechterhalten.

Die Fragen einer gerechten Wassernutzung (im synchronischen Sinne) und die einer nachhaltigen Wassernutzung (im diachronischen Sinne) weisen nicht nur auf zwei verschiedene Planungsebenen, sondern auch auf einen möglichen Konflikt zwischen diesen beiden Ebenen hin, worauf im folgenden zu achten sein wird.

Das Konzept des *sustainable development* liefert also Grundsätze für die Entnahme von Wasser aus Ressourcen und deren Schadstoffaufnahmekapazität. Weitgehende Einigkeit mag über die Notwendigkeit bestehen, Wasserressourcen nicht über die Rate ihrer Erneuerungsfähigkeit *(safe yield)* hinaus zu fördern. Hierbei können aber z. B. Interpretationsunterschiede darüber herrschen, ob sich Defizite aufgrund schwankender klimatischer Bedingungen im langjährigen Mittel ausgleichen oder ob die jeweiligen Entnahmen dem aktuellen *safe yield* anzupassen sind. Was aber bedeutet Input-Regel Nr. 1 konkret? Werden beispielsweise Flußeinzugsgebiete durch Ferntransporte großer Wassermengen in andere Wassersysteme in ihrer Erneuerungsfähigkeit geschädigt? Wie ist die Rückwirkung der Ausbeutung fossiler, nicht-erneuerbarer Wasserressourcen auf die bestehenden sich erneuernden Systeme - auch wenn *backstop-technologies* entwickelt oder intergenerationelle Fonds eingerichtet werden (Input-Regel Nr. 2)? Welchen Grades der Abwasseraufbereitung bedarf es bei gegebenen klimatischen Bedingungen (Output-Regel)?

Diese Fragen lassen sich aufgrund der verschiedenen Interessen unterschiedlicher gesellschaftlicher Subsysteme nicht eindeutig oder ein für allemal beantworten. Aber das Konzept der Nachhaltigkeit kann die Problembereiche bei Ressourcennutzungen aufzeigen, woraufhin Abwägungen unter Berücksichtigung der unterschiedlichen Interessengruppen vorgenommen werden können und sollten, unabhängig davon, ob diese bereits eine Vertretung haben oder (noch) nicht. Hier stellt sich letztlich die Frage nach den Institutionen, die dazu in der Lage wären.

6.2 Elemente einer nachhaltigen Wassernutzung im Jordanbecken

In einer Region, in der bei steigender Nachfrage keine zusätzlichen konventionellen Wasserressourcen mehr erschlossen werden können und sich die Güte der gegebenen Ressourcen dahingehend verschlechtert, daß die förderbare Frischwassermenge in den nächsten dreißig Jahren möglicherweise um 17 % abnimmt (Assaf et al. 1993, S. 38), scheint eine nachhaltige Wassernutzung unumgänglich. Auf der Basis der Brundtland-Definition stellt sich somit die Frage nach der künftigen Art der Ressourcennutzung sowie der Verfügbarmachung von Techniken und der Ausgestaltung der Institutionen mit dem Ziel, dieses sich abzeichnende Defizit zu überbrücken.

Wählt man als Ausgangspunkt zur Entwicklung möglicher wasserwirtschaftlicher Strategien die zentrale Frage nach der bereitzustellenden Wasserquantität und -qualität, so läßt sich sowohl das Problem der Quantität (1) als auch das der Qualität (2) von je zwei verschiedenen Seiten angehen (vgl. Oodit/Simonis 1993):

1. Dem Problem einer quantitativ steigenden Nachfrage kann zum einen durch eine Ausweitung des Dargebots *(supply-side management)*, zum anderen durch eine Veränderung der Nachfrage *(demand-side management)* begegnet werden. Dabei stellt die Ausweitung des Wasserdargebots den traditionellen Weg der Wasserwirtschaft dar, der generell möglich ist, sich aber dann als problematisch erweist, wenn die Verfügbarmachung weiterer Wasserressourcen mit erheblichem technischen und finanziellen Aufwand verbunden ist, also keine konventionellen Wasserressourcen mehr zur Verfügung stehen. In einer solchen Situation stellt sich die Frage, inwiefern eine Dargebotsausweitung tatsächlich sinnvoll ist, oder ob sich durch effizientere Nutzungen nicht die Nachfrage selbst reduzieren ließe. Ziel der Nachfragesteuerung wäre es, Mechanismen und Techniken zu entwickeln, die die Effizienz der Wassernutzung steigern, ohne die Nutzungen bzw. den Nutzen selbst einzuschränken. Wenn, umgekehrt, die Möglichkeiten der Nachfragesteuerung zu gering sind, wird es außerdem nötig sein, die Möglichkeiten zur Dargebotsausweitung zu erweitern.

Da im konkreten Fall des Jordanbeckens die konventionelle Möglichkeit einer bloßen zusätzlichen Wasserentnahme und -aufbereitung weitgehend entfällt, wird es vor allem darum gehen, auf nichtkonventionelle Wasserressourcen - solche, die erst technisch "hergestellt" werden müssen - bzw. auf die Mehrfachnutzung zurückzugreifen. Die im folgenden vorgestellten Techniken unterscheiden sich stark in ihrem Potential, ihren Kosten, der Reichweite ihrer Wirkung, ihren Auswirkungen auf die Umwelt und in ihren politischen Implikationen. Eine genaue Abschätzung all dieser Faktoren kann im Rahmen dieser Arbeit nicht erfolgen. Dennoch erscheint es gerechtfertigt, alle relevanten Aspekte zusammenzutragen, um eine Perspektive hinsichtlich der Zukunftsfähigkeit der einzelnen Lösungen zu entwickeln.

2. Des weiteren kann das Quantitätsproblem nicht losgelöst von der Frage der Wasserqualität betrachtet werden. Insofern stellt der Schutz der Wasserressourcen die notwendige Voraussetzung für eine nachhaltige Wassernutzung dar. Der Schutz der Ressourcen kann die Aufrechterhaltung des erneuerbaren Potentials, einen bewußten Umgang mit nicht-erneuerbaren (meist fossilen) Ressourcen, einen integrierten Schutz der Gewässergüte und den Erhalt aquatischer Ökosysteme umfassen. Was dies im einzelnen für das Jordanbecken bedeutet, wird im Rahmen dieser Arbeit nur angedeutet werden können, wird aber insbesondere in Hinblick auf ein gemeinsames Gewässermanagement der betroffenen Anrainerstaaten in Zukunft ohne Zweifel eine wichtige Frage darstellen. Neben dem Ressourcenschutz kann dem Qualitätsproblem durch den gezielten Einsatz unterschiedlicher Wasserqualität für spezifische Nutzungen Rechnung getragen werden. Gerade vor dem Hintergrund steigender Kosten einer immer aufwendiger werdenden Wasseraufbereitung empfiehlt es sich, Ressourcen mit Trinkwasserqualität gezielt für hochwertige Nutzungen, Ressourcen geringerer Qualität für weniger anspruchsvolle Nutzungen einzusetzen. Dieser Gedanke schlägt sich unter anderem im Konzept der Mehrfachnutzung nieder.

Neben der Wahl von Techniken kann eine Umgestaltung der Institutionen auf regionaler, nationaler und kommunaler Ebene unter Partizipation der betroffenen Nutzergruppen *(capacity building)* den notwendigen Rahmen einer nachhaltigen Wassernutzung bieten. Daher soll im folgenden im Zusammenhang mit den einzelnen Möglichkeiten zur Ausweitung des Dargebots und zur Nachfragesteuerung immer wieder nach geeigneten institutionellen Arrangements gefragt werden, die solche Maßnahmen unterstützen können.

Es können somit vier "Elemente" einer nachhaltigen Wassernutzung für das Jordanbecken unterschieden werden:

- Ausweitung des Wasserdargebots;
- Nachfragesteuerung;
- Schutz der Wasserressourcen;
- *capacity building* als Entwicklung institutioneller Regelungen und Förderung menschlicher Fähigkeiten

Grundgedanke ist, daß die gleichzeitige Umsetzung und Berücksichtigung dieser vier Elemente die Basis für einen zukunftsfähigen Umgang mit der knappen Ressource Wasser bieten kann. Nachfolgend sollen daher die technischen und institutionellen Möglichkeiten einer Ausweitung des Dargebots (Abschnitt 6.2.1) und einer Nachfragesteuerung (Abschnitt 6.2.2) für das

Jordanbecken diskutiert werden. Die Fragen des Ressourcenschutzes und nach dem *capacity building* werden implizit angesprochen, jedoch nicht als eigenständige Unterkapitel ausgeführt.

6.2.1 Ausweitung des Wasserdargebots

Zur Dargebotsausweitung können sowohl konventionelle und nichtkonventionelle Techniken eingesetzt werden als auch durch Mehrfachnutzung ein größeres Wasserdargebot geschaffen werden (GITEC 1993).

6.2.1.1 Nutzung konventioneller Techniken

Zu den konventionellen Techniken zählen alle herkömmlichen Methoden zur Ausweitung des Wasserdargebots wie direkte Entnahme von Oberflächen- und Grundwasser, Nutzung von Regenwasser, Bau von Staudämmen, künstliche Grundwasseranreicherung sowie Fernwasserleitungen (GITEC 1993, S. 47 f.). Da in den Staaten des Jordanbeckens die Grenzen der direkten Entnahme von Oberflächen- und Grundwasser erreicht sind, sollen im folgenden die Potentiale der Regenwassersammlung (Abschnitt 6.2.1.1.1), der Flutwasserspeicherung (Abschnitt 6.2.1.1.2) und das von Fernwasserleitungen (Abschnitt 6.2.1.1.3) diskutiert werden. Die künstliche Grundwasseranreicherung wird unter den Punkten "Flutwasserspeicherung" und "Mehrfachnutzung" angesprochen.

6.2.1.1.1 Regenwassersammlung

Die Regenwassersammlung stellt ein menschheitsgeschichtlich sehr altes Verfahren dar und gilt insbesondere für Gegenden als sinnvoll, in denen die jährliche Niederschlagsmenge zwischen 200 und 1 000 mm liegt (GITEC 1993, S. 47). Sie kann für den häuslichen Bedarf, in der Landwirtschaft, aber auch im Siedlungsbau genutzt werden.

Die Regenwasserernte in der Landwirtschaft *(water harvesting[2])* wurde im Jordanbecken traditionell von den Nabatäern im nördlichen Negev bei jährlichen Niederschlagsmengen zwischen 100 und 300 mm betrieben. Für

---

[2] Unter "water harvesting" versteht man die Regenwassersammlung in der Landwirtschaft oder zur Grundwasseranreicherung (Salameh/Bannayan 1993, S. 104).

den Feldbau wurde der Oberflächenabfluß des Winterregens aus 20- bis 30mal größeren Einzugsgebieten als die zugehörigen Felder auf die ca. 0,5 bis 2 Hektar großen Parzellen geleitet. Hierfür wurden kleine Erd- und Steindämme diagonal zum Talgefälle aufgeschichtet, die das abfließende Wasser umleiteten. Sobald der erste Winterregen versickert war, wurden die Pflanzen ausgesäht, so daß sie während ihrer Wachstumsperiode durch die folgenden Regenfälle ausreichend mit Wasser versorgt werden konnten (Clarke 1994, S. 157).

Water harvesting kann somit zur Unterstützung des Regenfeldbaus angewendet werden, wenn sich damit eine aufwendige künstliche Bewässerung vermeiden läßt. Hier wiederum spielen die lokalen Gegebenheiten wie Morphologie, Menge und jahreszeitliche Verteilung der Niederschläge und die Wahl der Anbauprodukte eine große Rolle; interessant ist diese Methode z. B. für Oliven- oder Nußbäume (Schiffler 1993, S. 65). Der Einsatz solcher Methoden setzt allerdings die Akzeptanz seitens der Bauern voraus und hängt somit auch von kulturellen Faktoren ab. Solange entsprechende Methoden für die jeweiligen Gruppen einen sozialen, ökonomischen oder kulturellen Wert besitzen, werden sich beispielsweise auch traditionelle Subsistenzwirtschaften in ariden und semiariden Gebieten aufrechterhalten. Allerdings wird auf der Grundlage der Regenwasserernte nur bedingt die Konkurrenz zur bewässerungsintensiven, hochtechnisierten Exportlandwirtschaft aufrechterhalten werden können. Ihr Einsatz als angepaßte Technologie kann aber lokal von Bedeutung sein und sollte als kostengünstige und arbeitsintensive Alternative in Betracht gezogen werden.

In Jordanien werden derzeit drei Projekte zur Regenwasserernte durchgeführt (Schiffler 1993, S. 65). Wenngleich entsprechende Methoden im Rahmen der Wüstenforschung in Israel getestet worden sind, liegen mir derzeit keine relevanten Angaben über Anwendungen des water *harvesting* in Israel oder den palästinensischen Gebieten vor. Neben der Anwendung von Techniken zur Unterstützung des Regenfeldbaus in den ariden Gebieten, in denen die klimatischen Bedingungen eine ganzjährige Landwirtschaft zulassen, würden die relativ hohen Niederschlagsmengen in den nordwestlichen, semiariden Gebieten grundsätzlich das Betreiben von Landwirtschaft auf der Basis von natürlichen Niederschlägen ermöglichen. Allerdings ist die Landwirtschaft in diesen Regionen jahreszeitlich gebunden, und die Niederschläge treten nicht in der Hauptwachstumsperiode auf; zudem haben diese Regionen weniger fruchtbare Böden.

Die Regenwassersammlung zum häuslichen Bedarf kann dezentral über häusliche Regenwassersammelanlagen oder über zentrale Zisternen kleinerer Gemeinden erfolgen. Sie war traditionell im Mittelmeerraum und in den angrenzenden ariden Gebieten weit verbreitet. Heute kann sie, z. B. in entlegenen Gegenden, eine alternative Wasserversorgung darstellen oder zumindest je nach Niederschlagsmenge und Verdunstungsrate, Größe der Auffangfläche und des Wassertanks bzw. der Zisterne die Brauchwasserversorgung ergänzen.

Regenwasser ist reich an gelöstem Sauerstoff und Kohlendioxid und daher leicht sauer. Wird es in einen geschlossenen unterirdischen Speicher geleitet, kann es sich über Monate halten und einen frischen Geschmack bewahren, sofern geeignetes Speichermaterial gewählt wird (Schulze 1983, S. 23). Oft eignet sich Regenwasser allerdings aufgrund von absorbierten Luftbelastungen nicht als Trinkwasser. Nach westlichen Standards kommt daher insbesondere die Nutzung des Regenwassers als Brauchwasser zur Toilettenspülung, zum Wäschewaschen und zur Gartenbewässerung in Frage (Drewes 1992, S. 81-86).

Die Vorteile der Regenwassernutzung liegen in der Entlastung der konventionellen Wasserversorgung auf der einen, der Kanalisation und Klärwerke auf der anderen Seite, da von bebauten und befestigten Oberflächen abfließendes Regenwasser in der Regel in die Kanalisation gelangt. Hier wäre potentiell eine grundlegende Veränderung der konventionellen Siedlungsplanung denkbar. Insbesondere in ländlichen Gebieten, wo normalerweise größere Auffangflächen pro Einwohner zur Verfügung stehen, kann die Regenwassernutzung die Entnahme der lokalen Ressourcen oder gegebenenfalls Ferntransporte reduzieren.

Die Regenwasserqualität ist, wie gesagt, unter anderem von der lokalen Luftbelastung abhängig, wobei insbesondere Stäube und Verbrennungsrückstände ins Gewicht fallen. Nach langen Trockenheiten ist die Belastung am größten, so daß es sich empfiehlt, die ersten Liter Regenwasser über einen Bypass abzuleiten. Für die Brauchwassernutzung spielen Schadstoffbelastungen eine geringere Rolle, allerdings stellt sich die Frage möglicher bakteriologischer Effekte. Diese können durch die bauliche Ausführung und Wartung der Anlagen weitgehend vermieden werden. Wichtig sind geneigte, glatte Oberflächen, der Rückhalt von grobem Material im Fallrohr, ein geneigter Speicherboden, der Sedimentation zuläßt, die Anbringung der Pumpe sowie die Wahl der Materialien (Schulze 1983).

Die Installation von Regenwassersammelanlagen ist technisch relativ einfach durchführbar, allerdings erfordern sie entsprechende Investitionen. Der wirtschaftliche Anreiz hierzu könnte beispielsweise durch progressiv gestaffelte Preise für Leitungswasser und über eine technische Unterstützung und Beratung der Nutzer erfolgen.

Die Regenwassersammlung war in weiten Teilen Jordaniens verbreitet, wurde aber mit dem Anschluß an die Trinkwasserversorgung weitgehend aufgegeben. Mittlerweile empfiehlt die jordanische Umweltverwaltung, sie zu revitalisieren, wobei Hausbesitzer zur Anlage von Zisternen verpflichtet werden sollen (Schiffler 1993, S. 65). Auch im Westjordanland und Gazastreifen wird Regenwassersammlung betrieben und als Beitrag zur Erhöhung des Wasserdargebots betrachtet.[3] Dort stellt sie derzeit die einzige Möglichkeit zur Ausweitung des Wasserdargebots dar, für die es keiner Genehmigung seitens der Militärbehörden bedarf. Sie wird daher von palästinensischen Nichtregierungsorganisationen entsprechend gefördert.[4] Khatib und Assaf empfehlen den Ausbau der Regenwasserspeicherung von Hausdächern und Treibhäusern als eine Option einer künftigen palästinensischen Wasserwirtschaft. Sie gehen davon aus, daß im (relativ regenreichen) Westjordanland auf einer Fläche von 100 m² bei einem Wirkungsgrad von 80 % jährlich 48 m³ gesammelt werden können (Khatib/Assaf 1993, S. 142). Damit könnte der jährliche häusliche Bedarf einer Einzelperson abgedeckt bzw. ein nicht geringer Beitrag zur Brauchwasserversorgung von Hausgemeinschaften geleistet werden.[5] Über Regenwassersammlung in Israel liegen mir keine relevanten Informationen vor.

Einschätzung

Die Regenwassersammlung stellt ein ökologisch verträgliches Verfahren zur Unterstützung häuslicher und landwirtschaftlicher Nutzungen dar. Sie fällt weniger durch die absolut verfügbar gemachte Menge ins Gewicht, als dadurch, das auftretende Regenwasser lokal direkt verfügbar zu machen, anstatt es in die Kanalisation abfließen zu lassen. Deshalb sollten für Privatpersonen durch Beratung und ökonomische Instrumente wie z. B. progressiv gestaffelte Wasserpreise entsprechende Anreize geschaffen werden.

---

3 Die gegenüber israelischen Angaben um 10 bis 20 Mio. m³/a höheren Ziffern palästinensischer Wasserexperten über den Wasserverbrauch in der Westbank werden zum einen mit der Berücksichtigung von Ost-Jerusalem, zum anderen mit dem Beitrag der Regenwassersammlung erklärt (Shuval 1993, S. 91).
4 A. Rabi von der PHG in einem Gespräch am 28.8.1994.
5 Es sei daran erinnert, daß die Niederschlagsmenge von bis zu 700 mm/a in den bergigen Regionen relativ hoch ist. Beispielsweise liegt die durchschnittliche jährliche Niederschlagsmenge der relativ regenreichen Stadt Hamburg bei 781 mm (Umweltbehörde Hamburg/Wasserwerke GmbH 1991, S. 5). Das Problem ist eher, daß die Niederschläge auf wenige Monate im Jahr konzentriert sind und sich somit vor allem die Speicherfrage stellt.

6.2.1.1.2 Flutwasserspeicherung

Da die Regenfälle im Jordanbecken selten stattfinden, dafür aber stark ausfallen können, kommt es insbesondere im Winter sehr oft zu einem starken Anschwellen der ganzjährigen Flüsse und zu einer Flutung der Wadis. Anstatt das überschüssige Wasser abfließen zu lassen, kann es gestaut, gespeichert und gegebenenfalls weitertransportiert werden. Zur Stauung kommen die verschiedensten Ausführungen von Dämmen in Frage, wobei bereits einfache Erddämme dienlich sein können. Die Speicherung kann oberirdisch in entsprechenden Seen und Talsperren oder unterirdisch in Grundwasserleitern erfolgen. Die Wahl hängt von den jeweiligen Gegebenheiten ab, insbesondere den Bodenverhältnissen, der Geohydrologie und dem Vorhandensein anderer Installationen.

Allgemein läßt sich sagen, daß sich im Jordanbecken insbesondere die Versickerung in grundwasserführende Schichten empfiehlt. Damit werden Verdunstungsverluste vermieden, die Grundwasserspiegel gehoben und das Wasser beim Durchgang durch den Untergrund gereinigt. Die Versickerung kann als Oberflächenversickerung durch Überstauung wasserdurchlässiger Flächen oder als Untergrundversickerung über Infiltrationsbrunnen ("Schluckbrunnen") erfolgen. Bei der Überstauung sind Verdunstungsverluste zu berücksichtigen. Die Infiltration über Schluckbrunnen ist relativ teuer. Probleme können dadurch auftreten, daß oberflächig abfließendes Regenwasser oft stark verschmutzt ist, so daß es zu Verstopfungen und Verschlammungen der ober- und unterirdischen Speicher kommen kann. Daher muß gegebenenfalls der Speicherung eine Sedimentation vorgeschaltet werden. Hierdurch können gleichzeitig an Feststoffe adsorbierte Schadstoffe wie Metalle, Pestizide, Nährstoffe und pathogene Keime abgetrennt werden. Bei der Planung von Flutwasserspeicherung in entlegenen Gebieten müssen auch die notwendigen Transporte berücksichtigt werden. Die Hebung von Grundwasserständen scheint immer dann sinnvoll, wenn diese mit genutzten, grundwasserführenden Schichten verbunden sind.

Israel nutzt die Flutwasser des Jordan-Oberlaufs und anderer Flüsse, indem diese zur Grundwasseranreicherung überförderter Aquifere verwendet werden, wie beispielsweise bei der Verrieselung von ca. 100 bis 130 Mio. m^3/a in den Sanddünen der Shikma und Nahalei-Menashe-Becken am Küsten-Aquifer (Shevah/Kohen 1993, S. 8; Mekorot 1987, S. 23). Im Je'ezrel-Tal wird behandeltes Abwasser und Flutwasser in einen gemeinsamen Speichersee geleitet. Die größten Oberflächenspeicher mit einer Gesamtkapazität von 40 Mio. m^3/a befinden sich bei Bet-She'an, wobei in den Speichern gleichzeitig Aquakultur betrieben wird (Collins 1994b, S. 13). Zusätzlich werden die westlich fließenden Wadis der Westbank mit einem Aufkommen von ca. 20 Mio. m³/a verrieselt. Nicht genutzt werden bisher die Wadis in der östlichen Wasserscheide im Westjordanland mit einem Potential von 30 bis 40 Mio. m³/a. Eventuell stellen diese eine Möglichkeit für künftige palästinensische Nutzungen dar (Elmusa 1993, S. 61). Die Kosten der Flutwasserspeicherung werden auf bis zu 1 US-Dollar/m³ geschätzt.[6]

Jordanien plant den Ausbau mittelgroßer und kleinerer Dämme im Jordantal, in Mujib, 60 km südlich von Amman, aber auch in den entlegeneren östlichen Seitenwadis des Jordantals. Die größeren Projekte sind jedoch umstritten, einerseits aufgrund ihrer hohen Investitionskosten, andererseits aufgrund ökologischer Unsicherheiten und möglicher sozialer Konflikte. Zusätzlich ist der Salzgehalt der in Frage kommenden Wässer zum Teil relativ hoch. Nach Salameh würde der Wasserpreis unter Berücksichtigung der Konstruktionskosten bis zu 3,8 US-Dollar/m³ betragen (Salameh/Bannayan 1993, S. 104). Insgesamt wird das Potential des *water harvesting*, Landwirtschaft und Grundwasseranreicherung umfassend, in Jordanien auf ca. 30 Mio. m³/a geschätzt (ebenda). Das bedeutet für alle drei Länder ein zusätzliches Gesamtpotential von ca. 70 Mio. m³/a. Würde auf der Basis von Shuvals Konzept der "Minimal Water Requirements" ein regionales Gesamtdefizit von 545 Mio. m³/a zugrunde gelegt (vgl. Abschnitt 5.2.2), so entspräche das etwa 13 % dieses Defizits.

Einschätzung

Flutwasser kann im Jordanbecken zur (notwendigen) Hebung der Grundwasserstände beitragen, doch muß dem in der Regel eine Sedimentation vorausgehen. Außerdem besteht die Möglichkeit der Oberflächenspeicherung. Die Kosten variieren stark. Bei dem Bau von größeren Dämmen sind ökologische und sozioökonomische Folgen zu berücksichtigen. Dies würde auch für die letzte noch offene große Talsperre in der Region gelten, den Al-Wahda/Unity-Damm am Yarmuk, wenngleich hier von einer reinen Flutwasserspeicherung nicht mehr die Rede sein kann.

6.2.1.1.3 Fernwasserleitungen

Die Möglichkeit, das Wasserdargebot der Region durch Wasserimporte aus wasserreichen Staaten zu vergrößern, ist bereits lange und in verschieden-

---
6 Dr. Homberg von Tahal in einem Gespräch am 24.8.1994.

sten Varianten in der Diskussion, ohne daß es zu einer entsprechenden Umsetzung gekommen wäre. Im Mittelpunkt des Interesses stehen der Nil, die südlibanesischen Flüsse Litani und Awali, der Euphrat sowie verschiedene Möglichkeiten eines Wasserimports aus der Türkei ("Friedenspipeline"). Zu den möglichen Zielorten eines solchen Wassertransfers gehören der beanspruchte Küsten-Aquifer im Gazastreifen, der Hasbani mit Speicherung im See Genezareth, der geplante Al-Wahda/Unity-Damm am Yarmuk sowie ein möglicher West-Ghor-Kanal und die jordanische Hauptstadt Amman.

Im folgenden soll auf die Vorschläge, die in einem entprechenden Konsenspapier zwischen israelischen und palästinensischen Wasserexperten des IPCRI (1993) vorgestellt worden sind, eingegangen werden. Die Berechnungen von Distanzen, Investitionskosten und Kosten pro Einheit Wasser verschiedener Verbindungen für einen Transport von 100 Mio. m³/a bei Zinssätzen von 6 % bzw. 12 % gehen auf E. Kally (1993) zurück. Dabei handelt es sich bis auf einen Vorschlag um den Wassertransport in geschlossenen Pipelines.

Tabelle 6.1: Kosten möglicher interregionaler Fernleitungsprojekte

Projekt Pipeline	Entfernung km	Investitionskosten für 100 Mio. m³/a Mio. US $ - 12 %	Kosten pro Einheit Wasser US $/m³ - 6 %
Litani-Hasbani	8	7	0,03
Awali-Hasbani	40	35	0,11
Nil-Gaza (offener Kanal)	390	?	0,19
Litani-Westbank	140	122	0,27
Ghor-Westbank	40	35	0,31
Awali-Westbank	180	157	0,36
Nil-Gaza	390	339	0,38
Euphrat-Yarmuk	485	422	0,39
Euphrat-Westbank/Amman	580	505	0,68

Quelle: Assaf et al. (1993, S. 54; gekürzt, übersetzt und umsortiert).

Zu den in Tabelle 6.1 aufgeführten Kosten sind folgende Anmerkungen zu machen:

- Angegeben sind die minimalen Kosten pro Einheit; diese steigen entsprechend mit dem zugrundegelegten Zinsatz, nehmen aber bei höheren Gesamtmengen etwas ab.
- Kosten und Einnahmen aus dem eventuellen Kauf des Wassers in den Herkunftsländern sind nicht enthalten.

- Für Aufbereitung und Speicherung ist zusätzlich mit 5 bis 20 Cents/m^3 zu rechnen (Kally 1993, S. 180).
- Weitere Kosten entstehen durch Transport von den Speichern zu den Verbrauchern.

Die Kosten können im Einzelfall somit bis zu 50 Cents/m^3 über den genannten Werten liegen.

Aus diesen Ergebnissen werden in der IPCRI-Studie folgende Schlußfolgerungen gezogen: Unter der Annahme, daß die maximalen Wasserkosten, die in der Landwirtschaft ohne Subventionen getragen werden können, bei 25 Cents/m^3 liegen, kämen nur die Umleitungsprojekte der südlibanesischen Flüsse zum Hasbani oder ein offener Kanal vom Nil zum Gazastreifen für allgemeine Nutzungen in Frage (Assaf et al. 1993, S. 56). Da der städtische Verbrauch eine größere Inelastizität aufweist (in Jerusalem und Bethlehem wurde 1993 für Wasser guter Qualität bereits 1 US-Dollar/m^3 gezahlt), kämen die übrigen Optionen ausschließlich für städtischen Verbrauch in Frage. Hier allerdings lohnt ein Vergleich mit den Kosten der Meerwasserentsalzung (0,8 bis 1,25 US-Dollar/m^3) (Assaf et al. 1993, S. 56 f.).

Als Alternative zu den hohen Kosten, die eine Umleitung des Euphrats mit sich bringen würde, wird in der IPCRI-Studie eine "Water Exchange Option" vorgeschlagen: Israelis, Jordanier und Palästinenser kaufen gemeinsam von der Türkei Euphrat-Wasser (z. B. 300 Mio. m^3/a), das in den syrischen Euphrat-Staudamm abfließt. Syrien hingegen verzichtet auf die Nutzung von 200 Mio. m^3/a am Yarmuk-Oberlauf. Der Unity-Damm am Yarmuk wird gebaut, so daß das zusätzliche Wasser Jordaniern und Palästinensern, die erzeugte elektrische Energie aber Syrien zugute kommt. Die internationale Gemeinschaft finanziert den Wassertransport innerhalb von Syrien vom wasserreichen Norden in den wasserarmen Süden, wobei die zu errichtenden Fernwasserleitungen keine Grenzen überschreiten würden. Alle Beteiligten würden "gewinnen", und es wäre kein Nullsummenspiel. Dieser Vorschlag appelliert an die Nachbarländer, sich an einer regionalen Lösung zu beteiligen, sowie an die internationale Gemeinschaft, "ihren Beitrag" zum Frieden im Nahen Osten zu leisten (Assaf et al. 1993, S. 57-59).

Grundsätzlich können folgende Anmerkungen zu der "politischen Dimension" der vorgeschlagenen Projekte gemacht werden:

1. Zum einen stoßen die Vorschläge eines regionalen Wasseraustauschs bislang auf jeweils spezifische Probleme in den potentiellen "Wasser-Geberländern". Die Idee, Nilwasser etwa 390 km über El-Arish im Sinai in den Gazastreifen oder den Negev zu leiten, geht auf einen Vor-

schlag des ägyptischen Präsidenten Saddat im Jahr 1979 zurück. Heute dürfte ein solches Projekt auf den Protest der Nil-Oberlieger stoßen und dadurch begrenzt werden, daß Ägypten bei steigendem Bevölkerungswachstum mittlerweile zunehmend selbst sein erneuerbares Potential nutzt. Da Ägypten aber ein nicht unerhebliches Wassersparpotential besitzt, könnte unter Umständen Wasser im Austausch gegen eine Bereitstellung entsprechender Spartechniken geliefert werden (Wolf 1993, S. 15). Allerdings sollte aufgrund der zu erwartenden Verdunstungsverluste auf einen offenen Kanal verzichtet werden.

Der Export von Litani- oder Awali-Wasser stößt bislang auf die strikte Weigerung der libanesischen Regierung, die damit rechnet, daß der Libanon seine Wasserressourcen für die eigene Entwicklung benötigt. Zudem hält der Libanon an der Wasserkrafterzeugung an der Qirawn-Talsperre fest.

In Hinblick auf den Euphrat sind die Probleme ähnlich schwierig gelagert. Auch ohne Umleitungen dürfte derzeit kein Abkommen zwischen der Türkei und Syrien über die Durchflußmengen zustande kommen. Hier wären die entsprechenden Zusammenhänge mit dem Südost-Anatolien-Projekt und der türkischen Kurden-Politik zu berücksichtigen.

2. Des weiteren sollte die Umsetzung eines regionalen Wassertransfers von seiten der internationalen Staatengemeinschaft an die Bedingung gekoppelt werden, zunächst eine von allen Anrainerstaaten als "gerecht" empfundene Verhandlungslösung über die gemeinsamen Wasserressourcen anzustreben, bevor zusätzliche Wasserimporte realisiert werden. So kann eine gerechte Verteilung der vorhandenen natürlichen Wasserressourcen gewährleistet werden. Daß die Aussicht auf ein künftig vergrößertes Gesamtvolumen einer Verhandlungslösung dienlich wäre und dies auch entsprechend langfristiger Planungen bedürfte, steht außer Frage.

3. Abgesehen von ökonomischen Nutzen und Kosten und politischen Einwänden, wären auch die ökologischen Folgen entsprechender Transferprojekte zu berücksichtigen, wie hydrologische und klimatische Schäden in den ursprünglichen Flußeinzugsgebieten sowie Eingriffe in die Landschaft. Das Ausmaß solcher ökologischen Folgen wird stark davon abhängen, welcher Anteil des Wasseraufkommens des ursprünglichen Wassereinzugsgebiets in andere Wassereinzugsgebiete umgeleitet wird. Dabei stellt sich für die zukünftige Wasserwirtschaft im Nahen Osten die Frage, inwiefern in der großräumigen wasserwirtschaftlichen Planung das Leitmodell einer Wasserwirtschaft auf der Ebene von Flußeinzugsgebieten eine Rolle spielen könnte. Nur so wäre auch die ökologi-

sche und hydrologische Nachhaltigkeit der Lösungen garantiert. Der Aspekt der Irreversibilität von Umleitungsprojekten kann beispielsweise bei der Entscheidung zwischen Fernwassertransporten und Entsalzungsprojekten eine Rolle spielen.

Neben den oben vorgestellten Projekten taucht immer wieder der Vorschlag einer sogenannten "Peace-Pipeline" des ehemaligen türkischen Präsidenten Özal auf. Für Investitionskosten von etwa 20 Mrd. US-Dollar soll eine Pipeline mit einem Potential von 1 200 Mio. m^3/a durch den gesamten Nahen Osten bis Saudi-Arabien errichtet werden. Umgeleitet würden die Flüsse Seyhan und Ceyhan, die nahe der syrischen Grenze ins Mittelmeer münden. Dieser Plan scheiterte zunächst an der Weigerung der meisten arabischen Staaten, gleichzeitig mit Israel an einem 1991 einberufenen "Wassergipfel" in Istanbul teilzunehmen, und wurde auch auf der letzten multilateralen Wasserkonferenz in Maskat im April 1994 verworfen.

> "The Turkish Peace Pipeline scheme has been turned down by the Gulf states on grounds of cost and security risks. Although a Turkish delegate said the proposal was still in offer because studies had found it feasible, participants at the Muscat talks concentrated instead on less ambitious but more immediately achieveable alternatives" (Feuilherade 1994, S. 33).

Unter den Staaten des Jordanbeckens wurden Fernwassertransporte bisher vor allem von israelischer Seite befürwortet. Mit der IPCRI-Studie liegt nun ein auf wissenschaftlicher Basis in israelisch-palästinensischer Zusammenarbeit entstandener Plan vor. Doch verweisen die palästinensischen Mitautoren in ihrem Bericht über "Palestinian Water Supplies and Demands" im Anhang der Studie auf die hohen politischen und ökonomischen Kosten dieser Möglichkeiten:

> "Some projects which currently have uncertainties and projected high cost can only be justified in the future if they become politically and economically feasible. Such projects include brackish or sea water desalination and transfer of water from outside the region" (Khatib/Assaf 1993, S. 144).

Einschätzung

Die Auseinandersetzung um mögliche transnationale Fernwassertransporte hat in der Vergangenheit vor allem auf der Ebene hydropolitischen Taktierens stattgefunden, wobei es aber gerade politische Motive und Sicherheitsbedenken waren, die eine Realisation verhinderten. Künftig könnte hingegen eine regionale Kooperation durchaus der Stabilität in der Region förderlich sein. Allerdings können Fernwasserleitungen vom ökologischen Standpunkt her nicht ohne weiteres als nachhaltig gelten, und es stellt sich die Frage, ob die hohen Kosten in Kauf genommen werden sollten oder ob sich nicht andere Lösungen anbieten. Tatsächlich wurde auf der 5. Multilateralen Konferenz über Wasser in Maskat, Oman, im April 1994 Abstand von dem technischen Großprojekt der türkischen Friedenspipeline genommen. Der Alternativvorschlag der "Water Exchange Option" könnte unter Umständen als Kompromiß betrachtet werden. Im Grunde redet in der Region zur Zeit niemand mehr ernsthaft über internationale Fernwassertransporte über Land; wenn, dann kommen Transporte über See in Betracht.

6.2.1.2 Nutzung nichtkonventioneller Techniken

Unter nichtkonventionellen Techniken können insbesondere die Brack- und Meerwasserentsalzung (Abschnitt 6.2.1.2.1), die Wetterbeeinflussung durch Wolkenbeimpfung (Abschnitt 6.2.1.2.2) sowie der Transport von Süßwasser über die Meere (Abschnitt 6.2.1.2.3) gezählt werden.

6.2.1.2.1 Entsalzung

Die Entsalzung von Brack- und Meerwasser gilt seit etwa 30 Jahren als wichtige Technik für die zusätzliche Erzeugung von Trinkwasser im Jordanbecken, sie wird aber aus Kostengründen bisher nur bei extremen lokalen Bedingungen oder zu Forschungszwecken angewendet. Entsalzungstechniken reduzieren die Konzentration gelöster Salze (TDS - *total dissolved solids*) und lassen sich auf Brack-, Meer- oder Solenwasser sowie als letzte Stufe der Abwasserreinigung einsetzen. Die entsprechenden Salzkonzentrationen liegen bei Brackwasser im Bereich von 1 500 bis 6 000 mg TDS/l, bei Meerwasser bei 20 000 bis 50 000 mg TDS/l und bei Solenwasser über 50 000 mg TDS/l (Gleick 1993, S. 427). Der Trinkwassergrenzwert der WHO liegt bei 1 000 mg TDS/l (WHO 1984). Noch höhere Ansprüche werden an spezielle industrielle Nutzungen, wie Kesselwässer mit weniger als 5 mg TDS/l, gestellt.

Als Verfahrenstypen stehen Destillationsverfahren, Membranverfahren einschließlich der Elektrodialyse sowie Ionenaustausch zur Verfügung, wobei letzterer großtechnisch lediglich in Kombination mit einem der anderen Verfahren in sogenannten Hybridtechniken angewendet wird (Keenan 1992). Eine weitere Möglichkeit zur Entsalzung stellen Gefriertechniken dar.

Bei Destillationsverfahren wird salzhaltiges Wasser unter Zurücklassung der Salze in Dampf überführt und dann wieder kondensiert. Die Änderung des Aggregatzustandes unter Einsatz von thermischer Energie ist energieintensiv. Dabei werden hohe (für die Trinkwassernutzung sogar zu hohe) Reinheitsgrade erreicht, so daß das Destillat im Anschluß mit salzhaltigem Wasser abgemischt wird. In der Praxis wird neben der Multieffekt-Destillation im Großmaßstab vor allem die mehrstufige Entspannungsverdampfung *(multi-stage flash distillation)* angewendet. Eine neuere, weniger energieintensive Technik ist die Dampfdruck- oder Brüdenkompression. Bislang wurden Destillationsverfahren vorzugsweise zur Entsalzung von Wässern hoher Salzkonzentration, vor allem von Meerwasser, eingesetzt.

Membranverfahren beruhen auf dem Prinzip des unterschiedlichen Stoffdurchganges durch selektive Membranen. Bei der Umkehrosmose wird als treibende Kraft von außen ein Druck ausgeübt, um die osmotische Druckdifferenz zu kompensieren und so Osmosevorgang umzukehren. Idealerweise passieren dann nur Wassermoleküle die Membran, und alle anderen Moleküle werden zurückgehalten. Die Umkehrosmose galt bisher als geeignete Methode zur Brackwasserentsalzung. Es handelt sich bei Membranverfahren aber um relativ neue Verfahren, und die Verbesserung von Membranen hat den Einsatzbereich mittlerweile auch auf Meerwasser ausgedehnt. Die Elektrodialyse beruht auf der Abtrennung von Kationen und Anionen durch die Ladungsauftrennung in einem elektrischen Feld und der Passage der Kationen und Anionen durch für sie selektive Membranen. Sie werden für Wässer relativ geringer Salzkonzentration eingesetzt.

Beim Ionenaustausch wird die unterschiedliche Selektivität von Austauscherharzen gegenüber unterschiedlichen Ionen ausgenutzt, um gezielt Ionen zu tauschen. Die Harze müssen nach Erschöpfung ihrer Kapazität regeneriert werden. Da der Einsatz der entsprechenden Regenerationsmittel zu Belastungen führt, ist der großtechnische Einsatz nicht sinnvoll.

Gefriertechniken beruhen auf dem Effekt, daß sich Wasser weitgehend ohne den Einbau von Salzen auskristallisiert. Ein großtechnischer Einsatz ist nicht bekannt.

Die Wahl der im konkreten Fall am besten geeigneten Entsalzungstechnik ist unter anderem von der jeweiligen Rohwasserqualität, der gewünschten Produktqualität und der Wassermenge abhängig. Durch Destillationsverfahren sind grundsätzlich reinere Wässer zu gewinnen. Allerdings läßt sich Trinkwasserqualität inzwischen auch durch Umkehrosmose erzeugen, so daß insbesondere die Art der Energieerzeugung und betriebswirtschaftliche Aspekte, wie die Energiekosten und Kosten anderer Prozeßfaktoren, ins Gewicht fallen.

Wesentlicher Kostenfaktor der Entsalzung ist der Energieverbrauch. Bisher limitieren die Energiepreise die Anwendung der Entsalzung im Großmaßstab. Hinzu kommen bei der Umkehrosmose die Erneuerung der Membranen, Chemikalien zur Vor- und Nachbehandlung sowie generell Verschleißteile. Bei Destillationsprozessen ist der direkte Einsatz thermischer Energie möglich, so daß die Abwärme thermischer Kraftwerke nutzbar und die Entsalzung mit der Energieerzeugung koppelbar ist *(dual purpose plants)*. Alle anderen Verfahren sind auf elektrische Energie angewiesen, wobei der Energieverbrauch der Membranverfahren geringer als der der Destillation ist. Grundsätzlich ist der Einsatz aller bekannten Energieträger möglich.[7] Bisher wurden weltweit bei kommerziellen Anlagen jedoch ausschließlich fossile Energieträger verwendet (Bior 1992, S. 60).

Solare Entsalzung kann sowohl durch den direkten Einsatz von Solarkollektoren als auch durch Nutzung von "Solarstrom" aus Solarzellen erfolgen. Thermische solare Anlagen wurden seit Mitte der achtziger Jahre in verschiedenen ariden Ländern entwickelt und getestet (Balaban 1991, S. 145-246). Dabei werden unter anderem parabolische Kollektoren, Spiegel und Heliostate zur Fokussierung sowie verschiedene Verdampfungsflüssigkeiten verwendet (Gleick 1993, S. 428). Die weltweit größte Solaranlage mit einer Kapazität von 500 m^3/d wird in den Vereinigten Arabischen Emiraten betrieben, wobei Spiegel zur Konzentration von Sonnenlicht angewendet werden (Gleick 1993, S. 70; Zahlen von 1991). Insgesamt scheint die Verwendung der thermischen solaren Entsalzung eher auf kleine Projekte begrenzt. Ein jordanisches Projekt in Aqaba Ende der siebziger Jahre wurde aufgrund einer zu geringen Ausbeute nach zwei Jahren Laufzeit abgebrochen (Schiffler 1993, S. 68 f.). Der Einsatz von Strom aus Solarzellen ist derzeit noch durch die vergleichsweise teuren Zellen limitiert. Interessant wäre ein Vergleich von solarer thermischer Entsalzung und Umkehrosmose unter Einsatz von Photovoltaik. Der Einsatz von Wasserkraft zur Entsalzung wird im Jordanbecken in Hinblick auf die vorgeschlagenen Kanäle vom Mittel- oder Roten Meer zum Toten Meer diskutiert. Es wird daran gedacht, das Gefälle zum Toten Meer von ca. 400 Höhenmetern zur Stromerzeugung zu nutzen.[8] Tatsächlich ist der "Red-Dead-Sea"-Kanal Bestand-

---

7 Atomenergie wird unter anderem aufgrund der unlösbaren Endlagerungsproblematik in dieser Arbeit nicht berücksichtigt. Es sei aber daran erinnert, daß die Konstruktion nuklearer Entsalzungsanlagen im Großmaßstab für die Region in den sechziger Jahren diskutiert worden ist (siehe Abschnitt 3.2).

8 Weitere Vorteile eines Kanals werden in der (allerdings umstrittenen) Wiederauffüllung des Toten Meeres und in der Verwendung des Meerwassers für Aquakultur - und bei entsprechendem Verschnitt mit Süßwasser - in der Landwirtschaft gesehen. Dieses Projekt wäre in einer Umweltverträglichkeitsprüfung auf seine Kosten und

teil der seit Juli 1994 stattfindenden bilateralen Friedensverhandlungen zwischen Israel und Jordanien (FR, 29.7.1994). In Kooperation mit der Weltbank werden beide Seiten eine Machbarkeitsstudie erstellen (The Jerusalem Post, 14.9.1994). Tabelle 6.2 gibt einen Überblick über den Energieverbrauch verschiedener Entsalzungstechniken und die durchschnittlichen Kosten im Mittleren Osten. Der hohe Energieverbrauch muß bereits als Indikator für die "Umweltintensität" dieses Verfahrens betrachtet werden, unabhängig davon, ob auf erschöpfbare oder erneuerbare Energiequellen zurückgegriffen wird. (Auch letztere sind aufgrund ihrer technologischen Voraussetzungen nicht zum "Nulltarif" erhältlich.) Tatsächlich wird der Einsatz der Entsalzungstechniken bisher durch die Preise für Energie limitiert. Zwei Drittel der weltweiten Kapazität an Entsalzungsanlagen befinden sich in den erdölfördernden (und wasserarmen) Ländern der arabischen Halbinsel (Wolf/Ross 1992, S. 949).

Tabelle 6.2: Energiebedarf und Kosten der Entsalzung

Technologie	Energiebedarf Ende der 70er Jahre 10^6 J/m^3	Zukünftiger Energiebedarf 10^6 J/m^3	Kosten der Entsalzung im Mittleren Osten 1984[b] US \$/m^3
MSF, Meerwasser	210[a]	90	1,07-3,00
MSF, Brackwasser			0,95-2,13
RO, Meerwasser	90	25	1,60-2,67
RO, Brackwasser	14[c]	7	0,27-1,60
ED, Meerwasser	150	70	
Gefriertechnik	110	60	

Legende: Multi-Stage-Flash-Destillation; RO: Umkehrosmose; ED: Elektrodialyse
a   Das theoretische Energieminimum zur Entsalzung von Meerwasser liegt bei 2,8 10^6J/m^3.
b   Die Kosten hängen von der Kapazität der Anlage, den Energiekosten, dem Salzgehalt und der Lage der Anlage ab.
c   Glueckstern (1991, S. 52) gibt für die derzeitig in Eilat betriebene RO-Brackwasserentsalzungsanlage einen Energieverbrauch einschließlich Rohwasserzuführung von 2,3 kWh/m^3 an. Das wiederum entspricht 8,28 10^9J/m^3, was immerhin um drei Zehnerpotenzen über dieser Größe liegt, und zeigt, daß zumindest der Energieverbrauch einschließlich Wasserförderung wesentlich höher liegen kann.

Quelle: Gleick (1993, S. 372; 429; vgl. auch mit israelischen Kostenabschätzungen weiter unten.

Nutzen und auf seine hydrologischen, ökologischen und landschaftsästhetischen Folgen zu bewerten. Eine Studie für einen "Red-Dead"-Kanal hat ergeben, daß der Nutzen, der durch den Verkauf des erzeugten Stromes an das israelische Stromnetz erzielt werden könnte, gerade die Kosten des Kanals decken würde (Hochman et al. 1984, in: Berck/Lipow 1994, S. 11).

Des weiteren ist zu berücksichtigen, daß bei der Aufbereitung auch immer ein konzentrierter Abwasserstrom anfällt, der entsorgt werden muß. Bei Einleitung in Gewässer können physikalische und chemische Effekte auftreten, wie thermische Emissionen, erhöhte Salzkonzentration, Schwermetallfrachten sowie Vor- und Nachbehandlungschemikalien wie beispielsweise Phosphate als Anti-Scalingmittel, die das Ausfallen von Salzen an der Membran verhindern sollen. Diese Emissionen können erhebliche Folgen auf die Qualität der Gewässer sowie auf Flora und Fauna haben. Dies gilt insbesondere für die Einleitung in weitgehend abgeschlossene Meeresteile oder für die unkontrollierte Versickerung ins Grundwasser. Beispielsweise weist der Golf von Aqaba bereits unter natürlichen Bedingungen eine gegenüber den Ozeanen erhöhte Salzkonzentration von 4,2 % auf, wobei noch höhere Salzkonzentrationen biologische Prozesse limitieren könnten. Alternativ zur Einleitung wäre eine Entsorgung in Trockenbeeten mit anschließender kontrollierter Deponierung denkbar.

Soll die Nachhaltigkeit der Entsalzungstechniken bewertet werden, so muß man auch ihre Rolle als *backstop-technology* betrachten. In bestimmten Situationen kann diese Technologie sehr wohl die Alternative für den Raubbau an nicht-erneuerbaren fossilen Wasserressourcen darstellen.

Beim Einsatz von Entsalzungstechniken im Großmaßstab sind weitere Aspekte zu berücksichtigen. So ist eine kurzfristige Überbrückung der bereits herrschenden Knappheit nicht möglich, da Planung und Realisation größere Zeiträume beanspruchen. Zum anderen sind erhebliche Investitionsmittel notwendig, die insbesondere Entwicklungsländer wie Jordanien und das künftige Palästina nicht selbst aufbringen können und sie so in Abhängigkeiten geraten lassen. Diese Länder sind auch auf den Import fachlichen Wissens angewiesen, so daß der Einsatz dieser Technik nicht notwendigerweise zur Belebung der inländischen Beschäftigung und Investitionen beiträgt. Andererseits wird in einer Kooperation mit Israel auch eine Chance zur regionalen Entwicklung gesehen. Des weiteren fördert die Produktion großer Kapazitäten einseitiges Konsumverhalten, so daß einerseits eine Abhängigkeit vom technischen Funktionieren entsteht, andererseits die Gefahr besteht, das Potential einer Nachfragesteuerung nicht zu nutzen. Berücksichtigt man schließlich, daß die Landwirtschaft der bedeutendste Wasserkonsument ist, die aber nur während weniger Monate bewässert, müssen entsprechende Vorratshaltungen eingeplant werden.

In Israel beschränkt sich die Anwendung der Umkehrosmosetechnik auf die Entsalzung von Brackwasser in entlegenen Siedlungen im Negev sowie in Eilat am Roten Meer. Insgesamt hat Israel in rund 25 Jahren 33 Anlagen an 23 verschiedenen Orten betrieben (Glueckstern 1991, S. 49). Die alte

Anlage zur Meerwasserentsalzung in Eilat wurde Anfang der achtziger Jahre geschlossen (Bior 1992, S. 60), da die Entsalzung von Brackwasser aufgrund des in etwa zehnfach niedrigeren Salzgehalts kostengünstiger ist. Die jetzige Anlage zur Brackwasserentsalzung hat eine Kapazität von 5,5 Mio. m³/a (Glueckstern 1991, S. 50), soll aber in Zukunft wieder auf Meerwasser ausgedehnt werden, diesmal mit RO-Technik. Die Gesamtkapazität der laufenden Anlagen in Israel betrug im Dezember 1990 ca. 17 000 m³/d bzw. 6,2 Mio. m³/a (ebenda).[9] Die Aufbereitungskosten liegen bei 1 US-Dollar/m³. Somit ist die Nutzung aufgrund prohibitiv hoher Kosten zur Zeit auf den Trinkwasserbereich beschränkt und kommt für landwirtschaftliche und industrielle Zwecke nicht in Frage.[10] Zusätzlich ist die Gesamtkapazität der Brackwasserentsalzung durch die limitierten Brackwasservorkommen begrenzt, so daß die Bedeutung der Brackwasserentsalzung in der Sicherung des lokalen Wasserdargebots liegt.

Nach Glueckstern sollen künftig die reinen Betriebskosten einer 12 500 m³/d-Brackwasser-RO-Anlage bei 0,47 bis 0,64 US-Dollar/m³ liegen[11]; hinsichtlich der gesamten Investitionskosten für die Gewinnung und Aufbereitung von brackigem Grundwasser rechnet er aber weiterhin mit mehr als 1 US-Dollar/m³ (Glueckstern 1991, S. 54). Schätzungen über die Betriebskosten von Meerwasser-RO-Anlagen mit Kapazitäten von 20 000 bzw. 200 000 m³/d (73 Mio. m³/a) belaufen sich auf 0,84 bis 1,07 bzw. 0,64 bis 0,80 US-Dollar/m³ (Glueckstern 1991, S. 56). Auch Kally legt Mindestkosten von 0,80 US-Dollar/m³ für die Meerwasserentsalzung im Großmaßstab zugrunde, wobei zusätzlich mit bis zu 0,35 US-Dollar/m³ für den Transport in entferntere, höher gelegene Orte zu rechnen ist (Assaf et al. 1993, S. 56 f.).

In Jordanien wäre die Entsalzung von Brackwasser mit einem Potential von 70 bis 90 Mio. m³/a im Bereich des Toten Meeres möglich. In anderen Gebieten wird von der Entsalzung brackigen Grundwassers abgeraten, da die salzhaltigeren tiefen Schichten, die Grundwasserschichten mit Frischwasserqualität tragen, bei einer Entnahme das Frischwasser schädigen könnten (Salameh/Bannayan 1993, S. 110 f.). Die Meerwasserentsalzung wird bislang abgelehnt:

---

9 Nach Gleick wurden zum 31. Dezember 1989 in Israel 32 Anlagen mit einer Kapazität von 70 062 m³/d bzw. 25,57 Mio. m³/a betrieben (Gleick 1993, S. 422).

10 Dr. M. Waldmann, Direktorin im israelischen Wissenschaftsministerium, in einem Brief vom 11.4.1994.

11 Dies ist insofern in seinem Papier nicht ganz verständlich, als er für den Energiebedarf 2,3 kWh/m³ und für die kWh mindestens 0,5 US-Dollar angibt, woraus reine Energiekosten von mindestens 1,15 US-Dollar/m³ folgen würden (Glueckstern 1991, S. 52 ff.).

"... the only place to practice sea water desalination in Jordan is Aqaba, where there is absolutely no need for additional water in the coming decades [...] Desalination at Aqaba and pumping the water to other areas in Jordan may cost as much as US$ 3-5/m³, which is a very high price even for the rich ..." (Salameh/Bannayan 1993, S. 111).

Auch die Palästinenser betreiben derzeit keine Entsalzungsanlagen. Im Westjordanland könnten nach Shuval sowohl die Entsalzung von Wasser aus dem Jordan-Unterlauf als auch von Grundwasser des östlichen Aquifers in der Größenordnung von 100 bzw. 58 Mio. m³/a zur Wasserbilanz beitragen (Shuval 1993, S. 108). Allerdings bestehen hinsichtlich der Brack- und Meerwasserentsalzung auf palästinensischer Seite ähnliche Vorbehalte wie gegenüber teuren Wasserimporten. Die Möglichkeit der Entsalzung von brackigem Grundwasser im Gazastreifen wird zudem kritisch beurteilt, da sie neben hohen Kosten für die Bevölkerung sich negativ auf die Grundwasserverhältnisse auswirken könnte:

"Desalination of brackish water would result in a marked improvement in the quality of water used for human consumption, with however a significant increase on the present overdraft. This would cause further deterioration of the aquifer. In addition it would cause doubling of the water charges, which is not affordable by [the] Gaza population" (El-Khoudary 1994, S. 369).

Einschätzung

Entsalzungstechniken ermöglichen unter relativ hohem Energieeinsatz die Herstellung von Trinkwasser aus Brack-, Meer- oder Abwasser. In der untersuchten Region liegt ihre Bedeutung in der lokalen Erzeugung von Trinkwasser aus Brackwasser, unter bestimmten Bedingungen in ihrer Funktion als *backstop-technology* und möglicherweise künftig bei weiterer Verschlechterung der Ressourcenqualität in ihrer Funktion zur Abwasseraufbereitung. Bei der Anwendung in kleinem Maßstab könnte auf Erfahrungen mit solarer thermaler Entsalzung zurückgegriffen werden (Balaban 1991, S. 145-246). Bei der Brackwasserentnahme sind allerdings die möglichen Rückwirkungen auf hydrologische Gleichgewichte in Grundwassersystemen zu berücksichtigen. Zur Entsalzung im Großmaßstab muß auf Meerwasser zurückgegriffen werden, was einen hohen Energieeinsatz erfordert. Dabei besteht die Erwartung, daß technische Großanlagen langfristig zu niedrigeren Kosten möglich sein werden. In der speziellen Situation des Jordanbekkens könnte eine Ausdehnung der Kapazitäten als friedensschaffende Maßnahme eine Rolle spielen, falls dies die psychologische Basis für eine gerechte Verteilung der Nutzungsanteile an den internationalen Wasserressourcen schaffen würde.

6.2.1.2.2 Wolkenbeimpfung

Durch das Einbringen von Silberjodid als Kondensationskeime kann das Abregnen von Wolken künstlich herbeigeführt werden. Der Effekt beruht darauf, daß Silberjodid eine ähnliche Gitterstruktur und -energie aufweist wie Eiskristalle, die als die wichtigsten Auslöser der Tropfenbildung und des Tropfenwachstums (sogenannter Bergeron-Findeisen-Effekt) gelten. Die Schwierigkeit bei der Anwendung künstlicher Keime besteht darin, festzustellen, wie hoch ihr Beitrag zu einer erhöhten Niederschlagsbildung ist, da bei Niederschlag aus natürlichen Wolken nie mit Sicherheit gesagt werden kann, welcher Anteil auf die Impfung zurückgeht und wieviel Niederschlag sich auf natürliche Weise gebildet hätte (Warnecke 1991, S. 151 f.). Der Eintrag von Silberjodid erfolgt entweder von Flugzeugen oder von bodengestützten Generatoren aus.

In Israel haben Experimente im Zeitraum von 1961 bis 1967 zu einem geschätzten Anstieg der Niederschläge in den jeweiligen Untersuchungsgebieten von 15 % und 13 % in der Periode von 1968 bis 1975 geführt. Aufgrund dieser Ergebnisse werden derzeit in Israel routinemäßig solche Impfungen durchgeführt, sofern eine geeignete Wolkenbildung stattfindet (Shevah/Kohen 1993, S. 9). Die Kosten werden auf 0,01 US-Dollar/m^3 geschätzt (Harpaz 1992, S. 59).

In Jordanien wurden zwischen 1986 und 1989 ähnliche Experimente durchgeführt, ohne zu klaren Ergebnissen zu führen (Salameh/Bannayan 1993, S. 111). Die Auswertung solcher Experimente ist umstritten, zum einen aufgrund des fehlenden Nachweises des auslösenden Effekts, zum anderen, weil es wegen der sehr variablen Witterungsverhältnisse kein festes Referenzniveau gibt.

Einschätzung

Grundsätzlich ist umstritten, ob Wolkenbeimpfung zu einer nennenswerten Erhöhung von Niederschlägen führen kann. Zudem kann sie gerade dann am wenigsten angewendet werden, wenn sie am meisten benötigt würde: bei großer Trockenheit. Es ist davon auszugehen, daß die Beimpfung bestenfalls zu einer kleinräumigen Umverteilung des Wasserdargebots führt.

Insofern scheint in Hinblick auf die Problematik der Nutzung internationaler Wasserressourcen eine einseitige nationale Anwendung relativ kurzsichtig, die nicht zur kooperativen Nutzung der gemeinsamen Ressourcen beiträgt. Zu untersuchen wären zudem die Auswirkungen des Eintrags von Silberjodid in die Umwelt.

6.2.1.2.3 Transport von Süßwasser über das Meer: "Medusabags" und Eisberge

Immer wieder wird der Transport von Süßwasser aus wasserreichen in wasserarme Gebiete über See diskutiert. Eine kanadische Firma entwickelt derzeit auftreibende Polyurethan-"Bags" *(Medusabags)*, die im Schlepptau von Schiffen hinterhergezogen werden können und statt der bisherigen 1 000 m^3 künftig 3,5 Mio. m^3 Wasser fassen sollen. Andernorts werden entsprechende modulare Kopplungen mehrerer solcher Bags entwickelt.

Eine britische Firma bietet den Transport von Wasser aus dem türkischen Malavgat-Fluß in den Nahen Osten an, das die türkische Regierung entsprechend ihren Angaben für 0,08 US-Dollar/m^3 verkaufen würde. Die Gesamtkosten werden auf 0,6 bis 0,7 US-Dollar/m^3 geschätzt und lägen damit noch knapp unter denen der Entsalzung von Brackwasser (Scudder/ Wild 1994, S. 13). Andere Autoren geben die reinen Transportkosten mit 0,25 bis 0,35 US-Dollar an (Fishelson 1994, S. 15). Gelobt wird die "Flexibilität" dieses Systems, das je nach Bedarf eingesetzt werden könne - wofür solche Bags allerdings bereits vorhanden und einsatzbereit sein müßten. Ähnlich wie bei Transporten über Land sind bei solchen Maßnahmen die Folgen auf die Herkunftsregion und die politischen Unsicherheiten durch die Abhängigkeit von anderen Staaten zu berücksichtigen.

Eine andere Methode des Süßwassertransports ist der Transport von Eisbergen. Bisher ist allerdings nie der Versuch unternommen worden, das antarktische Schelfeis tatsächlich in andere Breiten zu verschiffen (Clarke 1994, S. 140). Ein entsprechendes saudi-arabisches Projekt schätzt die Kosten auf 0,02 bis 0,85 US-Dollar/m^3 (Gleick 1993, S. 414). Diese nicht unerhebliche Spannweite dürfte Ausdruck der hohen Projektunsicherheit sein.

Einschätzung

Der Transport von Wasser in Kunststoffbehältern über See kann in Einzelfällen eine Alternative zu Pipelines darstellen, falls tatsächlich ein *inter-ba-*

sin-Transfer angestrebt wird. Der Vorteil gegenüber Leitungssystemen liegt in der Reversibilität und Flexibilität. Der Transport von antarktischen Eisbergen scheint eher eine Fiktion zu sein, wenn man die weiten Transportwege und Schmelzverluste berücksichtigt. Zudem widerspricht er den oben genannten Input-Regeln nachhaltigen Wirtschaftens, da Ressourcen über die Erneuerungsrate hinaus abgebaut würden.

6.2.1.3 Mehrfachnutzung

6.2.1.3.1 Abwasserwiederverwendung

Die Reinigung von Abwässern hat nicht nur den Vorteil, daß Gewässer weniger belastet werden, sondern es kann im Anschluß an eine Aufbereitung eine gezielte Wiederverwendung erfolgen. Folgende Anwendungen sind relevant:

- Bewässerungslandwirtschaft bei gleichzeitiger Nutzung der Nährstoffe;
- künstliche Grundwasseranreicherung;
- Nutzung für bestimmte industrielle Zwecke;
- beschränkte Nutzung in Kommunen (z. B. Bewässerung, Straßenreinigung);
- Nutzung in Aquakultur und Erholung.

Durch gezielte Wiederverwendung von Abwässern kann somit das Gesamtdargebot ausgeweitet und Frischwasser in Nutzungen gelenkt werden, in denen Trinkwasserqualität benötigt wird. Die größte Bedeutung kommt in der Untersuchungsregion der Bewässerungslandwirtschaft zu. Die kontrollierte Abwasserwiederverwendung ist von der indirekten Wiederverwendung nach Einleitung in ein Gewässer oder von dem prozeßinternen Abwasserrecycling zu unterscheiden.

Häusliche Abwässer enthalten in der Regel Trübstoffe, organisches Material, pathogene Keime sowie erhöhte Stickstofffrachten, bei industriellen Einleitungen und diffusem Eintrag in die Kanalisation ist zusätzlich mit Schwermetallbelastungen und organischen Schadstoffen zu rechnen. Diese Belastungen können durch verschiedene Reinigungsverfahren unterschiedlich gut eliminiert werden. Im Nahen Osten überwiegen, wenn eine Reinigung erfolgt, einfache Abwasserteiche *(stabilization ponds* und *oxidation ponds)* sowie seltener zwei- oder dreistufige Kläranlagen mit mechanischer und biologischer Reinigungsstufe. Die Wiederverwendung ist zum einen vom Grad der Reinigung abhängig, wobei davon auszugehen ist, daß bei

Mehrfachnutzungen eine Anreicherung von Schadstoffen nicht vollkommen zu vermeiden ist. Daher gilt es die damit verbundenen Probleme zu kennen und den Einsatz zu kontrollieren. Zum anderen stellt die Akzeptanz der Bevölkerung und bei den Anwendern eine notwendige Voraussetzung für eine Wiederverwendung dar. Allerdings scheint die Praxis sowohl in Israel als auch in arabischen Ländern zu zeigen, daß keine hohen Akzeptanzbarrieren zu überwinden sind. In einer Untersuchung über die Wiederverwendung von Abwässern in zehn arabischen Staaten des Nahen Ostens und Nordafrikas heißt es:

> "It was clear that there was: (1) official endorsement of safe reuse; (2) a need (and potentially, a market) for this effluent; and (3) acceptance by the local population of the concept of the reuse" (Khouri 1992, S. 136).

Hinsichtlich möglicher Probleme bei der Wiederverwendung von Abwässern lassen sich drei Problembereiche unterscheiden: Gesundheitsrisiken, negative Auswirkungen auf die Umwelt sowie technische Schwierigkeiten. Gesundheitsrisiken können durch keimbeladene Partikel oder, insbesondere im Falle der Landwirte, durch direkten Kontakt mit dem Bewässerungswasser sowie durch die Kontamination von Oberflächen- und Grundwässern entstehen. Ob eine Infektion auftritt, ist wiederum von der Lebensdauer der Mikroben, der Keimzahl und Wirkungsdosis, der Immunisierung der Bevölkerung, dem Abstand zu Wohngegenden sowie von der Bewässerungsmethode abhängig. Dies hat zur Festlegung von Grenzwerten für roh und gekocht genießbare Nahrungsmittel sowie zur Errichtung von Pufferzonen zwischen bewirtschafteten Flächen und Siedlungen geführt. Beispielsweise müssen in Israel bei Beregnungsbewässerungen 300-m-Pufferzonen eingehalten werden. (vgl. Keenan 1992, S. 47; Gur/Salem 1992, S. 1579; Avnimelech 1993, S. 1280). Die einzige bekannte Epidemie trat 1970 in Jerusalem auf, wo die illegale Bewässerung von Salat mit unbehandeltem Abwasser zum Ausbruch einer Choleraepidemie führte (Shuval 1987, S. 187).

Anders gelagert sind die Probleme in Hinblick auf die Umwelt. Hier spielen insbesondere Nährstoffe, die Anreicherung von Schwermetallen und organischen Schadstoffen sowie zunehmende Versalzung eine Rolle. Das Ausbringen von Nährstoffen (Nitrate, Phosphate) mit dem wiederverwendeten Wasser ist in Landwirtschaft und Aquakultur, zumindest in der Wachstumsphase, erwünscht, bei anderen Anwendungen wie künstlicher Grundwasseranreicherung stellt es eindeutig ein Problem dar. In der Landwirtschaft kann bei der Bewässerung mit behandeltem Abwasser der Düngereinsatz reduziert bzw. auf ihn verzichtet werden, allerdings lassen sich die Konzentrationen schlecht steuern und in Nichtwachstumsphasen findet dennoch ein Eintrag in die Umwelt statt. Hier besteht allerdings die Möglichkeit einer jahreszeitlich angepaßten Behandlung, die aber relativ teuer ist. Die Anreicherung von Schwermetallen stellt, zumindest in Israel, kein größeres Problem dar, da diese aufgrund der Wasserbeschaffenheit (hartes, alkalisches Wasser) in der 2. Reinigungsstufe weitgehend ausgefällt werden (Avnimelech 1993, S. 1279). Nur der Gehalt an Chrom überschreitet in einigen Gegenden den langfristigen US-Grenzwert. Dennoch ist mit einer zunehmenden Akkumulation an Schwermetallen zu rechnen; beispielsweise wurde eine Anreicherung von Cadmium von 5 bis 10 %/a in der Pflugschicht beobachtet (ebenda). Beschränkungen für die Nutzung von Abwasser bestehen für sandige Böden, da in diesen ein kolloidaler Transport von Schwermetallen ins Grundwasser festgestellt wurde (ebenda).

In einigen israelischen Brunnen wurde bereits eine Kontamination mit organischen Schadstoffen nachgewiesen (ebenda, S. 1280). Zudem bilden sich bei der Desinfektion mittels Chlorierung als kanzerogen geltende halogenierte Kohlenwasserstoffe (Trihalogenmethane). Dies betrifft insbesondere das aus dem See Genezareth abgepumpte Jordanwasser, das einen hohen Bromidgehalt aufweist, so daß bei der Chlorierung neben Chlor- auch Bromverbindungen entstehen. Auch behandeltes Abwasser wird vor der Wiederverwendung oft nochmals gechlort.

Generell stellt die zunehmende Versalzung der Böden ein großes Problem in der Region dar. Diese wird durch die Anreicherung von Salzen im wiederverwendeten Wasser, durch die Nutzungen und durch Verdunstung verstärkt. Bei kommunalen Nutzungen ist mit einer Anreicherung von 170 mg Cl$^-$/l zu rechnen, zusätzliche Salze werden durch die Industrie eingetragen (ebenda, S. 1280).

Technische Probleme bei der Abwasserwiederverwendung können durch die Verstopfung der Bewässerungssysteme, Schluckbrunnen oder Bodenstrukturen, durch Trübstoffe oder Keime sowie durch fehlende Speicher für Bewässerungswasser auftreten. Die Speicherung in trockenen Flußbetten hat zu Verlusten von 50 bis 70 % und zu Geruchsbelästigung geführt. In anderen Fällen wurden mit PE-Folien abgedichtete unterirdische Speicher verwendet. Diese Art der Speicherung hat den Vorteil, daß weniger Verdunstung auftritt und pathogene Keime bei ausreichend langen Verweilzeiten absterben (Shuval 1987, S. 189 f.).

Die Kosten der Abwasseraufbereitung zur Wiederverwendung hängen stark von den lokalen Bedingungen, der Abwasserzusammensetzung, der Aufbereitungsmethode und der angestrebten Nutzung ab. In Jordanien kostete eine sekundäre Behandlung 1989 ca. 0,37 US-Dollar/m^3 (Khouri 1992, S. 140), in Israel lagen die Kosten 1993 bei 0,25 US-Dollar/m^3 und die zusätzlichen Speicher- und Pumpkosten bei weiteren 0,10 US-Dollar/m^3 (Assaf et al. 1993, S. 62). Berücksichtigt man, daß die Abwasserbehandlung aufgrund gesundheitlicher und ökologischer Gesichtspunkte auf alle Fälle erfolgen sollte, so stellt die Abwasserwiederverwendung eine der kostengünstigsten nichtkonventionellen Wasserressourcen dar.

In Israel werden derzeit jährlich ca. 200 Mio. m^3 Abwasser wiederverwendet, das entspricht 50 % des Abwasseraufkommens (Shevah/Kohen 1993, S. 8), andere Quellen sprechen von 66 % (Avnimelech 1993, S. 1278). 1986 wurden davon 85 % zum Anbau von Baumwolle genutzt (Shuval 1987, S. 190). Das Gesamtvolumen soll bis zum Jahr 2000 auf 400 Mio. m^3 bzw. 70 % des Abwassers ausgedehnt werden. Das entspräche etwa 25 % der derzeitigen erneuerbaren Ressourcen.

Die ersten israelischen Richtlinien für die Abwasserwiederverwendung stammen bereits aus dem Jahr 1952. Anfang der siebziger Jahre kam es durch das neugegründete Ministry of Health zu umfangreichen Revisionen (Shuval 1987, S. 187). 1970 waren 85 % der Bevölkerung an die Kanalisation (was nicht zwangsläufig Kläranlagen einschließt) angeschlossen (ebenda), und 1972 wurde die Wiederverwendung im Großmaßstab durch das *National Sewage Reuse Project* gestartet (Avnimelech 1993, S. 1278).

Neben zahlreichen kleinen Wiederverwendungsprojekten vor allem in Kibbuzim bestehen in Israel zwei Großprojekte: das *Dan Region Project* und das *Kishon Scheme*. Beim Dan-Projekt in der Region Tel Aviv werden jährlich 100 Mio. m^3 Abwässer tertiär behandelt, zur weiteren Reinigung und Keimelimination in den Sanddünen verrieselt und im Anschluß seit 1989 über die sogenannte "Third Negev Pipeline" für Bewässerungszwecke in den Negev geleitet. Das Wasser hat theoretisch Trinkwasserqualität. Dies ermöglicht eine unbeschränkte Verwendung in der Landwirtschaft sowie die Nutzung für bestimmte kommunale und industrielle Zwecke (Shevah/Kohen 1993, S. 8). Das Kishon-Projekt in der Region von Haifa hat ein Volumen von 25 Mio. m^3 und ermöglicht die eingeschränkte Nutzung der Abwässer zum Anbau nichteßbarer landwirtschaftlicher Produkte (ebenda). Das behandelte und gechlorte Abwasser wird über 30 km in einen offenen Speicher, den künstlichen Barukh-See, im Yizre'el-Tal gepumpt, woraus das Wasser für die Bewässerung entnommen wird (Shuval 1987, S. 189).

In Jordanien ist die Abwasserwiederverwendung bisher relativ wenig entwickelt. Die behandelte Abwassermenge wird auf 40 Mio. m^3 bzw. 6 % des erneuerbaren Potentials geschätzt (Abu-Taleb et al. 1992, S. 121). Bis zum Jahr 2000 wird ein Anstieg auf 70 Mio. m^3, bis zum Jahr 2010 auf 141 Mio. m^3 angestrebt (Schiffler 1993, S. 59). Im landesweiten Schnitt sind bislang nur 45 % der Bevölkerung an die Kanalisation angeschlossen, und ein Großteil des Abwassers versickert oder verdunstet. Das bedeutet, daß es zu einer indirekten Wiederverwendung kommt. Offen ist, ob die einhergehenden Effekte gefährlich sind. Beispielsweise wird geschätzt, daß 30 % der Grundwassererneuerung im Amman-Zarqa-Becken durch infiltierende Abwässer aus Sickergruben und aus Abwassereinleitungen in Wadis stammen (Gur/Salem 1992, S. 1577). In Aqaba hingegen findet eine gezielte Verrieselung behandelter Abwässer in den Brackwasser-Aquifer statt.

Zur Bewässerung werden in Jordanien vor allem die Talsperrenwässer verwendet, in die ebenfalls mehr oder weniger behandelte Abwässer eingeleitet werden, so daß es zu einer indirekten Wiederverwendung kommt. So werden die Abwässer des Großraums Amman in den Abwasserteichen bei Khirbat as Samra geklärt und über das Wadi Araba in den King-Talal-Stausee geleitet. Ihr Anteil am Gesamtzufluß liegt inzwischen bei einem Drittel, was zu einer erheblichen Verschlechterung der Wasserqualität geführt hat (Schiffler 1993, S. 57). Ferner werden etwa 4 Mio. m³/a der Kläranlagenabläufe direkt zur eingeschränkten Bewässerung nicht roh zu verzehrender Produkte genutzt (Gur/Salem 1992, S. 1578). Im Jahr 1989 hat die jordanische Regierung das sogenannte "Material Law" revidiert, indem die Grenzwerte für die Wiederverwendung von Wasser in der Landwirtschaft an die WHO-Richtlinien angepaßt wurden. Mit diesen Änderungen wurde die Abwasserbehandlung zur notwendigen Voraussetzung für die Wiederverwendung (ebenda, S. 1579). Laut Gur strebt die jordanische Regierung die biologische Abwasserbehandlung an. Diese muß von einer Nachbehandlung in Schönungsteichen gefolgt sein, um Helminthen (Eingeweidewürmer) zu eliminieren (ebenda). Er empfiehlt, die Wiederverwendung als Ziel in die Wasserpolitik aufzunehmen, sie in das Entsorgungssystem zu integrieren und die Standards den regionalen Gegebenheiten anzupassen. Ein weiterer Vorschlag ist, lediglich Kooperativen für die Wiederverwendung verantwortlich zu machen, um die Überwachung zu sichern. Für andere Wiederverwendungsprojekte sollen dann umfassende Machbarkeitsstudien durchgeführt werden, in denen die gezielte Wahl des Ortes, der Anbauprodukte, der Bewässerungsmethode, der Speichermethode und eine Abschätzung der Gesundheits- und Umwelteffekte erfolgen soll (ebenda, S. 1581).

In den palästinensischen Gebieten erfolgt bislang keine gezielte Abwasserwiederverwendung. Allerdings besteht weitgehender Konsens über die dringende Notwendigkeit, ein funktionsfähiges Kanalisations- und Kläranlagensystem zu entwickeln, in das das Potential der Wiederverwendung von vornherein zu integrieren wäre. Hier ist langfristig mit Investitionskosten im Umfang von 1,5 Mrd. US-Dollar zu rechnen (Assaf 1994, S. 61).

Assaf et al. gehen davon aus, daß bei steigendem Bevölkerungwachstum langfristig das gesamte Wasserpotential der Region primär für städtische

Nutzungen eingesetzt werden muß, wovon dann 65 % recycelt und in der Landwirtschaft wiederverwendet werden könnten:

"Without fully developing the recycling of wastewater there can be practically [...] no agriculture in the area" (Assaf et al. 1993, S. 60).

Dabei wird das israelische Potential für das Jahr 2023 auf 650 Mio. m³/a und das palästinensische auf 325 Mio. m³/a geschätzt (ebenda). Die IPCRI-Studie schlägt die Entwicklung eines regionalen "Master Water Plan for Wastewater Recycling" vor, in dem insbesondere auch die landwirtschaftlichen Flächen ausgewiesen werden, auf denen eine Abwasserwiederverwendung - von den Boden- und hydrologischen Verhältnissen her gesehen - möglich ist.

Einschätzung

Die kontrollierte Abwasserwiederverwendung stellt mit etwa 250 Mio. m³/a bereits heute die bedeutendste nichtkonventionelle Wasserressource im Jordanbecken dar, wobei Israel die Vorreiterrolle spielt. Ein zusätzliches Entwicklungspotential besteht somit in Jordanien, im Westjordanland und Gazastreifen. Bei vollständigem Ausbau von Kanalisationen und Kläranlagen scheint eine 65%ige Wiederverwendung der städtischen und kommunalen Abwässer möglich, was wiederum eine wichtige Basis für landwirtschaftliche Aktivität in der Region darstellen könnte. Das Gesamtpotential läge auf der Basis der IPCRI-Studie für Israel, Jordanien und Palästina bei 1 600 Mio. m³/a - der heutige Verbrauch der Bewässerungslandwirtschaft der Region beträgt 2 000 Mio. m³/a. Die Kosten liegen bei 0,35 US-Dollar/m³ und sind angesichts der Tatsache, daß eine Abwasserbehandlung ohnehin erfolgen sollte, vergleichsweise niedrig (Khouri 1992, S. 136). Voraussetzung für eine verträgliche Wiederverwendung von Abwässern ist eine integrierte Wasserbewirtschaftung, die eine kontrollierte Abwasserentsorgung und -behandlung, Speichermöglichkeiten, die Ausweisung von bewässerbaren Flächen sowie gesetzliche Richtlinien umfaßt. Die Bewirtschaftung kann und sollte auf unterster Ebene unter Einbeziehung der Nutzer geplant und umgesetzt werden, wobei entsprechende Unterschiede zwischen städtischen und ländlichen Regionen zu berücksichtigen sind. Besonders interessant ist die Wiederverwendung städtischer Abwässer in der Landwirtschaft ihrer unmittelbaren Umgebung, da so Transportkosten reduziert werden und die versickernden Abwässer zur Grundwasserneubildung beitragen.

Da es im Jordanbecken wenig ganzjährige Flüsse gibt, die als Vorfluter genutzt werden können, hat die Wiederverwendung von Abwässern nicht nur im Blick auf die Ausweitung des Wasserdargebots, sondern auch im Sinne des Gewässerschutzes Priorität. Die Wiederverwendung stellt bei entsprechender Reduktion der Keimzahlen kein gesundheitliches Problem dar. Allerdings ist zu bedenken, daß durch die Mehrfachnutzung des Wassers eine entsprechende Anreicherung von Schadstoffen stattfindet, wobei insbesondere die Aufsalzung in ariden Regionen problematisch sein kann. Das sollte aber weniger dazu führen, von der Wiederverwendung abzuraten, als vielmehr dazu, den anthropogenen Schadstoffeintrag zu reduzieren.

Als Ergänzung zu den in der Diskussion genannten Kosten der Dargebotsausweitung seien in Tabelle 6.3 nochmals die relativen Kosten verschiedener Maßnahmen nach einer Zusammenstellung von Gleick aufgeführt.

Tabelle 6.3: Kosten der Ausweitung des Wasserdargebots

Technologie	US \$/m^3 (1980)
Ferntransport *(inter-basin)*	0,123-0,246[a]
Speicherung (nur die Speicherkosten)	0,123-0,246
Destillation	0,654-1,085
Umkehrosmose (Brackwasser)	0,120-0,397
Abwasserwiederverwendung, AWT	0,200-0,485
Abwasserwiederverwendung, sek. Behandlung	0,077-0,128
Künstliche Grundwasseranreicherung	0,118-0,138

Legende: AWT: sek. Behandlung, N- und P-Elimination, Filtration und Aktivkohle-Adsorption.

a Großprojekte mit wesentlich höheren Kosten sind nicht enthalten.

Quelle: Gleick (1993, S. 415; übersetzt und umsortiert).

6.2.2 Nachfragesteuerung

Während sich die Wasserbereitstellung traditionellerweise an der Nachfrage orientierte und auf technischem Wege versucht wurde, zusätzliche Wasserressourcen zugänglich zu machen, kommt inzwischen vermehrt das hydrologische und ökonomische Sparpotential einer effizienten Wassernutzung in den Blick (*demand-side management*). Die Vermeidung von "Wasserverlusten" bei der Verteilung und den verschiedenen Verbrauchergruppen ist als eigene Ressource zu begreifen (Postel: *last oasis*) und auch unter ökonomischen Gesichtspunkten von Interesse. In Gegenden mit knappen Wasserressourcen sollte eine integrierte Wasserbewirtschaftung ökonomische und ökologische Kosten einer effizienten Wassernutzung mit traditionellen Methoden zur Dargebotsausweitung vergleichen (*least-cost planning*) und entsprechend das Potential der Nachfragesteuerung "verfügbar" machen, bevor eventuell zusätzliche konventionelle und nichtkonventionelle Techniken dimensioniert werden.

6.2.2.1 Institutionen einer effizienten Wassernutzung

In vielen Ländern und Kulturen wurde Wasser bislang als freies Gut verstanden, zum einen als notwendige Voraussetzung des Lebens, oft aber auch als gegebene Selbstverständlichkeit. Allerdings dient nur der geringere Anteil des menschlichen Wasserverbrauchs dem direkten Lebenserhalt oder Überleben, der weitaus größere Anteil ist Ausdruck eines bestimmten Lebensstandards und hat mit wirtschaftlichen Aktivitäten im weitesten Sinne zu tun, besonders als Produktionsfaktor in Landwirtschaft und Industrie. Insofern kommt das Konzept, Wasser als wirtschaftliches Gut zu begreifen, zwei Zielen nach. Zum einen geht es darum, die Nachfrage zu beeinflussen und eine rationale Wassernutzung zu garantieren, die Verteilung gerechter zu gestalten und Ressourcen zu schonen. Zum anderen sollen die Kosten der Wasserversorgung selbst gedeckt werden, womit die Versorgungsstrukturen aufrechterhalten und optimiert werden können. Voraussetzung für die Umsetzung dieses Konzepts ist, daß Wasser einen angemessenen Preis hat, der den ökonomischen Wert des Wassers widerspiegelt. In den Fällen, wo Wasserressourcen als Staatseigentum gelten, muß die Preisbestimmung über "intelligente", staatlich festgesetzte Tarife erfolgen.

Es stellt sich nun die Frage, wie das Gut Wasser nicht nur unter Berücksichtigung ökonomischer, sondern auch ökologischer und sozialer Effekte bewertet werden kann. Theoretisch besteht auch die Möglichkeit, durch veränderte Eigentumsrechte einen durch Angebot und Nachfrage bestimmten Marktpreis für Wasser entstehen zu lassen. In beiden Fällen gilt die Wasserzuteilung dann als ökonomisch effizient, wenn sich Grenznutzen und Grenzkosten der Bereitstellung entsprechen.

Auch die internationale Umweltpolitik fördert den Gedanken einer differenzierten Betrachtung des Gutes Wasser. So heißt es in der Agenda 21:

> "Bei der integrierten Bewirtschaftung der Wasserressourcen wird von der Annahme ausgegangen, daß Wasser ein integraler Bestandteil des Ökosystems, eine natürliche Ressource und ein soziales und wirtschaftliches Gut ist, wobei Menge und Güte die Art der Nutzung bestimmen. [...] Vorrang bei der Erschließung und Nutzung der Wasserressourcen gebührt der Deckung der Grundbedürfnisse und dem Schutz der Ökosysteme. Darüber hinaus soll der Wassernutzer jedoch in angemessenem Umfang für das von ihm verbrauchte Wasser aufkommen" (Agenda 21, Abschnitt 18.8).

Die Agenda 21 räumt also der Deckung der Grundbedürfnisse und dem Schutz der Ökosysteme Priorität gegenüber anderen Nutzungen ein, unter Einbeziehung einer "angemessenen" Kostendeckung. Die Frage, wie die Gebühren für andere Nutzungen zu bestimmen sind, wird zurückhaltender beantwortet: Es sollen verschiedene Alternativen für Nutzer und Nutzergruppen untersucht und in der Praxis getestet werden, mit Hilfe ökonomischer Instrumente den Opportunitätskosten und umweltbezogenen externen Effekten Rechnung getragen sowie Studien zur Ermittlung der Zahlungsbereitschaft durchgeführt werden (ebenda, Abschnitt 18.15).

6.2.2.1.1 Wasserpreis

Zur Operationalisierung der Nachfragesteuerung über den Wasserpreis gilt es, Tarife festzulegen, den Verbrauch zu messen und für den Gebühreneinzug zu sorgen. Dabei sind sowohl die institutionellen Rahmenbedingungen als auch die organisatorische Ausgestaltung dieser drei Aspekte von den jeweiligen Gegebenheiten abhängig. Weitgehende Einigkeit herrscht in der Literatur darüber, die Institutionen so zu gestalten, daß Betreiber und Nutzer beteiligt und die Tarife auf der Basis des Grenzkostenprinzips unter Berücksichtigung sozialer Fragen ausgestaltet werden sollten.

Folgende Kostenkategorien können als Basis der Preisfestlegung dienen:
- die Investitionskosten für die Wasserbereitstellung;
- die Betriebs- und Wartungskosten der Wasserbereitstellung, einschließlich Förderung, Aufbereitung und Versorgung;
- die Opportunitätskosten, definiert als Verzichtskosten auf andere Nutzungen vor der Entnahme;
- die Kosten der Abwasserreinigung, sofern keine gesonderten Abwassergebühren erhoben werden;
- die externen Kosten der Einleitung von Abwässern in die Umwelt;
- die Kosten der Förderung fossiler Grundwasserressourcen und die damit verbundene Reduktion der natürlichen Ressourcen für künftige Generationen.

Die praktische Umsetzung dieses Konzepts ist schwierig. In den meisten Ländern decken die Wassergebühren nicht einmal die Betriebs- und Wartungskosten der Bereitstellung, so daß deren Berücksichtigung bereits Veränderung bedeutet. Die Quantifizierung anderer Kosten, wie der Opportunitätskosten oder der externen Kosten, bringt erhebliche methodische und meßtechnische Probleme mit sich.

Neben den tatsächlich anfallenden Kosten sollte ein praktisches Konzept der Umsetzung auch die Zahlungsbereitschaft bzw. Zahlungsfähigkeit der verschiedenen Nutzergruppen berücksichtigen. In der Literatur wird vielfach vorgeschlagen, daß die Ausgaben für die Wasserversorgung und Sanitäranlagen im häuslichen Bereich 5 % des Familieneinkommens nicht überschreiten sollten (Schiffler 1993, S. 10). Meist ist die Zahlungsbereitschaft in Städten relativ hoch, in ländlichen Gegenden hingegen können die Nutzer unter Umständen auf gesundheitlich bedenkliches Wasser ausweichen.

Da mit der bisherigen Subventionierung oftmals soziopolitische Ziele, wie Trinkwasser- und Lebensmittelsicherheit oder Einkommenssteigerung der ländlichen Bevölkerung, verfolgt werden, sind entsprechende Ersatzinstrumente bei der Aufhebung dieser Subventionen zu entwickeln. Des weiteren ist der indirekten Subventionierung des Trinkwassers durch Subventionen im Energiesektor Rechnung zu tragen. Dies betrifft z. B. die Pumpkosten beim Betreiben von Brunnen (Biswas 1991, S. 12).

Unter dem Aspekt der Verteilungsgerechtigkeit und in Hinblick auf eine effiziente Nutzung des Wassers ist die Ausgestaltung der Wassertarife von zentraler Bedeutung. In Frage kommen grundsätzlich:

- progressiv gestaffelte Tarife (der Tarif pro Mengeneinheit steigt mit der Höhe des Verbrauchs);
- lineare Tarife (der Tarif pro Mengeneinheit bleibt konstant);
- degressiv gestaffelte Tarife (der Tarif pro Mengeneinheit sinkt mit der Menge des Verbrauchs);
- zweiteilige Tarife (verbrauchsunabhängige Grundgebühr und zusätzlich ein linearer Tarif);
- verbrauchsunabhängige Grundgebühr.

Verteilungsgerechtigkeit und Wassersparen legen zunächst progressiv gestaffelte Tarife nahe. Durch Minderbelastung eines geringen Wasserverbrauchs wird zum Sparen angereizt und auch dem Verursacherprinzip Rechnung getragen. Allerdings besteht im kommunalen Sektor bei einer Abrechnung nach Haushalten die Gefahr, den größeren Teil der Kosten auf ärmere Haushalte abzuwälzen, die oft mehr Personen umfassen als wohlhabendere. Dagegen kann aber eingewendet werden, daß der Verbrauch wohlhabender Haushalte meist über dem der ärmeren liegt. Sowohl in Israel als auch in Jordanien werden im häuslichen Sektor progressiv gestaffelte Preise erhoben, ohne allerdings kostendeckend zu sein (siehe Abschnitt 4.5).[12]

---

12 In der Bundesrepublik Deutschland hingegen herrschen bisher zweiteilige oder lineare Tarife vor.

Nach Festsetzung des Tarifsystems gilt es, den Vollzug sicherzustellen, ohne den auch die ausgereiftesten Systeme unwirksam sind. Im allgemeinen ist es zweckmäßig, individuelle Wasseruhren (Wohnungswasserzähler) zu installieren und Volumeneinheiten abzurechnen. Die Investitionskosten für die Installation bei den Endverbrauchern kann dabei als Alternative für technische Maßnahmen einer entsprechenden Dargebotsausweitung gelten. In der Bewässerungslandwirtschaft kann eine individuelle Abrechnung aber je nach Organisationsstruktur zu Schwierigkeiten führen, so daß andere Formen gesucht werden müssen. Bei einem Pilotprojekt im indischen Staat Maharashtra wird z. B. das Gesamtvolumen, das aus einem Versorgungskanal entnommen wird, abgerechnet und dann im Bauernverband bestimmt, wieviel jeder einzelne Bauer zu zahlen hat (Postel 1993a, S. 143). Ungünstiger sind Systeme, die bezogen auf Flächen oder Anbauprodukte abrechnen, da sie weniger Anreize zu einer effizienten Wassernutzung bieten.

In besonderen Fällen sind neben der Wassergebühr zusätzliche Steuerungsinstrumente in Betracht zu ziehen. Beispielsweise sind bei der Nutzung nicht-erneuerbarer fossiler Grundwasservorkommen Abgaben in Erwägung zu ziehen, wenn auf deren Nutzung nicht ohnehin verzichtet werden soll. Die entsprechenden Einnahmen sollten dann vorzugsweise zweckgebunden zur Entwicklung von Alternativen eingesetzt werden, um Optionen künftiger Generationen nicht von vornherein einzuschränken (Entwicklung von *back-stop-technologies*).

Unter der Voraussetzung, daß der Preis des Wassers dessen "Wert" in etwa wiedergibt, kann davon ausgegangen werden, daß sich gegenüber subventionierten Wasserpreisen erheblich veränderte Allokationswirkungen einstellen, sowohl bezüglich der intersektoralen, der interregionalen als auch der intergenerationellen Allokation. Grundgedanke einer rationalen Wasserpolitik muß es sein, das Wasser in die dringlichsten Verwendungen zu lenken.

Im Jordanbecken ist allerdings zu bedenken, daß sich viele landwirtschaftliche Betriebe bei Aufhebung der Wassersubventionen nicht mehr tragen werden. Dies beschleunigt den Rückgang der Landwirtschaft und den Übergang zu industrie- und dienstleistungsorientierten Gesellschaften. Wird diese Umverteilung über staatlich festgesetzte Tarifsysteme bewirkt, tragen die Landwirte die entsprechenden Anpassungskosten. Hier ist volkswirtschaftlich eine Kompensation auf der Grundlage der eingesparten Subventionen denkbar und sollte dementsprechend in Betracht gezogen werden.

6.2.2.1.2 Wassermärkte

Eine grundsätzliche institutionelle Innovation des Wassermanagements besteht in der Etablierung von (lokalen, nationalen und regionalen) Wassermärkten. Ein Handel mit Wasser setzt zum einen die Existenz handelbarer Eigentumsrechte und zum anderen eine Formalisierung der Transaktionen voraus. Dabei sind verschiedene Träger der Eigentumsrechte, verschiedene Formen an handelbaren Rechten sowie verschiedene Formen und Ebenen der Transaktionen denkbar.

Träger der Eigentumsrechte können Landwirte, Wasserversorgungsunternehmen, Kommunen oder Regionen (sowie letztlich der Staat) sein. Entsprechend würden Transaktionen auf kommunaler, nationaler oder regionaler bzw. zwischenstaatlicher Ebene stattfinden. Formen der Eigentumsrechte können Ansprüche auf bestimmte absolute oder prozentuale Anteile an den Wasserressourcen oder staatlich zugeteilte handelbare Quoten sein. Denkbar sind der Verkauf von Wasserrechten, die Verpachtung oder auch der Tausch.

Besondere Erfahrungen mit einem Wassertransfer bzw. Wasser-Banken wurden bisher im Westen der USA gemacht. Beispielsweise finanziert in Südkalifornien der "Metropolitan Water District" im benachbarten "Imperial Irrigation District" Wassersparmaßnahmen, wie die Reparatur von Kanälen, und erhält im Gegenzug ca. 123 Mio. m^3 Wasser; die jährlichen Kosten werden auf 10,4 US-Dollar für 1 000 m^3 geschätzt (Postel 1993a, S. 146 ff.; eigene Umrechnung der Größen).

Auf nationaler Ebene ist die Errichtung von Wassermärkten als wasserpolitische Innovation der innerstaatlichen Ressourcenumverteilung denkbar. Das Ziel wäre ähnlich dem der Veränderung der Tarife, d. h. die Induktion eines strukturellen Wandels. Allerdings wäre der Weg ein anderer: Würden z. B. Landwirte mit handelbaren Eigentumstiteln ausgestattet, wären nicht die Landwirte die Träger der Anpassungskosten, sondern die potentiellen Käufer, insbesondere die Städte, die in der Regel eine hohe Zahlungsbereitschaft zeigen. Auf diese Weise könnte die Notwendigkeit einer staatlichen Kompensation für die Landwirte vermieden werden. Innerstaatlicher Wasserhandel ist also insbesondere als Land-Stadt-Transfer denkbar. Damit könnten theoretisch die Übernutzung lokaler Ressourcen, zusätzliche Ferntransporte oder kostenaufwendige technische Projekte wie Entsalzungen vermieden werden.

Derzeit spricht die wasserpolitische Konstellation in Israel, in Jordanien wie auch in den palästinensischen Gebieten noch gegen die Bildung von Wassermärkten. Dies wäre nur bei einer weitgehenden Umorientierung der

Wasser- und Landwirtschaftspolitiken möglich, was aufgrund der innenpolitischen Machtverteilungen, aber auch aufgrund der außenpolitischen Instabilität, die an starken Landwirtschaftspolitiken festhalten läßt, derzeit nahezu unmöglich erscheint. Auf der anderen Seite könnte eine solche Umorientierung die kritische Wassersituation in den einzelnen Staaten mildern und so auch der außenpolitischen Stabilisierung zuträglich sein.

Die Frage der Einrichtung von Wassermärkten stellt sich aber auch auf regionaler bzw. zwischenstaatlicher Ebene. Da die Wasserressourcen im Jordanbecken und im gesamten Nahen Osten höchst ungleich verteilt sind, könnten regionale Wassermärkte eine langfristige Perspektive für eine rationale Zuteilung der Ressourcen bilden. Voraussetzung einer solchen Lösung ist allerdings der politische Schritt, eine von allen betroffenen Parteien anerkannte Zuteilung der staatlichen Wasserrechte (und -pflichten) an den internationalen Ressourcen festzulegen. Ich halte eine Kooperation über regionale Wassermärkte im Jordanbecken ohne eine befriedigende völkerrechtliche Festlegung der Wasserrechte für unmöglich (siehe Abschnitt 5.2). Zwar lassen sich ökonomisch optimale Zuteilungen der regionalen Ressourcen auf der Basis der jetzigen Nutzungen bestimmen (vgl. Zeitouni/Becker/Shechter 1994), aber das Argument, daß eine solche Allokation auf der "freiwilligen" Basis eines Handels stattfinden könnte, hat so lange keine politische Relevanz, wie nicht (politisch) festgelegt wird, wer die Zahlenden sein werden. Wäre dieser politische Schritt erst einmal getan, könnte gegebenenfalls die israelische Regierung Grundwasser der Berg-Aquifere von einer palästinensischen Regierung kaufen. Zarour/Isaac halten auch einen Handel gegen andere politische Güter für denkbar, beispielsweise palästinensische Wasserressourcen gegen den Zutritt zur israelischen Küste und zum israelischen Luftraum (Zarour/Isaac 1993, S. 52).

Es bestehen bereits eine ganze Reihe von Vorschlägen zur Errichtung regionaler, für den Wasserhandel zuständiger Institutionen (Haddad 1994; Fishelson 1994; Zeitouni/Becker/Shechter 1994). Meist werden dabei drei Einheiten unterschieden:

1. Israel, Jordanien und Palästina;
2. die Erweiterung um den Libanon und Syrien;
3. die Erweiterung um Ägypten und die Türkei.

Das Ziel solcher gegliederten Institutionen bzw. "regionalen Wasserbanken" bestünde zum einen in der zwischenstaatlichen Zuteilung der Wasserressourcen durch Handel und in der Errichtung notwendiger technischer Infrastrukturen, zum anderen in der gemeinsamen Kontrolle und Koordination der Nutzung, in gemeinsamen Anstrengungen zur Steigerung der Nutzungseffizienz (die Bestandteil eines Handels sein könnten, siehe das kalifornische Beispiel), im Austausch von Daten und im grenzüberschreitenden Gewässerschutz.

So erstrebenswert solche Kooperation auch wäre, es könnten bei der technischen Ausführung die oben diskutierten Probleme des Ferntransports auftreten. Daher sollte als explizites Ziel in die Diskussion einfließen, Transporte zu reduzieren bzw. den Transfer zwischen verschiedenen Wassereinzugsgebieten zu minimieren. Hierfür lassen sich durchaus Beispiele nennen, z. B. die Reduzierung der Wassertransporte in Israel durch den Handel mit Palästina oder Ägypten. Dies würde nicht nur einen Austauch zwischen Regierungsinstanzen verschiedener Staaten, sondern auch innerhalb geographischer Regionen ermöglichen.

6.2.2.2 Techniken einer effizienten Wassernutzung

Techniken einer effizienten Wassernutzung können sowohl auf der Bereitstellungsebene als auch auf der Verbraucherebene ansetzen. Technische Effizienz spiegelt sich in einem geringeren Wasserverbrauch bei gleichem Nutzen oder in höherem Nutzen bei gleichem Wasserverbrauch wider.

6.2.2.2.1 Bereitstellungsebene

Sowohl bei der Speicherung als auch bei der Verteilung des Wassers können erhebliche Wasserverluste durch Verdunstung oder Versickerung auftreten. Insbesondere in ariden Gebieten ist die Rolle der Verdunstung bei offenen Reservoiren und offenen Kanälen nicht zu unterschätzen, so daß die Möglichkeiten zur unterirdischen Speicherung und für geschlossene Wasserleitungen geprüft werden sollten.

Wasserverluste in Verteilungsnetzen werden in echte und unechte Verluste unterschieden. Echte Verluste sind alle tatsächlichen Verluste, die durch ausströmendes Wasser aus Lecks, Rohrbrüchen oder undichten Rohrverbindungen, Armaturen, Behältern oder Druckerhöhungsanlagen auftreten. Es handelt sich um Verluste aus der Sicht der Wasserversorgungsunternehmen und der Nutzer, da das Wasser natürlich nicht dem hydrologischen Kreislauf entzogen wird und versickerndes Wasser zur Grundwasserneubildung beitragen kann. Dennoch sollten diese Verluste aus ökologischen, ökonomischen, (sicherheits-)technischen und hygienischen Gründen vermieden werden. In ökologischer Hinsicht geht es um die Reduzierung der Ressourcenentnahme, um so sinkende Grundwasserstände oder das Ausweichen auf Fernleitungen zu vermeiden. In ökonomischer Hinsicht stellen die Verluste zusätzliche Kosten für die Wasserversorgung (Gewinnung, Aufbereitung und Transport) dar. Technische Probleme können durch abfallenden Druck im System entstehen, Sicherheitsprobleme durch das Ausschwemmen von Feinbestandteilen im Boden, was zu veränderten Bodeneigenschaften führen kann. Durch das Eintreten von bakteriell verunreinigtem Wasser können hygienische Probleme entstehen.

Neben den echten Wasserverlusten entstehen unechte Verluste durch fehlende oder fehlerhafte Messungen sowie durch illegale Entnahmen. Diese vermindern wiederum die Möglichkeiten zur Kostendeckung der Wasserversorgungsunternehmen (Schnichels 1985, S. 24 ff.).

Wasserverluste lassen sich durch Mengenbilanzen ermitteln. Dabei wird die Differenz zwischen eingespeistem Wasser und den beim Verbraucher erfaßten Mengen festgestellt. Das Ergebnis umfaßt echte und unechte Verluste. Es kann entweder in Prozentsätzen oder als spezifischer Verlust in $m^3/h*km$ angegeben werden, wobei letzteres den Zustand des Leitungsnetzes besser charakterisiert; der Anteil des Verlustes nimmt bei gleichem Netzzustand mit der Länge des Systems zu, insofern sagt der Prozentsatz noch nichts über den tatsächlichen Zustand des Netzes aus (Schnichels 1985, S. 30 f.). Vollständig lassen sich Leitungsverluste nicht vermeiden, allerdings sind Reduktionen des Verlustes auf 3 bis 4 % möglich, wie eine Untersuchung des Leitungsnetzes in Frankfurt am Main nach dessen Modernisierung im Jahr 1986 zeigte (Geiler 1987, S. 55). In der Bundesrepublik ist ein Verlust von 8 % als kritischer Wert, ab dem eine Sanierung erfolgen sollte, in der Diskussion, wenngleich die Verwendung solcher Prozentangaben umstritten ist (WAR 1985, S. 40).

Leckagen können durch elektroakustische Meßverfahren geortet werden, wobei die Leitungen oberirdisch abgegangen und die Austrittsgeräusche des Wassers über elektronische Verstärker auf Kopfhörer übertragen werden (WAR 1985, S. 2).

Vorsorgende Maßnahmen gegen Leitungsverluste umfassen die Wahl von Materialien, Arbeitsweisen und Organisationsstrukturen sowie aktiven und passiven Korrosionsschutz. Im nachhinein empfiehlt sich die Überwachung und gegebenenfalls die Sanierung. Bei der Planung sind Einflußgrößen wie Topographie, Bodenbeschaffenheit und Bodenbewegungen zu berücksichtigen. Beispielsweise sind die Wasserleitungen von Amman so dicht unterhalb von Fahrbahnen verlegt, daß die Verkehrserschütterungen bereits zu Schädigungen der Leitungen führen.[13] Zum passiven Korrosionsschutz

---

13 Mündliche Auskunft von M. Schiffler vom DIE am 10.6.1994.

metallischer Rohrmaterialen können für die Außenseiten Kunststoffe und für die Innenseite Zementmörtel verwendet werden. Aktiv kann Korrosion über die Kontrolle der Wasserbeschaffenheit minimiert werden, wobei sich insbesondere auf Zementmörtel gute Deckschichten bilden (Sontheimer et al. 1980, Kapitel 8). Als Sanierungsmaßnahme kommt eine nachträgliche Auskleidung mit Zementmörtel oder Kunststoff in Betracht, wobei das Kostenverhältnis zur Neuverlegung mit zunehmender Entfernung zwischen 50 % und 15 % liegt (WAR 1985, S. 146 ff.).

In Israel sind etliche Leitungssysteme in den letzten Jahren überholt worden, so daß die echten Verluste inzwischen auf 10 bis 15 % geschätzt werden und nur noch vereinzelt bis zu 20 % erreichen. Administrative Verluste liegen praktisch nicht vor, da neben Haushalten mittlerweile auch öffentliche Gebäude über Wasserzähler verfügen.[14] In Jordanien werden die Bereitstellungsverluste im ländlichen Netz auf 39 % und im städtischen Netz auf 53 bis 58 % geschätzt, wobei bei letzterem die echten Verluste mit 20 bis 40 % angegeben werden. Die Kosten für eine Reduktion von 35 % auf 20 % werden für Amman auf 25 Mio. JD (ca. 16,7 Mio. US-Dollar) geschätzt, womit 10 Mio. m^3/a Wasser eingespart werden könnten (Schiffler 1993, S. 54 f.). Die Investitionskosten für die Sanierung des King-Abdullah-Kanals im Jordanbecken betragen rund 13 Mio. US-Dollar, wodurch die jährlichen Verluste um 14 Mio. m^3 gesenkt werden sollen. Anhand dieser wenigen Beispiele wird bereits deutlich, daß eine gründliche Überholung der Leitungssysteme hohe Kosten mit sich bringen. Dennoch ist auf diese Weise eine drastische Wassereinsparung möglich, insbesondere wenn Verluste unter 8 % angestrebt werden. Im Westjordanland und Gazastreifen werden die Leitungsverluste in den Städten auf über 50 % geschätzt. Khatib und Assaf streben in ihrem Szenario eine Reduktion der Leitungsverluste auf 15 % an (Khatib/Assaf 1993, S. 136).

Bei den multilateralen Wasserverhandlungen in Maskat, Oman, im April 1994 wurde ein arabisch-israelisches Pilotprojekt zur Ermittlung der Wasserverluste in je einer Stadt in Jordanien, der Westbank, im Gazastreifen und in Israel beschlossen, wovon aktuelle Daten erwartet werden.[15]

Neben der Reduzierung von Wasserverlusten sind die Bereitstellungssysteme auch hinsichtlich ihrer Energieeffizienz zu überdenken. Beispielsweise wurden in Israel in den achtziger Jahren ca. 12 % des Energieverbrauchs für Pumpenergie verbraucht, mittlerweile hat sich der Anteil auf

---

14 Mündliche Auskunft von Dr. Homberg von Tahal am 24.8.1994.
15 Press Conference with Israeli Deputy Foreign Minister Dr. Yossi Beilin upon his return from Oman, Jerusalem, April 21, 1994, by Israel Information Service Gopher, Information Division, Israel Foreign Ministry, Jerusalem.

8 % reduziert (Tahal 1993, S. 1). In Jordanien gibt es ebenfalls viele Fernleitungen, die sich bei der Realisation einer Wasserpipeline vom fossilen Disi-Aquifer im Süden nach Amman weiter erhöhen würden. Neben der Reduzierung von Transportwegen kann durch computergestützte Steuerung eine Energiereduzierung erreicht werden (vgl. z. B. Mehrez/Percia/Oron 1992).

6.2.2.2.2 Verbraucherebene

Landwirtschaft

Da die Bewässerungslandwirtschaft mit einem Anteil von fast 70 % der größte Wasserkonsument der Region ist, scheint es besonders interessant, hier mit Wassersparmaßnahmen anzusetzen. Tatsächlich haben die Israelis mit der Erfindung der Tropfbewässerung Möglichkeiten zu Effizienzsteigerung von ca. 30 % bei gleichzeitiger Steigerung der Erträge geschaffen. Allerdings wurde die bewässerte Fläche entsprechend ausgedehnt, so daß es in den letzten zwei Jahrzehnten zu keiner Reduzierung des Gesamtverbrauchs in der Bewässerungslandwirtschaft gekommen ist (Shevah/Kohen 1993, S. 10). Daher soll das Wassersparpotential der Bewässerungslandwirtschaft im folgenden nicht nur auf die Bewässerungsmethoden reduziert diskutiert werden. Als Möglichkeiten der Reduzierung bieten sich an:

- Einschränkung der bewässerten Flächen;
- Wahl der Anbauprodukte;
- Wahl der Bewässerungsmethode;
- organisatorische Anforderungen der Bewässerung.

Langfristig scheint ein Verzicht auf zumindest einen Teil der bewässerten Fläche im Jordanbecken unumgänglich. Dies kann zum einen erfordern, eine sektorale Umverteilung des Produktionsfaktors Wasser vorzunehmen, wie dies über den Preismechanismus möglich wäre. Zum anderen ist nicht auf allen landwirtschaftlichen Nutzflächen eine Bewässerung notwendig, so daß die Alternative des Regenfeldbaus im Blick bleiben bzw. in den Blick kommen sollte. Gleichzeitig bietet das Konzept einer primären Nutzung aller Wasserressourcen in Haushalten, öffentlichen Einrichtungen, in Gewerbe und Industrie bei 65 %iger Wiederverwendung der behandelten Abwässer in der Landwirtschaft (Shuval) eine echte Perspektive für die Bewässerungslandwirtschaft.

Auch die Wahl der Anbauprodukte hat einen entscheidenen Einfluß auf den Wasserverbrauch und die erforderliche Wasserqualität. Generell besteht die Möglichkeit, in wasserarmen Regionen auf weniger wasserintensive Produkte zurückzugreifen und in Regenfeldbaugebieten angepaßte Arten anzubauen. Tabelle 6.4 gibt einen Überblick über den Wasserbedarf verschiedener Anbauprodukte.

Tabelle 6.4: Vergleich des Wasserbedarfs ausgewählter landwirtschaftlicher Erzeugnisse in Abhängigkeit von der Bewässerungsmethode

Anbauprodukt	Bewässerungswasser/ traditionelle Systeme 1 000 m^3/ha	Bewässerungswasser/ moderne Systeme 1 000 m^3/ha
Bohnen	7	4,5
Kürbis	8	5
Tomaten	11	7,5
Zitrus	12	7
Aubergine	12	8,5
Banane	45	25

Quelle: Shevah/Kohen (1993, S. 12; übersetzt und umsortiert).

Neben dem Wasserbedarf spielt bei der Wahl der Anbaukulturen die Salzresistenz eine Rolle, wenn wie im Jordanbecken alternativ salzhaltiges Brackwasser zur Verfügung steht. Beispielsweise ist die Futterpflanze Salicorna mit Meerwasser bewässerbar. Auch der Jojobabaum, aus dem ein wertvolles Öl zur Herstellung von Schmierölen, Kosmetika u.a.m. gewonnen wird, gedeiht mit salzhaltigem Wasser. In den letzten zehn Jahren wurden im Westjordanland, im Gazastreifen und in Jordanien mehr als 80 000 Jojobabäume gepflanzt (Khatib/Assaf 1993, S. 141). Des weiteren werden gezielt transgene Pflanzen erforscht, mit dem Ziel, die Wassereffizienz sowie die Salz- und Dürreresistenz zu steigern, wobei bei Weizen bereits Fortschritte erzielt wurden[16] (Postel 1993b, S. 63).

Hinsichtlich der Wahl der Bewässerungsmethoden können Überstau-, Beregnungs- und Tropfbewässerung unterschieden werden. Bei Überstaubewässerung werden oft gefurchte Flächen überstaut. Bei der Beregnungsbe-

---

16 Der Einsatz transgener Pflanzen ist nicht unumstritten. Zum einen liegen keine Angaben über die langfristigen Wechselwirkungen mit der Umwelt in der Freilandanwendung vor. Zum anderen muß gefragt werden, welche politischen Ziele mit dem Erhalt von Landwirtschaft durch den Einsatz transgener Arten bezweckt werden sollen. Probleme eines entsprechenden Technologietransfers und ökonomische Abhängigkeiten sind zu berücksichtigen.

wässerung wird ein horizontaler Beregnungsarm im Kreis geführt. Bei der Tropfbewässerung wird das Wasser über poröse oder perforierte Leitungen auf oder unter der Bodenoberfläche in der gewünschten Menge an die Wurzeln geführt. Die Effizienz der Wassernutzung liegt beim Überstauverfahren bei 40 bis 70 %, bei Beregnungsbewässerung bei 60 bis 85 % und bei Tropfbewässerung bei 70 bis 95 % (Schiffler 1993, S. 19). Sie hängt bei den einzelnen Verfahren auch von der Anwendung ab und kann durch Nachrüstung und veränderte Handhabung zusätzlich gesteigert werden, so daß nicht zwangsläufig zur Effizienzsteigerung auf ein anderes System umgerüstet werden muß (Postel 1993b, S. 60 ff.). Die Wahl der Bewässerungsmethode hängt zusätzlich von Bodenart, Topographie, Art der Wasserquelle, Wasserqualität, Qualifizierung der Arbeitskräfte und Witterungsbedingungen ab (Gleick 1993, S. 275).

Die Überstaubewässerung ist auf einen ausreichend starken, nicht zu salzhaltigen Wasserstrom sowie leicht geneigte Flächen und Böden mit mindestens mittlerer Wasserhaltekapazität angewiesen. Die Anforderungen an Energie und Qualifikation sind gering. Bei fehlender Drainage besteht die Gefahr von Staunässe. In ariden Gebieten kommt es dann zur Aufkonzentration von Salzen im Boden, was durch die Lösung von Bodensalzen und kapillaren Aufstieg zusätzlich verstärkt wird.

Die Beregnungsbewässerung setzt einen geringeren, kontinuierlichen, salzarmen Wasserstrom voraus. Die Energie- und Qualifikationsanforderungen sind mittel bis hoch. Bei starken Winden können hohe Verluste auftreten.

Die Tropfbewässerung ist aufgrund hoher Investitionskosten im allgemeinen auf höherwertige Anbauprodukte beschränkt. Es können auch salzhaltigere Wässer bis 3 000 ppm TDS bzw. 600 ppm Chlorid und 700 ppm Sulphat sowie behandelte Abwässer eingesetzt werden (Shevah/Kohen 1993, S. 14). Die israelischen Erfahrungen zeigen bei einem um ca. 30 % reduzierten Wasserbedarf im Schnitt zweieinhalbfach höhere Erträge (Shevah/Kohen 1993, S. 15). Gleichzeitig werden Staunässe- und Drainageprobleme verringert, und der Einsatz von Nährstoffen kann reduziert werden. Allerdings sind die porösen Röhren störanfällig. Auch bei der Anwendung von Tropfbewässerung kann es zu Versalzungsproblemen kommen, wenn sich um die Pflanzenwurzeln ein Salz-Mikro-Klima ausbildet. Bei einsetzendem Regen lösen sich die Salzkrusten, so daß die Gefahr entsteht, daß die Ernten aufgrund der stark erhöhten Salzkonzentration eingehen.[17]

---

17 Mündliche Auskunft von Prof. M. Jekel, TU Berlin, am 13.6.1994.

Beim Einsatz moderner Bewässerungsverfahren werden von den Anwendern höhere Qualifikationen erwartet. Organisatorische Strukturen sollten daher so beschaffen sein, daß die Verantwortung bei den Nutzern liegt. Wichtig ist, nur bei Bedarf zu bewässern. Beispielsweise läßt sich über Tensiometer, z. B. mit Elektroden versehenen Gipsblöcken, in der Wurzelzone die Feuchte über die Leitfähigkeit leicht kontrollieren. Der Wasserverbrauch kann so um rund 25 % reduziert werden (Postel 1993b, S. 62). Die Kontrolle über den Verbrauch setzt entsprechende Verbrauchsmessungen beim Endnutzer voraus.

Hilfreich sind auch Wetterdaten über Verdunstungsraten und Regenvorhersagen. In Israel sind Bewässerungssysteme oft mit Ausschaltautomatik versehen, die entweder zeit- oder volumenprogrammiert sind. Gleichzeitig können durch Computersteuerung verschiedene Systeme hinsichtlich des Energie- und Wasserverbrauchs koordiniert werden (Shevah/Kohen 1993, S. 15). Hier können Probleme des Technologietransfers und Abhängigkeiten von der Hochtechnologie die Kehrseite der Medaille darstellen.

In Tabelle 6.5 (S. 182) werden die israelische, palästinensische und jordanische Bewässerungslandwirtschaft miteinander verglichen. Die Gegenüberstellung verdeutlicht zum einen die Differenz im Gesamtwasserverbrauch in der Landwirtschaft zwischen Israel auf der einen und Palästinensern und Jordaniern auf der anderen Seite. Zum anderen zeigt sich, daß in Israel durch Technik selbst kaum noch eine weitere Einsparung von Bewässerungswasser zu erwarten ist. In den palästinensischen Gebieten und Jordanien dagegen kann die Anwendung moderner Bewässerungsverfahren noch ausgedehnt werden; wenn aber gleichzeitig die bewässerte Fläche vergrößert wird, ist auch hier kein absolutes Sparpotential zu erwarten. Insbesondere in der Westbank und im Gazastreifen wird eine Ausdehnung der Bewässerungslandwirtschaft erwartet, da diese eines der ökonomischen Standbeine der Palästinenser darstellt. Khatib und Assaf gehen in einer Schätzung von einem künftigen Bedarf von 700 Mio. m^3/a aus (Khatib/ Assaf 1993, S. 134).

Insofern ist gerade beim Festhalten an der Bewässerungslandwirtschaft die konsequente Anwendung moderner Verfahren besonders wichtig. Für Khoudary stellen die Nutzung moderner Bewässerungsmethoden und eine bessere Auswahl der Anbauprodukte die zwei wesentlichen Optionen für die Überwindung der Wasserkrise im Gazastreifen dar (El-Khoudary 1994, S. 369).

Tabelle 6.5: Vergleich der israelischen, palästinensischen und jordanischen Bewässerungslandwirtschaft

	Landwirtschaftlich genutzte Fläche ha	davon bewässert ha	Anteil moderner Bewässerung %	Wasserverbrauch Mio. m³/a	Besonderheiten	Zusätzl. Sparpotential
Israel	430 000[a]	220 000[a]	nahezu 100[a]	1 230[a]	Vorreiterfkt. für Tropfbewässerung	nein
Westbank (nur Palästinenser)	63 000[j]	9 500[h]/ 11 400[j]	68[a]	90[j]	bewässerbare Fläche WB+Gaza: 71 200 ha[j] -> Ausdehnung der bewässerten Fläche erwartet	ja 16-20 Mio m³/a allein bei Zitrus[h]
Gazastreifen (nur Palästinenser)	16 800[j]	11 000[j]	68[i]	72[j]		
Jordanien	?	60 900[d]	68[e]	650[d]	+ 36 000 ha bis 2000; 58 % Verluste[g]	ja

Quellen: a) Shevah/Kohen (1993, S. 11); b) Lowi (1993a, S. 132); c) Postel (1993a, S. 85); d) Salameh/Bannayan (1993, S. 103); e) Schiffler (1993, S. 19); f) Isaac (1993, S. 60); g) Abu-Taleb et al. (1992, S. 120); h) UNCTAD (1993c, S. 85, 106 f.); i) Shuval (1993, S. 91); j) Khatib (1993, S. 126, 132 f.); k) Elmusa (1993, S. 65); l) JMCC (1994, S. 55).

Haushalte

Der Wasserverbrauch von Haushalten schwankt in der Region insgesamt sehr stark nach Größe von Wohnungen und Grundstücken, sozioökonomischer Situation und Schicht, Art der Wasserversorgung, Stadt oder Land. Im Jordanbecken ist derzeit die gesamte Bandbreite zwischen einer modernen Wasserversorgung in den israelischen Städten bis hin zu einfachen (aber unzureichenden) Zapfsystemen in palästinensischen Flüchtlingslagern oder auf dem Land in Jordanien zu finden. Dies spiegelt sich im durchschnittlichen israelischen, palästinensischen und jordanischen spezifischen Wasserverbrauch wieder, wie Tabelle 6.6 zeigt. Insofern sollen im folgenden lediglich Anhaltswerte dafür gegeben werden, welcher spezifische Wasserverbrauch in modernen Haushalten durch entsprechende Techniken möglich erscheint.

Tabelle 6.6: Spezifische Wasserverbräuche im Jordanbecken

	Israel	Westbank	Gazastreifen	Jordanien
Spezifischer Verbrauch (l/d*E)	274	46-68	46	73-92

Der Wasserverbrauch läßt sich relativ einfach durch umweltbewußtes Verhalten, durch Reparatur von undichten oder tropfenden Leitungen und Armaturen, durch Ersatz von herkömmlichen Armaturen durch Spararmaturen sowie durch Übergang zu wassersparenden Haushaltsgeräten mindern. Eine Studie im Auftrag der Stadt Frankfurt am Main geht davon aus, daß für Wohngebäude, die in den neunziger Jahren erbaut werden, sich der spezifische Wasserverbrauch von 150 auf 90 l/d*E senken läßt. Dies setzt voraus, daß die Gebäude mit Wohnungswasserzählern ausgestattet sind, ein angepaßter Wasserdruck gewährleistet wird, Toilettenspülungen mit Spartechnik eingebaut werden, keine Lochduschbrausen eingesetzt werden, ein signifikanter Anteil neuerer Wasch- und Spülmaschinen benutzt und zur Freiflächenbewässerung Regen- oder Brauchwasser eingesetzt werden (Drewes 1992, S. 70).

Drewes vergleicht den erreichbaren Wasserverbrauch einzelner Verwendungszwecke mit den Mittelwerten der Bundesrepublik (alt) und kommt zu der in Tabelle 6.7 (S. 184) aufgeführten Gegenüberstellung. Diese Werte lassen sich aufgrund der unterschiedlichen klimatischen Bedingungen allerdings nicht uneingeschränkt auf den Wasserverbrauch der Haushalte im Jordanbecken übertragen.

Um zu verdeutlichen, welches Einsparpotential die verschiedenen Spartechniken einschließlich der Reparatur von Haushaltsarmaturen haben, seien Einsparpotentiale und Kosten aufgeführt (Tabelle 6.8, S. 184). Es geht bei diesen technischen Maßnahmen nicht um eine Einschränkung des Komforts, sondern darum, unnötigen Wasserverbrauch dadurch zu vermeiden, daß Armaturen und Haushaltsgeräte eingesetzt werden, die bewußt in Hinblick auf die Wassereffizienz optimiert worden sind. Die praktische Umsetzung dieser Maßnahmen läßt sich auf unterschiedliche Weisen betreiben. Die Initiative mag bei den Verbrauchern, den Wasserversorgungsunternehmen oder Kommunen liegen.

Tabelle 6.7: Herkömmliche und voraussichtliche Wasserverbräuche in bundesdeutschen Haushalten

Verwendungszweck	Mittelwert (l/d*E)	Neubauten (l/d*E)	Maßnahmen
Körperpflege, inkl. Baden/ Duschen	55	40	Druckminderer, Duschköpfe
Toilettenspülung	47	20	Stopptaste, Sechs-Liter-Spülkästen
Waschen	29	20	neue Wasch- und Spülmaschinen
Gartenbewässerung	6	2	Regenwassernutzung
Autowäsche/Putzen	4	5	
Trinken/Kochen	3	3	
Sonstige	6	0	
Summe	150	90	

Quelle: Drewes (1992, S. 69).

Tabelle 6.8: Wassereinsparpotentiale in Haushalten

Maßnahme	Herkömmlicher Verbrauch	Verbrauch von Spartechniken	Mittleres Einsparpotential	Niedrigste Kosten im US-Einzelhandel 1992
Reparatur: Wasserhahn, 1 Tropfen/sec			17 l/d[a]	
Reparatur: Gerinsel im Toilettenbecken			200-500 l/d[a]	
Toilettenspülung: 6-l- oder 4/6 l	19-26 l/Spülung	3,8-6,1 l/Spülung[b]	18 l/Spülung[b]	95 US $/Stück
Duschköpfe: Durchflußbegrenzer, Zerstäuber	15-23 l/min	5,7-8,5 l/min	11 l/min[b]	5 US $/Stück
Wasserhähne: Durchflußbegrenzer, Zerstäuber	11-23 l/min	1,9-9,5 l/min	11 l/min[b]	2 US $/Stück
Waschmaschine:	150-210 l/Wasch-	95-100 l/Wasch-	78 l/Waschgang[b]	460 US $/Stück

Quellen: a) Drewes (1992, S. 70); b) eigene Berechnung aus Gleick; sonst: Gleick (1993, S. 413).

Von seiten der Politik kann es sinnvoll sein, Normen für neue Armaturen und Geräte einzuführen, finanzielle Anreize über die Erhebung kostendeckender Wassergebüren zu geben und Aufklärungskampagnen in der Öffentlichkeit zu starten. Denkbar ist auch, daß Wasserwerke oder Kommunen selbst Reparaturen und den Einbau effizienter Armaturen durchführen lassen, um so auf eine Dargebotsausweitung verzichten zu können *(least-cost planning)*. Beispielsweise konnte die Stadt Boston von 1987 bis 1991 durch ein integriertes Programm den Gesamtwasserverbrauch um 16 % mindern, wobei die Kosten lediglich ein Drittel bis die Hälfte entsprechender Erschließungsmaßnahmen betrugen (Postel 1993a, S. 128 f.). Auf der anderen Seite rechnen sich entsprechende Maßnahmen dann für den Verbraucher, wenn er tatsächlich für seinen Wasserverbrauch zahlen muß. Die jeweilige Amortisationszeit ergibt sich für die einzelnen Haushalte in Abhängigkeit von den Wasserkosten und der Personenzahl. Für Hamburger Zwei-Personen-Haushalte wurden im Bereich der Armaturen Amortisationszeiten von nur vier Monaten errechnet (Drewes 1992, S. 72). Ein weiterer Vorteil verminderten Wasserverbrauchs liegt in der kapazitären Entlastung von Kläranlagen, deren Funktionsfähigkeit bei konzentrierten Frachten verbessert wird.

Ein weiteres Problem des städtischen Wasserverbrauchs stellen die Spitzenlasten dar, die gerade in der trockensten Jahreszeit durch die Bewässerung von Grünanlagen entstehen. Für diese Bedarfsspitzen müssen zusätzliche Kapazitäten zur Verfügung stehen. Etliche Gemeinden in den USA haben daher das sogenannte "Xeriscape"-Prinzip (von "xeros" = trocken) in der Gartengestaltung eingeführt. Dabei wird von Rasen auf Bodendecker und Stauden ausgewichen, die sich durch eine hohe Trockenheitsresistenz auszeichnen. Im kalifornischen Novato konnten so 54 % weniger Wasser, 61 % weniger Dünger und 22 % weniger Herbizide eingesetzt werden (Postel 1993a, S. 132).

Für die Staaten des Jordanbeckens lassen sich aus dem Gesagten folgende Schlußfolgerungen ziehen: Generell gilt für alle betroffenen Staaten, daß Wasserinvestitionen im Bereich von Haushalten, öffentlichen Einrichtungen und Gewerbe vor dem Hintergrund des starken Bevölkerungswachstums und wachsender Städte ein großes Potential darstellen. Es geht also nicht nur um eine Minderung des derzeitigen Verbrauchs, sondern um die vorsorgende Planung im Blick auf die Wasserversorgung der künftigen Generationen.

In Israel ist im Bereich der Haushalte ein signifikantes Sparpotential erkennbar. Hier sollten obige Maßnahmen auf breiter Basis gefördert werden. Erfolge hat bereits die Stadt Jerusalem zu verbuchen: Durch die Installation wassersparender Geräte, die Suche und Beseitigung von Lecks oder durch effizientere Bewässerungen von Parkanlagen und anderes mehr konnte der Pro-Kopf-Verbrauch von 1989 bis 1991 um 14 % gesenkt werden (Postel 1993a, S. 124). Auch Avnimelech plädiert für eine Senkung des städtischen Verbrauchs von derzeit 100 m^3/a (Avnimelech 1994, S. 49).

In den palästinensischen Gebieten beginnen Planungen quasi bei Null. Hier ist ein umfassendes Konzept integrierter Wassernutzung besonders wichtig. Durch Normen für den Wasserverbrauch von Geräten und Armaturen, Wasserpreisanhebung und technische Ausführungen beim Wieder- und Neuaufbau können hier frühzeitig die Weichen gestellt werden. Khatib und Assaf plädieren für gesetzliche Vorschriften für Wasserspararmaturen und Hygiene-Aufklärungskampagnen in Schulen, Fabriken und Kliniken (Khatib/Assaf 1993, S. 137).

In Jordanien gehen die wasserpolitischen Neuerungen bereits seit Ende der achtziger Jahre teilweise in diese Richtung. Hier gilt es, den Vollzug sicherzustellen und die Popularität der kleinen, dezentralen Maßnahmen zu steigern. Gleichzeitig sollten bei Modernisierungen auch entsprechend effiziente Wasserspartechniken gewählt werden, womit die Chance entsteht, den niedrigen Pro-Kopf-Verbrauch zu halten. Als Ziel gilt allerdings bislang eine Erhöhung des städtischen Verbrauchs als Zeichen wachsenden Wohlstands.

Industrie

Der Wasserverbrauch der Industrie fällt je nach Art und Organisation des Produktionsprozesses - auch in ein- und derselben Branche - sehr unterschiedlich aus. Oft sind gegenüber herkömmlichen Produktionsabläufen Einsparungen von 40 bis 90 % möglich (Postel 1993a, S. 119). Die Reduktion des industriellen Wasserverbrauchs trägt dabei nicht nur zur Schonung knapper Wasserressourcen bei, sondern oft darüber hinaus zum Gewässerschutz, wenn durch Wiederverwendung oder Kreislaufführung toxische Einleitungen verringert und Produktionsrohstoffe wiedergewonnen werden.

Wasser erfüllt bei der Vielzahl industrieller Prozesse sehr verschiedene Funktionen: als Rohstoff zur Produkterzeugung (z. B. Getränkeindustrie), als Brauchwasser in der Prozeßführung (z. B. Kühlwasser), als Transportmittel (z. B. Schwemmwasser) sowie als Belegschaftswasser. Der höchste Anteil entfällt auf Kühlzwecke. In der Bundesrepublik sind dies etwa 85 % der industriell genutzten Wassermengen (Winje/Witt 1983, S. 8). Diese verschiedenen Funktionen des Wassers haben wiederum sehr unterschiedliche Anforderungen an die Wasserqualität. Höchste Qualitätsansprüche müssen allgemein an Kesselspeisewasser gestellt werden, das nur geringe Mengen an Salzen enthalten darf. Für andere Zwecke bedarf es oft keiner Trinkwasserqualität, so daß hier im Prinzip ein 100%iges Einsparpotential an Trinkwasser besteht.

Somit bieten sich in der Industrie große Möglichkeiten zur Einsparung von Trinkwasser:

- Bei vielen Produktionsprozessen ist die Kreislaufführung des Wassers möglich, wobei dieses in einem geschlossenen System umgewälzt wird und lediglich durch geringe Mengen an "Zusatzwasser" von außen ergänzt werden muß.
- Werden geringere Ansprüche an die Wasserqualität gestellt, besteht die Möglichkeit, auf aufbereitete (kommunale) Abwässer sowie in ariden Gegenden auf Brackwasser zurückzugreifen.
- Der gesamte Produktionsprozeß kann in Hinblick auf die Minimierung des Wasserverbrauchs neu geplant werden. Beispiele für drastische Einsparungen gegenüber herkömmlichen Prozessen bieten die Papierindustrie in Schweden und die Computer- und Elektronikindustrie in Kalifornien.
- Bei der Neuansiedlung von Industrien in ariden Gebieten können wasserarme Industrien planerisch oder finanziell bevorzugt werden.

Verschiedene Indikatoren ermöglichen den Vergleich von Wassernutzungen. Die Wasserproduktivität gibt an, wieviel Nettoproduktionswert pro eingesetztem Wasservolumen erwirtschaftet wird. Dieser Indikator kann für einzelne Produkte, industrielle Sektoren oder für die Volkswirtschaft ermittelt werden. In Israel konnte die durchschnittliche Wasserproduktivität in der Industrie von 1962 bis 1975 von 5 US-Dollar/m^3 auf 12,8 US-Dollar/m^3 (Clarke 1994, S. 91; eigene Umrechnung), in Japan von 1965 bis 1989 von 21 US-Dollar/m^3 auf 77 US-Dollar/m^3 (Postel 1993a, S. 113) erhöht werden.

Der Recyclingfaktor gibt an, wie oft Wasser im Kreis geführt wird. Lag der durchschnittliche Recyclingfaktor 1965 in den USA noch bei 1.8, so wird bis Ende der neunziger Jahre angestrebt, Brauchwasser im Schnitt bis zu 17 Mal im Kreis zu führen (Postel 1993a, S. 114). Nach Drewes liegt der Recyclingfaktor in Israel bereits bei 16 (Drewes 1992, S. 80). Indikatoren der Wasserintensität der Industrien einzelner Staaten sind ihr Anteil am Gesamtwasserverbrauch sowie ihr Anteil am Bruttosozialprodukt.

Zusätzliche Anreize für das Wassersparen in der Industrie können durch Wassergebühren und Abwasserstandards geschaffen werden. Sinnvoll können auch staatliche Lizenzen mit Höchstgrenzen für den Betrieb privater Grundwasserbrunnen sein, wenn durch Übernutzung eine Senkung des Grundwasserspiegels zu befürchten ist.

In den Staaten des Jordanbeckens ist der Anteil des industriellen Wasserverbrauchs am Gesamtverbrauch mit ca. 5 % vergleichsweise gering. (In vielen westlichen Industrieländern liegt er dagegen bei 50 bis 80 % (Postel 1993a, S. 112). Sowohl in Israel als auch in Jordanien überwiegt die Gewinnung und Verarbeitung landwirtschaftlicher Produkte und von Mineralien (Düngemittelherstellung). Dennoch ist die Wasserverfügbarkeit bereits heute limitierender Faktor bei der Neuansiedlung von Industrien in Jordanien (Salameh/Bannayan 1993, S. 102). Die Art und Weise der Wassernutzung wird insbesondere in Hinblick auf die künftige industrielle Entwicklung der Region eine Rolle spielen. Bei entsprechenden Neuansiedlungen sollten generell wasserarme Produktionsverfahren bevorzugt und spezifische Anreize hierfür geschaffen werden.

6.3 Perspektiven einer nachhaltigen Nutzung

Die Wasserkrise im Jordanbecken wird als internationale Krise wahrgenommen, so daß zwischenstaatliche Abkommen angestrebt werden müssen. Neben politischen Lösungen im Rahmen des Nahost-Friedensprozesses werden technische Lösungen der Krise gesucht. Es stellt sich nun abschließend die Frage, welche Perspektiven sich unter dem Aspekt der Nachhaltigkeit für Nachfragesteuerung und Dargebotsausweitung ergeben.

Ziel der Untersuchung war die Evaluierung möglicher wasserwirtschaftlicher Strategien, die in der Lage sind, das Problem knapper Wasserressourcen im Jordanbecken zu entspannen. Bereits heute übersteigt die Nachfrage nach Wasser in dieser Region das erneuerbare Dargebot, und eine Dramatisierung der Situation ist angesichts der raschen Zunahme der Bevölkerung und der weiteren ökonomischen Entwicklung Jordaniens und Palästinas nicht auszuschließen. Gleichzeitig mit der Reduzierung der verfügbaren natürlichen Wassermenge ist mit einer Degradierung der Wasserqualität zu rechnen.

Die wasserwirtschaftlichen Strategien wurden unterschieden in die Strategie der Ausweitung des Dargebots und in die der an Effizienzkriterien orientierten Strategie der Nachfragesteuerung. Die Möglichkeiten der Dargebotsausweitung wurden differenziert in Nutzbarmachung konventioneller und nichtkonventioneller Techniken und Mehrfachnutzung. Die Stategien der Nachfragesteuerung wurden unterschieden in institutionelle Strategien, im Sinne der Steigerung der ökonomischen Effizienz der Wassernutzung, und in technologische Strategien, im Sinne der Steigerung der technischen Effizienz. Die Frage war, welche der einzelnen Maßnahmen als nachhaltig unter den regionalen Bedingungen bewertet werden können. Wenngleich alle diese Optionen mögliche "Lösungen" des Problems darstellen, so muß doch zwischen ihren ökonomischen, ökologischen, sozialen und politischen Auswirkungen unterschieden werden, und diese Auswirkungen unterscheiden sie in ihrer Zukunftsfähigkeit.

Im folgenden sollen nicht die einzelnen Einschätzungen der jeweiligen Strategien wiederholt werden, es sollen vielmehr Empfehlungen hinsichtlich nachhaltiger technischer und institutioneller Maßnahmen ausgesprochen werden. Die zu empfehlenen Maßnahmen betreffen Möglichkeiten auf kommunaler, auf nationaler und auf regionaler (internationaler) Ebene. Der Unterscheidung in technische und institutionelle Maßnahmen liegt der Gedanke zugrunde, daß Technikeinsatz und Institutionenbildung zwar planerische Alternativen darstellen, daß aber beide benötigt werden.

Unter diesen Voraussetzungen können aus der Auseinandersetzung mit den verschiedenen Möglichkeiten der Dargebotsausweitung und der Nachfragesteuerung (Abschnitt 6.2) Schlußfolgerungen für eine nachhaltige Wassernutzung im Jordanbecken gezogen werden.

6.3.1 Technische Maßnahmen

6.3.1.1 Optimierung der Nutzungen

Effiziente Wassernutzung auf der Verbraucherebene

Durch die Einführung effizienter Bewässerungsmethoden wurde in den letzten Jahrzehnten die Bewässerungslandwirtschaft im Jordanbecken revolutioniert. Hier ist ein zusätzliches Einsparpotential in den palästinensischen Gebieten und in Jordanien zu finden. Das größere Potential für Spartechniken wird aber im häuslichen und städtischen Sektor der drei Länder liegen. Bei starkem Bevölkerungwachstum und zunehmender Verstädterung wird der Anteil dieses Sektors am Wasserverbrauch rasch steigen. In Israel dürfte durch Verwendung von Spartechniken ein erhebliches Einsparpotential aktivierbar sein, bis zu einer Halbierung des derzeitigen Wasserverbrauchs ohne nennenswerten Komfortverlust. In Palästina und Jordanien können bei steigendem Lebensstandard mit Spartechniken überdimensionale Anstiege des Wasserverbrauchs im städtischen Sektor vermieden werden. Zielwert für moderne Haushalte könnte 90 l/d*E Frischwasser sein, wenn Grau[18]- oder Regenwasser zur Gartenbewässerung verwendet wird. Dieser Wert be-

---

18 Grauwasser im Sinne von aufbereitetem Abwasser.

zieht sich nur auf den Verbrauch privater Haushalte, der gesamte städtische Verbrauch pro Person muß entsprechend höher angesetzt werden. Der Einsatz geeigneter Spartechniken würde sich, unter der Voraussetzung, daß eine Wasserpreispolitik auf der Basis der wahren Kosten betrieben und der Wasserverbrauch angemessen abgerechnet wird, im allgemeinen schnell amortisieren. Die Industrien der Region gelten bereits als relativ "wasserarm". Entsprechendes Wissen gilt es bei dem anstehenden strukturellen Wandel der Wirtschaft auszubauen.

Reduzierung von Leitungsverlusten und Auf- bzw. Umbau von Ver- und Entsorgungsstrukturen

In Israel wurden in den letzten fünf Jahren bereits Anstrengungen zur Reduzierung der Leitungsverluste unternommen, so daß die Verluste heute meist bei 10 bis 15 % liegen. In Jordanien und im Westjordanland werden die Verluste auf 30 % bzw. 50 % geschätzt. Zudem sind die palästinensischen Gebiete unzureichend an Ver- und Entsorgungsnetze angeschlossen. Der Zielwert der Reduzierung von Leitungsverlusten kann bei 8 % echten Verlusten liegen. Obwohl eine Sanierung von Leitungssystemen finanziell aufwendig sein kann, handelt es sich um eine Maßnahme, die aus betriebswirtschaftlicher, sicherheitstechnischer, hygienischer und ökologischer Sicht wünschenswert ist. Gleichzeitig ist sie oft günstiger als die meisten Projekte zur Dargebotsausweitung. Neben der Sanierung von Leitungssystemen kann der Übergang von offenen Ver- und Entsorgungskanälen in Landwirtschaft und Kommunen zu geschlossenen Systemen vollzogen werden.

Abwasserbehandlung und -wiederverwendung

Derzeit wird ausreichend aufbereitetes, städtisches Abwasser in größerem Umfang lediglich in Israel wiederverwendet, dessen absolut anfallende Abwassermenge im Vergleich zu Jordanien und den palästinensischen Gebieten allerdings auch am höchsten ist. In Zukunft wird in allen drei Staaten eine angemessene Abwasserbehandlung eine höhere Priorität erhalten müssen. Wenn das gesamte Frischwasserpotential künftig zunächst im städtischen und industriellen Sektor eingesetzt würde, könnte unter der Annahme, daß 65 % des städtischen Verbrauchs in der Landwirtschaft wiederverwendet werden, mit einem künftigen Gesamtpotential in Israel, Palästina und Jordanien von bis zu 1 600 Mio. m^3/a gerechnet werden.

Wenngleich die Kosten für die Abwasserbehandlung relativ hoch sind, so gibt es zu einer konsequenten Abwasserbehandlung in der Region keine echte Alternative. Gegenüber den Kosten zur Aufbereitung sind die zusätzlichen Bereitstellungskosten zur Wiederverwendung vergleichsweise gering, zumal wenn berücksichtigt wird, daß auch andere Methoden der Klarwasserentsorgung Kosten mit sich bringen. Da die Abwasserwiederverwendung den Schutz der vorhandenen Ressourcen und die Ausweitung des Dargebots ermöglicht, sollte dieser Maßnahme ein hoher Stellenwert eingeräumt werden.

Mit diesen drei Möglichkeiten wird das Spektrum notwendiger Investitionen zur Behebung derzeitiger Defizite in den nationalen Wasserinfrastrukturen abgedeckt, ein erhebliches Potential zur zusätzlichen Bedürfnisbefriedigung aufgezeigt und ein Schritt in Richtung eines langfristigen Schutzes der Wasserressourcen getan. Wenngleich auch diese Maßnahmen Kosten mit sich bringen, so helfen sie, die internen wasserwirtschaftlichen Bedingungen, unabhängig von externen Wasser- und Geldgebern sowie hohem zusätzlichen Energie- und Materialeinsatz, zu verbessern. Diese Maßnahmen sind daher uneingeschränkt zu empfehlen. Es spricht indes nichts dagegen, mit vorhandenen und potentiellen internationalen Geldern zunächst dieses Spektrum an Maßnahmen abzudecken und erst, wenn in der gesamten Region angemessene Standards erreicht sind, zu anderen Möglichkeiten überzugehen. Dabei kann die lokale Ausgestaltung durchaus unterschiedlich ausfallen. Beispielsweise müssen nicht alle Orte an eine zentralisierte Schwemmkanalisation und an Großkläranlagen angeschlossen werden. Aber es sollte sichergestellt werden, daß kommunale Abwässer nicht weiterhin die knappen Frischwasserressourcen belasten oder gar zu hygienischen Problemen führen.

6.3.1.2 Nachhaltige Dargebotsausweitungen

Regenwassersammlung

In den palästinensischen Gebieten stellt die Regenwassersammlung von Hausdächern und Treibhäusern zur Zeit eine der wenigen Möglichkeiten dar, kurzfristig zusätzliches Wasser verfügbar zu machen, ohne den langwierigen Weg über die Militärbehörden zu nehmen. Palästinensische Nichtregierungsorganisationen wie die Palestinian Hydrology Group unterstützen die Bevölkerung bei diesen Maßnahmen. Wenngleich die Regenwasserspeicherung in Israel und Jordanien bisher wenig Popularität genießt, stellt sich die Frage, warum dieses einfache, billige und umweltschonende Verfahren nicht auch dort durchgeführt werden sollte. Dies trifft insbesondere für die regenreichen Regionen Israels zu. Die Vorteile liegen in der Reduktion des Frischwasserbedarfs und in der Entlastung der Kanalisation. Ökonomische Anreize könnten die Umsetzung dieser Maßnahme fördern.

Flutwasserspeicherung und künstliche Grundwasseranreicherung

Israel setzt bereits seit Jahren an geeigneten Orten Flutwasserspeicherung und Grundwasseranreicherung zur Dargebotsausweitung ein. Im Winter wird nicht genutztes Jordanwasser aus dem National Water Carrier in den Sanddünen an der Küste verrieselt sowie Flutwasser in oberirdischen Becken gespeichert. Zusätzliche Möglichkeiten der Flutwasserspeicherung und Grundwasseranreicherung hängen weitgehend von zwischenstaatlichen Vereinbarungen und somit von entsprechenden Fortschritten bei den Wasserverhandlungen ab.

Die Möglichkeit der Flutwasserspeicherung im Aravatal/Wadi Araba gehört zu den "Kooperationsvorschlägen" der israelischen Verhandlungsdelegation gegenüber Jordanien[19] (The Jerusalem Post, 18.8.1994). Allerdings sollte in diesem Fall sinnvollerweise die kooperative Nutzung von Flutwasser mit einer Einigung über die Nutzung der knappen grenzüberschreitenden Grundwasservorkommen einhergehen. Zum einen erhofft sich Jordanien in den Wasserverhandlungen eine Klärung der derzeit ungeregelten Grundwassernutzungen; zum anderen ist die Behandlung der Grundwasserfrage spätestens dann notwendig, wenn das Flutwasser unterirdisch gespeichert werden soll, was bei den gegebenen klimatischen Bedingungen vorteilhaft wäre. Offen sind auch die Maßnahmen zur Flutwasserspeicherung am Yarmuk. Diese hängen insbesondere von einer Aufhebung des israelischen Vetos gegenüber dem geplanten jordanisch-syrischen Staudammprojekt ab.

Ein weiteres Potential zur Flutwasserspeicherung besteht nach Expertenangaben in der Westbank. Dieses kann so lange nicht genutzt werden, wie davon auszugehen ist, daß die israelischen Militärbehörden keine Genehmigung erteilen. Insofern ist die Umsetzung an eine Lösung des israelisch-palästinensischen Wasserkonflikts geknüpft. Die Grundwasseranrei-

---

19 Die eigentlich im Friedensprozeß zu klärende Frage im Arava-Tal/Wadi Araba ist die Nutzung der grenzüberschreitenden Grundwasser-Aquifere. Darüber hinaus könnte die lokale Wasserknappheit durch kooperative Flutwasserspeicherung gemildert werden.

cherung ist in der Region insbesondere in Hinblick auf die Stabilisierung der Grundwassergleichgewichte interessant (Aquiferen-Restauration). Bei der Errichtung zusätzlicher Dämme müssen vor der Entscheidung soziale und ökologische Folgen sowie Folgen für das antike Kulturgut der Region abgeschätzt werden.

Technische Großprojekte zur Meerwasserentsalzung und Fernleitungen können aufgrund ihrer hohen Kosten und des zusätzlichen Energie- und Materialeinsatzes ökonomisch und ökologisch nicht empfohlen werden. Das Argument, daß diese wünschenswert wären, um die Situation zu entschärfen, relativiert sich unter den spezifischen politischen Gegebenheiten: Importprojekte, die machbare Dimensionen nicht sprengen, stoßen bislang auf politische Widerstände. Meerwasserentsalzung kann, wenn überhaupt, nur im Rahmen einer zwischenstaatlichen Umverteilung der Nutzung der natürlichen Ressourcen sinnvoll erfolgen. Vorschläge, entsalztes Meerwasser von der Mittel- oder Rotmeerküste in die jordanischen oder palästinensischen Zentren zu transportieren, um die dortige Knappheitssituation zu entspannen[20], bleiben so lange fragwürdig, wie Israel Wasser vom Yarmuk und Jordan oder aus den Westbank-Aquiferen wiederum an die israelische Mittelmeerküste leitet.

6.3.1.3 Forschungsbedarf

Optimierung der Abwasserbehandlung zur landwirtschaftlichen Wiederverwendung

Gesucht sind Verfahren, die einerseits den Gehalt an pathogenen Mikroorganismen minimieren, andererseits aber nicht zwangsläufig pflanzenverfügbare Nährstoffe eliminieren. Ob dieser Anspruch in jedem Fall zu einem Widerspruch führt, da der Nährstoffgehalt eine Wiederverkeimung begünstigt, ist hier nicht zu klären. Zumindest ist festzustellen, daß sich die Diskussion um die Verfahren insofern von der in gemäßigten Klimaten unterscheidet, als daß die Methode der Oxidationsteiche zumindest im kleinen Maßstab in ariden Gebieten eine Alternative darstellt. Allerdings darf eine bestimmte Fracht pro Oxidationsteich nicht überschritten werden, und die Anwendung in großem Umfang wird in Israel und Palästina aufgrund fehlender Flächen eher limitiert sein. In Jordanien wird die größte Kläranlage des Landes, as Samra, nach diesem Prinzip betrieben, allerdings aufgrund

---

20 Beispielsweise geäußert von Dr. Homberg von Tahal in einem Gespräch am 24.8.1994.

zu hoher Frachten nur wenig erfolgreich (Salameh/Bannayan 1993, S. 78 f.). Zur Zeit findet in Israel der Übergang zu den Methoden der sekundären und tertiären Abwasserbehandlung statt.

Solare Entsalzung von Brackwasser

Lokal könnte die Entsalzung von Brackwasser mit Hilfe einfacher solarthermischer Verfahren oder mit Photovoltaik und Umkehrosmose eine Rolle spielen, insbesondere wenn damit aufwendige Transporte zusätzlichen Wassers vermieden werden. Derzeit wird im Jordanbecken auf kommerzieller Ebene noch keine solare Entsalzung betrieben, und sie ist neben der Entsalzung im Großmaßstab auch gar nicht in der Diskussion. Kosten und Potential beider Methoden wären abzuschätzen und zu vergleichen. Interessant könnte die thermisch-solare Entsalzung insbesondere dort sein, wo Siedlungen an keine zentrale Stromversorgung angeschlossen sind.

6.3.2 Institutionelle Innovationen

Sowohl auf nationaler und kommunaler als auch auf regionaler Ebene könnten institutionelle Veränderungen die Wasserkrise im Jordanbecken wesentlich entschärfen.

6.3.2.1 Veränderung nationaler Wasserinstitutionen

Ziel veränderter nationaler wasserpolitischer Institutionen muß die ökonomisch effizientere Wassernutzung sein. In den Staaten des Jordanbeckens würde dies aller Voraussicht nach eine Umverteilung der Wasserressourcen von der Bewässerungslandwirtschaft in den städtischen und industriellen Sektor zur Folge haben. Dies wäre möglich durch eine staatliche Wasserpreispolitik, die allen Verbrauchern die wahren Kosten der Bereitstellung auferlegt, und durch nationale Wassermärkte, bei denen den Landwirten handelbare Eigentumsrechte zugesprochen würden sowie durch die Kombination beider Maßnahmen.

In einem ersten Schritt sollten alle innen- und außenpolitischen Gründe für das gegenwärtige Festhalten an einer ökonomisch nicht rechtfertigbaren Landwirtschaftspolitik offengelegt werden. Erst wenn Alternativen gefunden wären, bestünde die Möglichkeit einer Aufweichung der derzeitigen Machtpositionen.

Ein wesentliches Hindernis für institutionelle Innovation in Palästina liegt in dem israelischen "Alternativ"-Vorschlag, die Wasserinstitutionen beider Länder zu vereinheitlichen. Palästinensische Experten hingegen schlagen vor, die Zuständigkeiten regionaler und nationaler Institutionen zu trennen. Regionale Institutionen wären für die Kontrolle der Nutzung gemeinsamer Ressourcen zuständig, nationale oder kommunale für die Errichtung und den Betrieb der Wasserinfrastruktur. Dies setzt die Klärung der Anrechte an den gemeinsamen Ressourcen voraus.

Generell besteht in den einzelnen Ländern die Möglichkeit und die Notwendigkeit einer stärkeren Dezentralisierung der Wasserinstitutionen. Dies würde den Kommunen und Verbrauchern die Möglichkeit verstärkter Eigeninitiative einräumen, was die Kreativität hinsichtlich umweltverträglicherer, kleinerer Lösungen steigern könnte. Dies schließt auch die Förderung bzw. Ausbildung von Frauen in den sich entwickelnden Regionen ein, die dort bislang überwiegend für die Wasserversorgung zuständig sind.

6.3.2.2 Bildung regionaler Wasserinstitutionen

Regional besteht die Möglichkeit der Bildung von zwischenstaatlichen Wasser-Regimen mit völkerrechtlichem Status. Diese würden zunächst die Wasserrechte der Anrainer und Verfahren der Konfliktschlichtung festlegen. Auf dieser Grundlage könnte der zwischenstaatliche Handel von Wasser sowie die gemeinsame Kontrolle der internationalen Ressourcen geregelt werden. Im Sinne einer nachhaltigen Wassernutzung müßten die Steigerung der Nutzungseffizienz, die Reduzierung von Transporten und die Kooperation in nachhaltiger Technik hohe Priorität erhalten.

6.3.2.3 Forschungsbedarf

Sowohl hinsichtlich innovativer Wasserinstitutionen in den einzelnen Ländern als auch auf regionaler Ebene besteht Forschungsbedarf. Bei der Errichtung von Wassermärkten muß nach Formen von Eigentumsrechten, Trägern sowie Formen der Transaktionen gesucht werden. Gleichzeitig sind die sozialen Folgen veränderter Allokationen abzuschätzen und für den Übergang sind sinnvolle Ausgleichsprogramme einzurichten.

6.4 Politik und Technik

Die Frage der politischen Umsetzung technischer und institutioneller Maßnahmen einer nachhaltigen Wassernutzung im Jordanbecken ist in ihrer Interdependenz mit dem derzeitigen Nahost-Friedensprozeß zu untersuchen. Zwei Ebenen sind wichtig: die Rolle der Wasserverhandlungen im Friedensprozeß und die Rolle wasserwirtschaftlicher Maßnahmen für die Wasserverhandlungen.

6.4.1 Die Rolle der Wasserverhandlungen im Friedensprozeß

Die Wasserproblematik stellt eines der zentralen Probleme im Nahost-Friedensprozeß dar und betrifft die Verhandlungen Israels mit all seinen arabischen Nachbarn, insbesondere aber die bilateralen Verhandlungen mit Jordanien und den Palästinensern. Dabei wird der Stellenwert, der einer Lösung der Wasserfrage eingeräumt wird, die Art eines Abkommens über das Wasser und seine Rolle für ein Friedensabkommen bestimmen.[21] In der Wahrnehmung dieses Stellenwertes unterscheiden sich Israel auf der einen und Jordanien und Palästina auf der anderen Seite ganz erheblich. Obwohl Wasser für alle drei Staaten existentielle Bedeutung hat, bringt die derzeitige Nutzungskonstellation es mit sich, daß Jordanien und Palästina eine gerechte Lösung der Wasserfrage als notwendige Bedingung für ein Friedensabkommen betrachten müssen, Israel aber nicht. Diese Situation würde sich im Falle eines israelischen Rückzugs vom Golan, aus dem Südlibanon und aus der Westbank insofern ändern, als Israel dann zumindest an einer gemeinsamen Kontrolle der Wassernutzungen fundamentales Interesse hätte. Im Zusammenhang mit der Landfrage scheint eine irgendwie gestaltete Lösung der Wasserfrage unumgänglich. Es können zunächst drei idealtypische Möglichkeiten für den Ausgang der Wasserverhandlungen unterstellt werden:

---

21 Die "alte" Frage war, ob eine Lösung des Wasserproblems aufgrund seiner materiellen Bedeutung vor und unabhängig von einer Lösung des gesamten israelisch-arabischen Konflikts stattfinden und so zu einer Stabilisierung in der Region beitragen könne (vgl. Lowi 1993b). Diese Frage ist insofern überholt, als seit 1991 ein umfassender Friedensprozeß eingeleitet wurde, dessen Konzeption die Wasserfrage als eine der wesentlichen Fragen beinhaltet und somit zumindest implizit anerkennt, daß die Lösung der Wasserfrage und die Lösung des israelisch-arabischen Konflikts sich gegenseitig bedingen. Allerdings stellt sich die "alte" Frage innerhalb dieses Prozesses insofern neu, als der Stellenwert eines gerechten Wasserabkommens in und für den Prozeß offen ist.

1. "Lösung des Wasserproblems" im Rahmen des Friedensprozesses: Es kommt zu einer Zuteilung der Wasserrechte an den internationalen Wasserressourcen auf einer völkerrechtlichen Basis, die von allen Betroffenen als "gerecht" anerkannt wird.

2. "Eliminierung des Wasserproblems" im Rahmen des Friedensprozesses: Die gegenwärtigen Nutzungen bleiben weitgehend unangetastet, weil die (zusätzlichen) Wasserbedürfnisse Jordaniens und Palästinas durch externe Wasserressourcen, aber nicht durch Umverteilung der gemeinsamen Wasservorkommen gedeckt werden. Indem die Dringlichkeit der Wassersituation so entschärft wird, wird die Frage der gerechten Verteilung der gemeinsamen Wasserressourcen umgangen. Gleichzeitig wird damit der Status quo der Nutzungen festgeschrieben, sei es, daß er rechtlich fixiert wird, sei es, daß er ohne zusätzliche Vereinbarung aufrechterhalten wird.

3. "Scheitern" des Friedensprozesses: Der Friedensprozeß scheitert, da (auch) bei der Wasserfrage keine Lösung erzielt wird.

Da die Wasserfrage derzeit nicht gemeinsam, sondern separat in den bilateralen Verhandlungen Israels mit Jordanien und mit der PLO behandelt wird, besteht entgegen obiger Darstellung auch die (vierte) Möglichkeit, daß sich die Art eines Abkommens mit Jordanien von einem mit der PLO unterscheiden wird. Die Verhandlungen mit Jordanien sind zum einen weiter fortgeschritten, zum anderen sind sie in wesentlich geringerem Maße an die Landfrage gekoppelt. Hier scheint unter den derzeitigen Machtverhältnissen eine "Eliminierung" der Wasserfrage nicht unwahrscheinlich, wenn auch im Sinne Jordaniens nicht wünschenswert.

Die Verhandlungen mit der PLO sind in weit stärkerem Ausmaß an die Landfrage, nämlich die Rückgabe der besetzten Gebiete, gekoppelt. Somit könnte zunächst angenommen werden, daß Israel ein stärkeres Interesse an der Klärung der wasserrechtlichen Situation haben müßte. Andererseits besteht auch hier die Möglichkeit, daß durch den israelischen Vorschlag der Errichtung "gemeinsamer" Wasserinstitutionen und einer vernetzten Wasserinfrastruktur eine gerechte Verteilung der Ressourcen im Friedensprozeß umgangen wird. Nach neuesten Informationen wurde inzwischen ein israelisch-palästinensisches "Water Management Committee" zur gemeinsamen Kontrolle der Wasserentnahmen und -nutzungen in den Autonomiegebieten eingesetzt (und Riad El-Khoudary zum Direktor für das Wassermanagement in den Autonomiegebieten ernannt). Israel soll erklärt haben, den Gazastreifen mit weiteren 5 Mio. m³/a Wasser zu versorgen, wobei bislang jedoch weder eine Einigung über die von Palästinensern zu zahlenden Preise erzielt, noch den Palästinensern detaillierte Karten über die Wasserversorgungssysteme in ihren Gebieten zur Verfügung gestellt wurden (World Water and Environmental Engineering, Sept. 1994, 17 (7), S. 6).

6.4.2 Die Rolle wasserwirtschaftlicher Maßnahmen für die Wasserverhandlungen

Sowohl für den Fall einer "gerechten Verhandlungslösung" als auch für den Fall einer "Eliminierung der Wasserfrage" stellt sich die Frage nach der Rolle, die ökonomische bzw. technische Maßnahmen für die Wasserverhandlungen spielen können.

Im Fall einer "gerechten Verhandlungslösung" geht es darum, nach welchen Prinzipien und welcher Methode eine gerechte Zuteilung bestimmt werden soll. In Abschnitt 5.1 wurden völkerrechtliche Prinzipien einer solchen Zueilung vorgestellt und in Abschnitt 5.2.3 eine Methode zur praktischen Umsetzung der Zuteilung auf der Grundlage der Prinzipien des Völkerrechts vorgeschlagen. Zum anderen geht es darum, ob es wasserwirtschaftliche Maßnahmen gibt, die das Zustandekommen einer solchen Verhandlungslösung fördern könnten. Hier besteht zunächst die Möglichkeit, daß sie das Zustandekommen einer Verhandlungslösung erleichtern, weil sie die akute Wasserknappheit mindern. Denkbar ist aber auch, daß entsprechende Maßnahmen überhaupt erst nach (oder aufgrund) einer Verhandlungslösung durchgeführt werden können und somit von einer Verhandlungslösung abhängen, diese aber zusätzlich anstrebenswert machen würden.

Im Fall der "Eliminierung der Wasserfrage" geht es darum, unter welchen Bedingungen bestimmte wasserwirtschaftliche Maßnahmen zu einer Eliminierung des Wasserproblems führen würden. Konkret: Wie können wasserwirtschaftliche Maßnahmen aussehen, die die gegenwärtigen Nutzungsmuster der geteilten Ressourcen unverändert lassen, aber Jordaniern und Palästinensern genügend zusätzliches Wasser zur Verfügung stellen, so daß sie auf eine Neuverteilung verzichten? In Frage kommen hierzu großtechnische Projekte, die ausreichend große Mengen zusätzliches Wasser bereitstellen: ein großer Staudamm am Yarmuk, Meerwasserentsalzung im Großmaßstab (mit Transport über weite Strecken) sowie Wasserimport. Da alle diese Projekte mit hohen Kosten verbunden wären - es sind die teuersten wasserwirtschaftlichen Maßnahmen, die sich in der Region anbieten - aber weder Jordanier noch Palästinenser in der Lage wären, diese zu finanzieren, käme lediglich eine externe Finanzierung (Weltbank usw.) in Frage.

Hier stellt sich für die internationale Staatengemeinschaft die Frage, ob sie zu diesen Investitionen bereit ist. Sie können weder ökonomisch noch ökologisch und wahrscheinlich auch politisch nicht als nachhaltig gelten. Zugespitzt formuliert steht die Staatengemeinschaft vor der Alternative, teure (und fragwürdige) Großprojekte zu finanzieren oder Druck auf die israelische Regierung auszuüben, eine Verhandlungslösung in der Wasserfrage anzustreben.

Um die Interdependenzen wasserwirtschaftlicher Maßnahmen für den Fall einer "gerechten Verhandlungslösung" diskutieren zu können, seien die Beziehungen zwischen den verschiedenen Alternativen kurz erläutert.

Eine Reform nationaler Wasserinstitutionen muß aus volkswirtschaftlichen Erwägungen technischen Großprojekten zur Motivierung einer Verhandlungslösung vorgezogen werden. Allerdings scheint eine durchgreifende Reform derzeit kaum möglich. Hindernisse stellen innenpolitische Machtkonstellationen dar, insbesondere die, die Bewässerungslandwirtschaft im gegenwärtigen Umfang aufrechterhalten. Da aber der Anteil der Wählerschaft, der materiell mit der Bewässerungslandwirtschaft verbunden ist, relativ klein ist, müßten hierfür ideologische oder strategische Motive angenommen werden. Strategische Überlegungen, wie die Unabhängigkeit von Nahrungsmittelimporten oder die israelische Siedlungspolitik in den Grenzgebieten auf landwirtschaftlicher Basis, würden aber im Fall eines umfassenden Friedens an Gewicht verlieren. Gleichzeitig würde eine gerechte Verteilung in Israel die Notwendigkeit einer institutionellen Reform erhöhen und in Palästina die Bildung nationaler Institutionen ermöglichen. Mit der Reform nationaler Wasserinstitutionen böte sich der Einsatz ökonomischer Anreize zur Stimulierung von Techniken nachhaltiger Wassernutzung an, die sonst schwer durchsetzbar wären. Technische Großprojekte zur Dargebotsausweitung würden sich so erübrigen. Dennoch könnte ein regionaler Wassermarkt die Nutzungen optimieren. Regionale Wasserinstitutionen wären für die gemeinsame Kontrolle der Nutzungsanteile und für finanzielle Kompensationen zuständig.

Diese Argumentation führt dazu, daß eine Verhandlungslösung zur gerechten Verteilung Voraussetzung für die Reform bzw. Bildung nationaler und regionaler Wasserinstitutionen ist und dies wiederum die Voraussetzung für den Einsatz effizienter Techniken nachhaltiger Wassernutzung darstellt.

Dieser Weg könnte als nachhaltig und gerecht charakterisiert werden.

Werden zunächst technische Großprojekte zur Dargebotsausweitung projektiert, so könnten auch diese eine gerechte Verhandlungslösung motivieren. Allerdings wäre dieser Schritt von externen Finanzmitteln abhängig. Regio-

nale Wasserinstitutionen wären für die gemeinsame Kontrolle der Nutzungen und für die Verteilung der natürlichen und hergestellten Ressourcen auf ökonomischer Basis zuständig. Die Reform der nationalen Wasserinstitutionen wäre nicht unbedingt notwendig, allerdings würde der erfolgreiche Einsatz wassersparender Techniken von veränderten Institutionen abhängen.
Dieser Weg könnte als gerecht, aber nicht als nachhaltig gelten.

Wird durch technische Großprojekte eine gerechte Verhandlungslösung umgangen, allerdings dennoch ein Friedensschluß erreicht, so wäre dies wiederum lediglich durch externe finanzielle Unterstützung erreichbar. Das Zustandekommen regionaler Wasserinstitutionen wäre fraglich, da diese die explizite Anerkennung des Status quo voraussetzen.
Dieser Weg wäre weder gerecht noch nachhaltig.

Gibt es einen nachhaltigen Weg, ohne gleichzeitig eine gerechte Lösung anzustreben? Vorstellbar sind ökologische Umorientierungen auf nationaler Ebene ohne regionale Kooperation. Dies wäre vielleicht für Israel und Jordanien erstrebenswert, aber für die Palästinenser würde die Wasserfrage ungelöst bleiben, da sie auf eine Vereinbarung mit Israel angewiesen sind, um geeignete Maßnahmen auf nationaler Ebene ergreifen zu können. Die gegebene Verteilung würde entweder durch verdeckte Gewalt weiter aufrechterhalten, oder es käme letztendlich zum offenen Konfliktausbruch.
Da dieser Weg intragenerationelle Verteilungsgerechtigkeit ausschließt, kann er auch nicht als nachhaltig gelten.

Die Analyse legt nahe, daß eine nachhaltige Nutzung der internationalen Wasserressourcen im Jordanbecken direkt an eine gerechte Verhandlungslösung im Friedensprozeß gekoppelt ist. Umgekehrt ist eine gerechte, aber weniger nachhaltige Lösung zwar denkbar, kann aber in Hinblick auf intergenerationelle Gerechtigkeit nicht wünschenswert sein, da der zunehmenden Verschärfung der Situation aufgrund sich verschlechternder Wasserqualität nicht Rechnung getragen würde. Nicht unwahrscheinlich ist aber auch der Fall, daß es auf der Basis der gegenwärtigen Machtverhältnisse und durch die Umsetzung technischer Großprojekte weder zu einer gerechten noch zu einer nachhaltigen Wassernutzung im Jordanbecken kommt. Diese Nebenbedingung sollte bei der Unterstützung entsprechender "Kooperationsprojekte" berücksichtigt werden.

7. Zusammenfassung und Ausblick

Das Jordanbecken gilt als eine der Konfliktregionen der Welt, in denen die grenzüberschreitenden Wasserressourcen eine zentrale Rolle spielen. Gleichzeitig bietet der im Oktober 1991 gestartete Nahost-Friedensprozeß Ansatzpunkte für eine Entschärfung dieses Ressourcenkonflikts und für den Übergang zu einer zukunftsfähigen Wassernutzung. Das Konzept der "nachhaltigen Entwicklung" (*sustainable development*) fragt nach Ansätzen, die eine Befriedigung der gegenwärtigen Bedürfnisse aller Betroffenen ermöglichen, ohne die Möglichkeit der Bedürfnisbefriedigung künftiger Generationen einzuschränken (Bundtland-Bericht). Diese Fragen der intra- und intergenerationellen Verteilung der Wasserressourcen sind im Jordanbecken derzeit ungeklärt. Daher werden Perspektiven für eine gerechte Verteilung und nachhaltige Nutzung gesucht.

Fast alle Wasservorkommen im Jordanbecken sind über die Grenzen hinweg ober- und unterirdisch miteinander verbunden. Israel, Jordanien, die palästinensischen Gebiete, der Libanon und Syrien sind in unterschiedlichem Umfang Anrainer des Wassereinzugsgebiets des Jordans und seiner Zuflüsse. Israelis und Palästinenser sind zusätzlich gemeinsame Anlieger der Berg-Aquifere des Westjordanlands und des Küsten-Aquifers. Somit bestehen (mindestens) zwei verschiedene Konfliktfelder, bei denen in einem Fall fünf, im anderen zwei Staaten betroffen sind.

Die Politisierung der Frage der Wassernutzung ging im Jordanbecken mit den Veränderungen der regionalen politischen Landschaft in diesem Jahrhundert und der Entstehung des israelisch-arabischen Konflikts einher. Von Anbeginn war die Frage der Grenzen - zumindest ideell - an die Wasservorkommen gekoppelt; die heutigen Demarkationslinien gehen im wesentlichen auf den ersten israelisch-arabischen Krieg von 1948/49 und den dritten israelisch-arabischen Krieg von 1967 zurück.

In den fünfziger und sechziger Jahren verschärfte sich der Nutzungskonflikt mit der Entwicklung nationaler Wasserinfrastrukturen wie dem israelischen "National Water Carrier" und dem jordanischen "East-Ghor-Kanal". Einem US-amerikanischen Vermittlungsversuch unter Eric Johnston von 1953 bis 1955 gelang zwar auf technischer Ebene eine Einigung über Wasserzuteilungen für das Jordansystem, aber die Anerkennung blieb auf politischer Ebene aus. Bis 1967 entwickelten die Israelis ihre Wassernutzungen in weit größerem Umfang als die Jordanier und Palästinenser. Gleichzeitig begann Mitte der sechziger Jahre die Auseinandersetzung um

Wasser zwischen Israel und der Arabischen Liga offene Formen der Gewalt anzunehmen. Das Ergebnis des dritten israelisch-arabischen Krieges versetzte Israel in die Lage, die Kontrolle über die Oberläufe des Jordans und über die Einzugsgebiete der Westbank-Aquifere auszubauen und seine dominierende Position in der Wassernutzung zu sichern. In der Folge verschärfte sich aufgrund einer steigenden Wassernachfrage und einer restriktiven Wasserpolitik Israels in den besetzten Gebieten der Wasserkonflikt zwischen Israelis und Palästinensern.

Gleichzeitig nahm die Knappheitssituation in Jordanien zu, dessen Zugriff auf Jordan- und Yarmuk-Wasser sich aufgrund steigender israelischer und syrischer Nutzungen immer weiter reduzierte. In jüngster Zeit steht die Wasserfrage auf den Agenden der bilateralen Verhandlungen Israels mit Jordanien und der PLO. Die multilaterale Wasser-Arbeitsgruppe im Nahost-Friedensprozeß wurde von Syrien und dem Libanon bislang boykottiert, und ihre Zukunft ist offen.

Gegenwärtig nutzen 5 Mio. Israelis ca. 1 950 Mio. m^3/a, 2 Mio. Palästinenser ca. 240 Mio. m^3/a und knapp 4 Mio. Jordanier etwa 880 Mio. m^3/a. Dabei stellt das im Vergleich zu Israel niedrige Pro-Kopf-Dargebot in Jordanien und in den palästinensischen Gebieten einen limitierenden Faktor für deren ökonomische Entwicklung dar. Gleichzeitig ist der Ausbau der Wasserver- und -entsorgung unzureichend; insbesondere im Gazastreifen bestehen akute hygienische Probleme. Somit kann der Status quo nicht als gerechte Verteilung gelten.

Der derzeitige Wasserverbrauch in Israel, Jordanien und im Gazastreifen liegt über dem sich innerhalb der Territorien erneuernden Dargebot. Dieses liegt für Israel, Jordanien und palästinensische Gebiete bei ca. 2 465 Mio. m^3/a und die Summe der durchschnittlichen Verbräuche derzeit bei etwa 125 % des *safe yield*. Schon heute ist die Nutzung der Wasserressourcen also nicht nachhaltig. Gleichzeitig nimmt die Nachfrage in allen drei Ländern aufgrund der hohen Bevölkerungszunahme und der ökonomischen Entwicklung zu. Weitere Unsicherheiten stellen die Verschlechterung der Wasserqualität (irreversible Schädigung der Aquifere, unzureichende Abwasserbehandlung) sowie langfristig möglich klimatische Veränderungen dar.

In allen drei Ländern werden etwa 70 % des Wasserdargebots landwirtschaftlich genutzt. Doch hat die Landwirtschaft in Israel und in Jordanien - anders als in den palästinensischen Gebieten - volkswirtschaftlich inzwischen nur noch einen relativ geringen Stellenwert, wenn man ihren Anteil am Bruttosozialprodukt und an der Beschäftigung zugrunde legt. Zudem ist die Bewässerungslandwirtschaft in Israel und in Jordanien stark subventioniert, und in Israel liegt der Ertrag vieler landwirtschaftlicher Betriebe unter den Produktionskosten für das eingesetzte Wasser. Entsprechenden Berechnungen zufolge käme es in der israelischen Landwirtschaft bei Zugrundelegung der wahren Produktions- und Kapitalkosten der Wasserbereitstellung zu Produktionseinschränkungen, die mit einer Reduzierung des landwirtschaftlichen Wasserverbrauchs um ungefähr ein Drittel einhergehen würden. Gleichzeitig lägen die Kompensationen für die Ertragsausfälle unter den derzeitigen Subventionen für die Wasserbereitstellung. Vor diesem Hintergrund relativiert sich die Dringlichkeit der Wasserprobleme in der Region insofern, als die Wassersektoren Israels und auch Jordaniens ein hohes Potential zur Umstrukturierung aufweisen. Dennoch bleibt die Lage in einigen Gebieten und insbesondere im Gazastreifen akut.

Sowohl Jordanier als auch Palästinenser hegen hinsichtlich einer gerechten Wasserzuteilung im Rahmen des Friedensprozesses hohe Erwartungen. Israel hingegen zeigt sich gegenüber der rechtlichen Notwendigkeit einer Wasserumverteilung eher reserviert. Welche völkerrechtlichen Prinzipien können also für ein Abkommen über die gemeinsamen Wasserressourcen zugrunde gelegt, und wie kann eine gerechte Zuteilung praktisch erreicht werden?

Obwohl es auf UN-Ebene bislang zu keiner offiziellen Anerkennung völkerrechtlicher Kodizes zur Nutzung internationaler Wasserläufe gekommen ist, herrscht dennoch allgemeine Übereinstimmung über die Prinzipien der eingeschränkten Gebietshoheit, der gerechten und angemessenen Verteilung der Nutzungen, der Vermeidung spürbaren Schadens sowie der vorherigen Benachrichtigung und Kooperation. Diese Prinzipien werden inzwischen auch für grenzüberschreitende Grundwassersysteme anerkannt. Allerdings ist ihr Verhältnis zueinander nicht eindeutig geklärt. Einige Autoren räumen einer gerechten Verteilung und damit potentiellen Nutzungen einen größeren Stellenwert ein als der Schadensvermeidung und der Wahrung gegenwärtiger Nutzungen, um die spätere Entwicklung von Anrainerstaaten nicht von vornherein auszuschließen. Des weiteren wurden Listen von Faktoren entwickelt, die bei einer gerechten Verteilung der Nutzungen berücksichtigt werden können. Grundsätzlich sind alle diese Faktoren im konkreten Fall einzubeziehen, und keinem ist von vornherein gegenüber dem anderen Priorität einzuräumen.

In dieser Arbeit wurde als Vorschlag für eine Berücksichtigung der verschiedenen relevanten Faktoren eine Hierarchisierung vorgeschlagen, bei der sozioökonomischen Grundbedürfnissen Priorität eingeräumt wird, die konkrete Zuteilung zur Erfüllung dieser Grundbedürfnisse aber auf der Basis der gegenwärtigen Nutzungen und der Anteile der Anrainerstaaten an den hydrologischen Gegebenheiten stattfinden soll. Das Ergebnis einer solchen Zuteilung kann aufgrund fehlender Daten über die Anteile an den hydrologischen Gegebenheiten bislang nicht detailliert errechnet werden. Hier besteht Forschungsbedarf, wenn die Zuteilung der Wasserressourcen auf der Grundlage völkerrechtlicher Prinzipien erfolgen soll.

Soll die Wassersituation im Jordanbecken mittels wasserwirtschaftlicher Strategien entschärft und die Zukunftsfähigkeit der Nutzungen sichergestellt werden, stellt sich die Frage, welche der verschiedenen Strategien als nachhaltig empfohlen werden können. Die Diskussion der Varianten zur Dargebotsausweitung und zur Nachfragesteuerung führt für den konkreten Fall zu dem Schluß, daß vor der Errichtung großtechnischer Projekte zur Dargebotsausweitung, wie Wasserimporte und Meerwasserentsalzung, zunächst alle verfügbaren Mittel

- in den konsequenten Ausbau von Kanalisation, Abwasserbehandlung und -wiederverwendung,
- in den Ausbau und in die Sanierung von Versorgungsinfrastrukturen sowie
- in die konsequente Einführung von Wasserspartechniken in allen Sektoren

investiert werden sollten. Die erfolgreiche Umsetzung der genannten Maßnahmen ist aber an eine Veränderung der derzeitigen Wasserinstitutionen gekoppelt. Institutionelle Veränderungen, die

- die Aufhebung der Subventionen im Wasserbereich und
- die Berechnung der wahren Produktionskosten für Wasser erlauben,

würden ein zusätzliches Potential durch sektorale Umverteilung freisetzen;

- Wassermärkte auf nationaler und regionaler Ebene könnten helfen, die Wasserallokation zu optimieren.

Hinsichtlich der konkreten Ausgestaltung der Institutionen besteht indes weiterer Forschungsbedarf.

Es zeigt sich, daß eine gerechte Verhandlungslösung, eine Veränderung nationaler und regionaler Wasserinstitutionen und technische Maßnahmen einer nachhaltigen Wassernutzung in einem gegenseitigen Abhängigkeitsverhältnis zueinander stehen. Daher setzt eine gerechte und nachhaltige Nutzung der internationalen Ressourcen im Jordanbecken die Anerkennung völkerrechtlicher Prinzipien, eine Umstrukturierung israelischer und jordanischer sowie die Bildung palästinensischer Wasserinstitutionen, die Investition in nachhaltige Wassertechniken und eine regionale Kooperation bei der

Kontrolle der Nutzungen sowie im Umwelt- und Gewässerschutz voraus. Gegenwärtig ist man von der Verwirklichung dieser Bedingungen noch relativ weit entfernt. Ihre zukünftige Realisation ist unsicher, hängt aber auch - und nicht zuletzt - von der Haltung und der Art des Engagements der internationalen Staatengemeinschaft ab.

Literaturverzeichnis

Abu-Taleb, M. F./Deason, J. P./Salameh, E./Kefaya, B. (1992): "Water Resources Planning and Development in Jordan: Problems, Future Scenarios and Recommendations." In: G. Le Moigne et al. (Hg.): *Country Experiences with Water Resources Management*. Technical Paper No. 175. Washington, D.C.: The World Bank

Agenda 21 (1992): *Konferenz der Vereinten Nationen für Umwelt und Entwicklung im Juni 1992 in Rio de Janeiro (UNCED)*. Bonn: Bundesministerium für Umwelt, Naturschutz und Reaktorsicherheit

Akdogan, H. (1993): *An Economic Analysis of Inter-Country Water Transfer Through Pipelines: An Application to the Peace Project*. Paper presented at the Symposium on "Economic Aspects of International Water Resource Utilization in the Mediterranean Basins". Fondazione ENI Enriro Mattei and the Natural Resources and Environmental Research Center, Mailand, Oktober 1993

Al-Mubarak Al-Weshah, R. (1992): "Jordan's Water Resources: Technical Perspective." In: *Water International*, 17 (3), S. 124-132

Alkazaz, A. (1994): "Ökonomische Aspekte des Nahost-Friedensprozesses." In: *Aus Politik und Zeitgeschichte*, Beilage zur Wochenzeitung Das Parlament, B 21-22/94 (27. Mai 1994), S. 15-20

Allan, J. A. (1992): "Substitutes for Water are Being Found in the Middle East and North Africa." In: *GeoJournal*, 28 (3), S. 375-385

Assaf, K. (1994): "Replenishment of Palestinian Waters by Artificial Recharge as a Non-controversial Option in Water Resource Management in the West Bank and Gaza Strip." In: J. Isaac/H. Shuval (Hg.): *Water and Peace in the Middle East*. Amsterdam: Elsevier

Assaf, K./Khatib, N./Kally, E./Shuval, H. (1993): *A Proposal for the Development of a Regional Water Master Plan*. Jerusalem: IPCRI

Avnimelech, Y. (1993): "Irrigation with Sewage Effluents: The Israeli Experience." In: *Environmental Science & Technology*, 27 (7), S. 1278-1281

Avnimelech, Y. (1994): "Water Scarcity - Israel's Experience and Approach." In: A. I. Bagis (Hg.): *Water as an Element of Cooperation and Development in the Middle East*. Ankara: Hacettepe University and Friedrich-Naumann-Foundation

Balaban, M. (Hg.) (1991): *Desalination and Water Re-use*. Proceedings of the Twelfth International Symposion. New York: Institution of Chemical Engineers

Barberis, J. (1991): "The Development of International Law of Transboundary Groundwater." In: *Natural Resources Journal*, 31, S. 167-186

Baskin, G. (Hg.) (1992): Water - Conflict or Cooperation. In: *Israel/Palestine Issues in Conflict*, Issues for Cooperation, 1 (2)

Becker, N. (1994): *The Value of Moving from Central Planning to a Market System: Lessons from the Israeli Water Sector*. Unveröff. Ms. Haifa (Veröffentlichung in Agricultural Economics vorgesehen)

Berck, P./Lipow, J. (1994): *Water and an Israel/Palestine Peace Settlement*. Ms. o. O.

Berkoff, J. (1994): *A Strategy for Managing Water in the Middle East and North Africa*. Washington, D. C.: The World Bank

Beschorner, N. (1992): *Water and Instability in the Middle East*. An Analysis of Environmental, Economic and Political Factors Influencing Water Management and Water Disputes in the Jordan and Nile Basins and Tigris-Euphrates Region. Adelphi Paper No. 273. London: International Institute for Strategic Studies

Bior, H. (1992): "Das Meer trinkbar machen." In: *die tageszeitung*, "Word Media", 30.5.1992, S. 60
Biswas, A. K. (1991): "Water for Sustainable Development in the 21st Century." In: *Eau et Développement*, 11, S. 6-16
Biswas, A. K. (1994): *International Waters of the Middle East. From Euphrates-Tigris to Nile*. Bombay, Oxford: Oxford University Press
Biswas, A. K./Wolf, A. T. (1994): "Middle East Water Commission." In: *Water International*, 19, S. 3-4
Büttner, S./Simonis U. E. (1993): "Wasser in Not." In: *Universitas, Zeitschrift für Interdisziplinäre Wissenschaft*, 48 (4), S. 735-744
Büttner, S./Simonis U. E. (1994): *Wasser - ein globales Umweltproblem*. Discussion paper FS II 94-401. Berlin: Wissenschaftszentrum Berlin für Sozialforschung
Canaan, J. (1994): *Israel am Jahreswechsel 1993/94*, Nr. 2211. Bonn: Bundesstelle für Außenhandelsinformation
Clarke, R. (1994): *Wasser. Die politische, wirtschaftliche und ökologische Katastrophe und wie sie bewältigt werden kann*. München: Piper
Collins, L. (1994a): "Healing the Waters. Environmentalists go to work cleaning up the nation's rivers." In: *The Jerusalem Post Magazine*, 7.1.1994, S. 6-9
Collins, L. (1994b): "Sources and Resources." In: *The Jerusalem Post Magazine*, 3.6.1994, S. 12-13
Davis, U./Maks, A. E. L./Richardson, J. (1980): "Israel's Water Policies." In: *Journal of Palestine Studies*, 9 (2), S. 3-31
Dillman, J. D. (1989): "Water Rights in the Occupied Territories." In: *Journal of Palestine Studies*, 19 (1), S. 46-71
Dokumente (1993): "Das Gaza-Jericho-Abkommen vom September 1993 und der Friedensprozeß im Nahen Osten." In: *Europa Archiv*, 48 (24), D 521-554
Drewes, J. E. (1992): *Entwicklung eines integrierten kommunalen Wasserversorgungskonzeptes am Beispiel der Gemeinde Dannenwalde in Brandenburg*. Unveröff. Diplomarbeit im Fachbereich Verfahrenstechnik, Umwelttechnik, Werkstoffwissenschaften der Technischen Universität. Berlin
Drezon-Trepler, M. (1994): "Contested Waters and the Prospect for Arab-Israeli Peace." In: *Middle Eastern Studies*, 30 (2), S. 281-303
dtv-Atlas zur Weltgeschichte, Bd. 2 (1980). München: dtv
Duna, C. (1988): "Turkey Peace Pipeline." In: J. R. Starr/D. C. Stoll (Hg.): *The Politics of Scarcity: Water in the Middle East*. Boulder, Col.: Westview
Eaton, J. W./Eaton, D. J. (1993): *Water Utilization in the Yarmuk-Jordan, 1192-1992*. Working Paper No. 71. Austin: The University of Texas Austin
Eisel, U. (1984): *Die Natur der Wertform und die Wertform der Natur. Studien zu einem dialektischen Naturalismus*. Überarbeitete Fassung der Habilitationsschrift im Fach Politikwissenschaft des Fachbereichs Sozialwissenschaften der Universität Osnabrück. Osnabrück
El-Khoudary, R. H. (1994): "Water Crisis in the Gaza Strip and Options of Their Solutions." In: A. I. Bagis (Hg.): *Water as an Element of Cooperation and Development in the Middle East*. Ankara: Hacettepe University and Friedrich-Naumann-Foundation
Elmusa, S. S. (1993): "Dividing the Common Palestinian-Israeli Waters: An International Water Law Approach." In: *Journal of Palestine Studies*, 22 (3), S. 57-77
Endres, A./Querner, I. (1993): *Die Ökonomie natürlicher Ressourcen*. Darmstadt: Wissenschaftliche Buchgesellschaft

Feuilherade, P. (1994): "Liquid Diplomacy." In: *The Middle East*, 235, S. 32-33
Fishelson, G. (1994): *The Multinational Talks Committees: Water*. Ms. o. O.
Friedrich-Ebert-Stiftung (1991): *Water Pollution in Jordan. Causes and Effects*. Proceedings of the Second Environmental Pollution Symposium, 29. September 1990. Amman: Friedrich-Ebert-Stiftung
Galnoor, I. (1980): "Water Planning: Who Gets the Last Drop?" In: R. Bilski et al. (Hg.): *Can Planning Replace Politics? The Israeli Experience*. Den Haag
Geiler, N. (1987): *Wer den Tropfen nicht ehrt ... Schritte für eine ökologische Neuorientierung der baden-württembergischen Wasserpolitik und Wasserwirtschaft*. Stuttgart: Die Grünen im Landtag von Baden-Württemberg
GITEC (1993): *Wasser als knappe lebensnotwendige Ressource. Status-Bericht*. Düsseldorf: GITEC Consult GMBH
Gleick, P. H. (Hg.) (1993): *Water in Crisis. A Guide to the World's Fresh Water Resources*. Oxford: Oxford University Press
Glueckstern, P. (1991): "Cost Estimates of Large RO Systems." In: M. Balaban (Hg.): *Desalination and Water Re-use*. New York: Institution of Chemical Engineers
Goldberg, D. (1992): "Projects on International Waterways: Legal Aspects of the Bank's Policy." In: G. Le Moigne et al. (Hg.): *Country Experiences with Water Resource Management*. Technical Paper No. 175. Washington, D. C.: The World Bank
Government of Israel (1994): *Agreement on the Gaza Strip and the Jericho Area. Cairo, May 4, 1994*. Jerusalem: Ministry of Foreign Affairs
GTZ (1994): "Wasser aus einer Hand." In: *Akzente*, 3, S. 32-33
Gur, A./Salem, S. S. A. (1992): "Potential and Present Wastewater Re-use in Jordan." In: *Water Science and Technology*, 26 (7-8), S. 1573-1580
Haddad, M. (1994): "An Approach of Regional Management of Water Shortages in the Middle East." In: A. I. Bagis (Hg.): *Water as an Element of Cooperation and Development in the Middle East*. Ankara: Hacettepe University and Friedrich-Naumann-Foundation
Hakim, B. (1994): "The Water Question in Lebanon Needs and Resources." In: A. I. Bagis (Hg.): *Water as an Element of Cooperation and Development in the Middle East*. Ankara: Hacettepe University and Friedrich-Naumann-Foundation
Harborth, H.-J. (1993): *Dauerhafte Entwicklung statt globaler Selbstzerstörung. Eine Einführung in das Konzept des "Sustainable Development"*. 2. Aufl. Berlin: edition sigma
Harpaz, Y. (1992): "Künstlicher Regen." In: *die tageszeitung*, "Word Media", 30.5.1992, S. 59
Hollstein, W. (1984): *Kein Friede um Israel. Zur Sozialgeschichte des Palästina-Konflikts*. Wien: promedia
Hottinger, A. (1992): "Wasser als Konfliktstoff. Eine Existenzfrage für Staaten des Nahen Ostens." In: *Europa-Archiv*, 6, S. 153-163
Housen-Couriel, D. (1994): *Some Examples of Cooperation in the Management and Use of International Water Resources*. Tel Aviv: The Armand Hammar Fund for Economic Cooperation in the Middle East
Howe, C. W./Easter, W. K. (1971): *Interbasin Transfer of Water*. Baltimore: John Hopkins University Center
Isaac, J. (1993): "Impact of the Israeli Occupation on Water and Environment in the Palestinian Occupied Territories." In: M. Y. Schröder (Hg.): *Water and Environment: Perspectives on Cooperation between Europe and the Arab World*, 5. The Hague: The Lutfia Rabbani Foundation

Isaac, J./Shuval, H. (1994): *Water and Peace in the Middle East*. Proceedings of the First Israeli-Palestinian International Academic Conference on Water in Zürich, 10.-13. Dezember 1992. Amsterdam: Elsevier

Isaac, J./Youssef, O./Ja'fari, M./Shawwa, I./DeShawo, J. R./Newel, R. (1994): *Water Supply and Demand in Palestine: 1990 Baseline Estimates and Projections for 2000, 2010, and 2020*. Jerusalem: Applied Research Institute of Jerusalem/Harvard Institute for International Development for the Harvard Middle East Water Project

Israeli, R. (1991): *Palestinians Between Israel and Jordan. Squaring the Triangle*. New York: Praeger

JMCC (1994): *Water - the Red Line* (verfaßt von Aisling Byrne). Jerusalem: Jerusalem Media & Communication Center

Kally, E. (1986): *A Middle East Water Plan under Peace*. Tel Aviv: The Armand Hammar Fund for Economic Cooperation in the Middle East

Kally, E. (1993): "Costs of Inter-Regional Conveyance of Water and Costs of Sea Water Desalination." In: K. Assaf et al. (Hg.): *A Proposal for the Development of a Regional Water Master Plan*. Jerusalem: IPCRI

Keenan, J. D. (1992): "Technological Aspects of Water Resources Management: Euphrates and Jordan." In: G. Le Moigne et al. (Hg.): *Country Experience with Water Resources Management*. Technical Paper No. 175. Washington, D.C.: The World Bank

Khatib, N./Al-Assaf, K. (1993): "Palestinian Water Supplies and Demands." In: K. Assaf et al. (Hg.): *A Proposal for the Development of a Regional Water Master Plan*. Jerusalem: IPCRI

Khouri, N. (1992): "Wastewater Re-use Implementation in Selected Countries of Middle-East and North-Africa." In: *Canadian Journal of Development Studies*, Special Issue, S. 131-144

Kliot, N. (1994): *Water Resources and Conflict in the Middle East*. London: Routledge

Klötzli, S. (1992): *Sustainable Development - A Disputed Concept*. Environment and Conflicts Project (ENCOP), No. 2. Zürich, Bern: Forschungsstelle für Sicherheitspolitik und Konfliktanalyse der ETH Zürich/Schweizerische Friedensstiftung Bern

Kluge, T./Schramm, E. (1988): *Wassernöte. Zur Geschichte des Trinkwassers*. Aachen: Alano

Kolars, J. (1992): "Water Resources of the Middle East." In: *Canadian Journal of Development Studies*, Special Issue, S. 103-119

Koszinowski, T./Mattes, H. (Hg.) (1994): *Nahost-Jahrbuch 1993. Politik, Wirtschaft und Gesellschaft in Nordafrika und dem Nahen und Mittleren Osten*. Opladen: Leske + Budrich

Küffner, U. (1993): "Water Transfer and Distribution" Schemes. In: *Water International*, 18 (1), S. 30-34

Libischewski, S. (1994): "Die ökologische Dimension des Nahostkonfliktes." In: *Wechselwirkung*, 67 (Juni), S. 13-16

Longeran, S./Kavanagh, B. (1991): "Climate Change, Water Resources and Security in the Middle East." In: *Global Environmental Change*, September 1991, S. 272-290

Lowi, M. (1993a): "Bridging the Divide: Transboundary Resource Disputes and the Case of West Bank Water." In: *International Security*, 19 (1), S. 113-138

Lowi, M. (1993b): *Water and Power. The Politics of a Scarce Resource in the Jordan River Basin*. Cambridge: Cambridge University Press

Luhmann, N. (1987): *Soziale Systeme. Grundriß einer allgemeinen Theorie*. Frankfurt a. M.: Suhrkamp

Marinov, U./Sandler, D. (1993): "The Status of the Environmental Management in Israel." In: *Environmental Science & Technology*, 27 (7), S. 1256-62

McCaffrey, S. C. (1991): "International Organizations and the Holistic Approach to Water Problems." In: *Natural Resources Journal*, 31, S. 139-163

McCaffrey, S. C. (1993): "Water, Politics, and International Law." In: P. H. Gleick (Hg.): *Water in Crisis*. Oxford: Oxford University Press

McCaffrey, S. C. (1994): "The Law of International Watercourses: Present Problems, Future Trends." In: A. Kiss/F. Burhenne-Guilmin (Hg.): *A Law of the Environment*. Gland: IUCN

Mehrez, A./Percia, C./Oron, G. (1992): "Optimal Operation of a Multiresource and Multiquality Regional Water System." In: *Water Resources Research*, 28 (5), S. 1199-1206

Mekorot (1987): *Israel National Water Carrier*. Tel Aviv: Mekorot Water Company Ltd.

Moore, J. W. (1992): *An Israeli-Palestinian Water-Sharing Regime*. Paper presented at The First Israeli-Palestinian International Academic Conference on Water in Zürich, 10.-13. Dezember 1992

Naff, T. (1993): "International Riparian Law in the West and Islam." In: *Proceedings of the International Symposium on Water Resources in the Middle East: Policy and Institutional Aspects*. Urbana, Illinois, 24.-26. Oktober 1993

Naff, T./Matson, R. (Hg.) (1984): *Water in the Middle East. Conflict or Cooperation?* Boulder, Col.: Westview Press

Oodit, D./Simonis, U. E. (1992): "Water and Development." In: *Productivity. A Quarterly Journal of the National Productivity Council*, 32 (4), New Delhi, S. 677-692

Oodit, D./Simonis, U. E. (1993): *Water and Development. Water Scarcity and Water Pollution and the Resulting Economic, Social and Technological Interactions*. Discussion paper FS II 93-405. Berlin: Wissenschaftszentrum Berlin für Sozialforschung

Palestinian Hydrology Group (1991): *Proceedings of the Workshop Concerning the Water Situation in the Occupied Territories. Problems & Solutions*. Jerusalem: PHG

Peres, S. (1993): *Die Versöhnung. Der neue Nahe Osten*. Berlin: Siedler

Postel, S. (1985): "Conserving Water: The Untapped Alternative." In: *Wordwatch Paper*, 67, September 1985

Postel, S. (1993a): *Die letzte Oase*. Frankfurt a. M.: Fischer

Postel, S. (1993b): "Water and Agriculture." In: P. H. Gleick (Hg.): *Water in Crisis*. Oxford: Oxford University Press

Reguer, S. (1993): "Controversial Waters: Exploitation of the Jordan River, 1950-80." In: *Middle Eastern Studies*, 29 (1), S. 53-90

Rieck, A. (1994): "Syrien, der Libanon und Jordanien im Nahost-Friedensprozeß." In: *Aus Politik und Zeitgeschichte*, Beilage zur Wochenzeitung das Parlament, B 21-22/94 (27. Mai 1994), S. 21-27

Rogers, P. (1992a): "Economic and Institutional Issues: International River Basins". In: G. Le Moigne et al. (Hg.): *Country Experience with Water Resources Management*. Technical Paper No. 175. Washington, D. C.: The World Bank

Rogers, P. (1992b): *Comprehensive Water Resource Management. A Concept Paper*. Policy Research Working Papers. Washington, D. C.: The World Bank

Salameh, E. (1990): "Jordan's Water Resources: Development and Future Prospects." In: *American-Arab Affairs*, 33, S. 69-77

Salameh, E./Bannayan, H. (1993): *Water Resources of Jordan. Present Status and Future Potentials*. Amman: Friedrich-Ebert-Stifung

Schiff, Z. (1994): "The Johnston Plan is Dead." In: *'Ha'aretz'*, B2, 11.8.1994. Übertragen von Israel Information Service Gopher. Jerusalem: Israel Foreign Ministry

Schiffler, M. (1993): *Nachhaltige Wassernutzung in Jordanien. Determinanten, Handlungsfelder und Beiträge der Entwicklungszusammenarbeit*. Berlin: DIE

Schiffler, M./Köppen, H./Lohmann, R./Schmidt, A./Wächter, A./Wiedmann, C. (1994): *Water Demand Management in an Arid Country. The Case of Jordan with Special Reference to Industry*. Berlin: DIE

Schnichels, B. (1985): "Wasserverluste in Verteilungsanlagen. Ursachen, Darstellung und Bewertung unter verschiedenen Gesichtspunkten." In: WAR (Hg.): 8. *Wassertechnisches Seminar: Wasserverteilung und Wasserverluste*. Darmstadt: Verein zur Förderung des Instituts für Wasserversorgung

Schulze, G. (1983): "Cistern Based Water Supply in Rural Areas in Low Developed Countries." In: *Water Supply*, 1, S. 17-29

Schwarz, J. (1990): "Management of the Water Resources of Israel." In: *Israel Journal of Earth Sciences*, 39, S. 57-65

Schwarz, J. (1992): "Israeli Water Sector Review: Past Achievements, Current Problems, and Future Options." In: G. Le Moigne et al. (Hg.): *Country Experiences with Water Resources Management. Economic, Institutional, Technological and Environmental Issues*. Technical Paper No. 175. Washington, D. C.: The World Bank

Scudder, B./Wild, J. (1994): "A Water Bag Revolution." In: *The Middle East*, 13.5.1994

SenStadtUm (Hg.) (1992): *Konzept zur zukünftigen Wasserver- und entsorgung von Berlin*. Berlin: Senator für Stadtentwicklung und Umweltschutz

Sexton, R. (1992): "The Middle East Water Crisis: Is it the Making of a New Middle East Regional Order?" In: *Capitalism, Nature, Socialism: A Journal of Socialist Ecology*, 3 (4), S. 64-77

Shevah, Y./Kohen, G. (1993): "Israel Water Resources Development and Water Allocation for Irrigation." In: Israel Water Commission (Hg.): *15th Congress on Irrigation and Drainage*. The Hague: ICID

Shuval, H. I. (1987): "The Development of Water Re-use in Israel." In: *Ambio*, 16 (4), S. 186-190

Shuval, H. I. (1992): "Approaches to Resolving the Water Conflicts Between Israel and her Neighbors - A Regional Water-for-Peace Plan." In: *Water International*, 17 (3), S. 133-143

Shuval, H. I. (1993): "An Inventory of the Water Resources of the Area of Israel and the Occupied Territories. Estimated Water Supply Potential and Current Utilization." In: K. Assaf et al. (Hg.): *A Proposal for the Development of a Regional Water Master Plan*. Jerusalem: IPCRI

Shuval, H. I. (1994): "Proposals for Cooperation in the Management of the Transboundary Water Resources Shared by Israel and Her Neighbors." In: A. I. Bagis (Hg.): *Water as an Element of Cooperation and Development in the Middle East*. Ankara: Hacettepe University and Friedrich-Naumann-Foundation

Simonis, U. E. (1993): *Globale Umweltprobleme - Eine Einführung*. Discussion paper FS II 93-408. Berlin: Wissenschaftszentrum Berlin für Sozialforschung

Soffer, A. (1994): "The Relevance of Johnston Plan to the Reality of 1993 and Beyond." In: J. Isaac/H. Shuval (Hg.): *Water and Peace in the Middle East*. Amsterdam: Elsevier

Soffer, A./Kliot, N. (1991): "The Water Resources of the Jordan Catchment: Management Options." In: British Society for Middle East Studies (BRISMES): *Annual Proceedings*, S. 205-210
Sontheimer, H./Spindler, P./Rohmann, U. (Hg.) (1980): *Wasserchemie für Ingenieure*. Karlsruhe: DVGW
Statistisches Bundesamt (1991): *Länderbericht Israel 1991*. Wiesbaden
Statistisches Bundesamt (1992): *Länderbericht Jordanien 1992*. Wiesbaden
Tahal (1993): *The Water Sector in Israel*. Tel Aviv: Tahal Consulting Engineers Ltd
Tamimi, A. R. (1991): *Water: A Factor for Conflict or Peace in the Middle East*. Arab Studies Society and Truman Research for the Advancement of Peace. Workshop in Rome. Jerusalem: PHG
Taubenblatt, S. A. (1988): "Jordan River Basin Water: A Challenge in the 1990's." In J. C. Starr/D. C. Stoll (Hg.): *The Politics of Scarcity. Water in the Middle East*. Boulder, Col.: Westview Press
Umweltbehörde Hamburg/Wasserwerke GmbH (1991): *Regenwassernutzung im Haus*. Hamburg
Umweltbundesamt (Hg.) (1994): *Daten zur Umwelt 1992/93*. Berlin: Erich Schmidt
UNCTAD (1993a): *Developments in the Economy of the Occupied Palestine Territory*. United Nations Conference on Trade and Development. Genf, 20.9.1993
UNCTAD (1993b): *Prospects for Sustained Development of the Palestine Economy in the West Bank and the Gaza Strip*. United Nations Conference on Trade and Development. Genf, 7.9.1993
UNCTAD (1993c): *The Agriculture Sector of the West Bank and the Gaza Strip*. United Nations Conference on Trade and Development. Genf, 12.10.1993
United Nations (Hg.) (1975): *Management of International Water Resources: Institutional and Legal Aspects*. New York: United Nations
Vesilind, P. J. (1993): "The Middle East's Water: Critical Resource." In: *National Geograph*, 183 (5), S. 38-70
WAR (Hg.) (1985): *8. Wassertechnisches Seminar: Wasserverteilung und Wasserverluste*. Darmstadt: Verein zur Förderung des Instituts für Wasserversorgung
Warnecke, G. (1991): *Meteorologie und Umwelt*. Berlin: Springer
Weltkommission für Umwelt und Entwicklung (1987): *Unsere Gemeinsame Zukunft* (= Brundtland-Bericht). Greven: Eggenkamp
WHO (World Health Organization) (1984): *Guidelines for Drinking-Water Quality*. Genf: WHO
Winje, D./Witt, D. (1983): *Industrielle Wassernutzung*. Berlin: Erich Schmidt
Wishart, D. M. (1990): "The Breakdown of the Johnston Negotiations over the Jordan Waters." In: *Middle Eastern Studies*, 16 (4), S. 536-546
Wissenschaftlicher Beirat Globale Umweltveränderungen (1994): *Welt im Wandel: Die Belastung der Böden*. Bonn: Economica
Wolf, A. (1993): "The Jordan Watershed: Past Attempts at Cooperation and Lessons for the Future." In: *Water International*, 18 (1), S. 5-11
Wolf, A. (1994): *Hydropolitics Along the Jordan River: Scarce Water and Its Impacts on the Arab-Israeli Conflict*. Tokio: United Nations University Press
Wolf, A./Ross, J. (1992): "The Impact of Scarce Water Resources on the Arab-Israeli Conflict." In: *Natural Resources Journal*, 32 (4), S. 919-958
Wolff, P. (1992): *Durstiges Israel. Eine kritische Betrachtung zur wasserwirtschaftlichen Situation Israels*. Gesamthochschule Kassel, Arbeiten und Berichte Nr. 28. Witzenhausen

Wolffsohn, M./Bokovoy D. (1995): *Israel. Geschichte, Politik, Gesellschaft, Wirtschaft*. 4. Aufl. Opladen: Leske + Budrich
Yolles, P./Gleick, P. H. (1994): "Water and the Middle East Peace Talks." In: *Environment*, 36 (3), S. 8
Zarour, H./Isaac, J. (1993): "Nature's Apportionment and the Open Market: A Promising Solution to the Arab-Israeli Water Conflict." In: *Water International*, 18 (1), S. 40-53
Zarour, H./Isaac, J./Qumsieh, V. (1993): "Hydrochemical Indicators of the Severe Water Crisis in the Gaza Strip." In: *Proceedings of the International Symposium on Water Resources in the Middle East: Policy and Institutional Aspects*. Urbana, Illinois, 24.-27. Oktober 1993
Zeitouni, N./Becker, N./Shechter, M. (1994): "Water-sharing through Trade in Markets for Water Rights: An Illustrative Application to the Middle East." In: J. Isaac/H. Shuval (Hg.): *Water and Peace in the Middle East*. Amsterdam: Elsevier

Tabelle A.1: Vergleich der Techniken zur Ausweitung des Dargebots und zur Nachfragesteuerung (Zahlen vgl. Text)

Dargebotsausweitung	Abs. Potential Mio. m³/a	Rel. Potential Reduktion in %	Investitionskosten Mio. US $/m³	Rel. Kosten US $/m³	Ökologische Nutzen/Kosten	Politische Nutzen/Kosten	Wirkung lokal	Wirkung regional	Besonderheiten
Regenwasserernte	?	100 bei Verzicht auf Bewässerung	gering	gering	Ressourcenschonung	Unterstützung Subsistenzwirtschaft, gegen Exportorientierung	X		arbeitsintensiv; kulturelle Aspekte/ Akzeptanz
Regenwassersammlung	etliche 10	Ersatz/Reduktion des häuslichen Bedarfs	gering	minimal	Ressourcenschonung und Entlastung der Kanalisation		X		Akzeptanz; Anreiz durch progressive Preise, Beratung, insbes. durch Brauchwasser
Flutwasserspeicherung	+ ca. 70 (J.: 30; P.: 30-40)		mittel bis hoch	gering bis hoch J.: bis 3,8 (incl. Investitionskosten)	Hebung des Grundwasserstandes; größere Dämme z. T. neg. Folgen		X		schlechte Wasserqualität
Fernwasserleitungen (international)	+ 100 bis 1000		7-505 (IPCRI-Vorschläge) 20000 (Friedenspipeline)	0.03-0.68; meist über 0.25 (nur Transportenergie)	energieintensiv; mögl. irreparable Folgen auf Herkunftsregion; Eingriff in die Landschaft	regionale Kooperation vs. internationale Abhängigkeit, strateg. Verwundbarkeit		X	„Friedenspipeline" auf multilateraler Konferenz zurückgestellt
Entsalzung: Meerw.-RO Brackw.-RO	bis 75/Anlage bis 7.5/Anlage (J.: + 70-90; P.: + 150) bis 0.2/Anlage		hoch hoch hoch	2.13; Min: 0.8 0.93; Min: 0.47	energieintensiv; Entsorgung; Backstop-Technik; weniger irr. als Fernleitungen	ungleiche Verteilung von Know-how → Kooperation/ finanzielle Abhängigkeit	X	X X	Warum ist solare Entsalzung nicht in der Diskussion?
Wolkenbeimpfung		„+ 13-15 %"	mittel	0.01	Energie, Verteilung von AgJ	regionale Wolkenjagd	X		lediglich kleinräumige Niederschlagsumverteilung

Medusabags	mehrere 10-100	mittel	0.6-0.7	ähnlich Fernwasserleitung, ohne Landschaftszerstörung	bilaterale Kooperation/ Abhängigkeit	X nicht erprobt
Eisberge			„0.02-0.85"	Energie; Folgen auf Antarktis unbekannt		X nicht erprobt, fiktiv
Abwasserwiederverwendung	kurzfristig + 250-500; langfristig bis 1600	mittel bis hoch, sollte aber sowieso behandelt werden	Behandlung 0.25; Wiederverwendung 0.10	Ressourcentlastung; sinnvolle Verwendung von Klarwässern; Aufkonzentration von Schadstoffen	X	in Israel bereits betrieben; kaum in Jordanien, nicht in palästinensischen Gebieten Maskat-Konf.-Projekt
Nachfragesteuerung: Spartechnologien	kurzfristig 65 % des gesamten Dargebots					
Sanierung von Leitungssystemen	mehrere 10 bis mehrere 100	15-50 % der Neuverlegung hoch	Entlastung der Wasserwerkskosten	Ressourcentlastung		X Maskat-Konf.-Pilotprojekt
Moderne Bewässerungsverfahren	?	30	mittel		Ressourcentlastung; geringere Bodenversalzung	X	bereits weit verbreitet: Israel ≈100 %
Haushaltsarmaturen und Spargeräte	Israel: 200 sonst: Vermeidung starker Anstieg bei Wohlstandsentwicklung	Red. auf 90l/d*E möglich	gering	Ressourcentlastung; Kläranlagenentlastung	Anreize zur Nachfragesteuerung?	X Rückwirkung auf wiederverwendbare Wassermenge
Wasserarme Industrien				Ressourcentlastung; Schonung der Gewässergüte		X momentan geringer Anteil der Industrie am Wasserverbrauch

BEITRÄGE ZUR KOMMUNALEN UND REGIONALEN PLANUNG

Diese Schriftenreihe setzt sich zur Aufgabe, die mit dem technischen, wirtschaftlichen und sozialen Wandel zusammenhängenden Auswirkungen und Aufgaben in Hinblick auf eine Weiterentwicklung der kommunalen und regionalen Planung zu untersuchen und entsprechende technische, wirtschafts- und gesellschaftspolitische Gestaltungsmöglichkeiten aufzuzeigen. Dazu wird sie in loser Folge praxisrelevante Forschungsergebnisse zur allgemeinen Diskussion stellen.

Band 1 Rainer Autzen: Wohnungspolitik. Altbauerneuerung und Wohnungsversorgung. 1979.

Band 2 Jürg Sulzer: Stadtentwicklung. Koordination von Raum- und Investitionsplanung. Analyse von fünf Beispielen in der Bundesrepublik Deutschland. 1979.

Band 3 Wolfgang Kempf: Stadterneuerung. Rahmenbedingungen der Instandsetzung und Modernisierung von Altbauten. 1979.

Band 4 Heide Simonis/Rainer Autzen/Udo Ernst Simonis: Stadtentwicklung - Stadterneuerung. Eine Auswahlbibliographie zur städtischen Lebensqualität. Urban Development - Urban Renewal. A Selected Bibliography on the Quality of Urban Life. 1980.

Band 5 Eberhard von Einem: Kommunale Flächennutzungssteuerung in den USA. Analyse des amerikanischen Planungs- und Bodenrechts - mit Vergleichen zur Bundesrepublik Deutschland. Mit einem Nachwort von Reinhold Gütter. 1980.

Band 6 Stefan Krätke: Kommunalisierter Wohnungsbau als Infrastrukturmaßnahme. Eine Alternative zum Sozialen Wohnungsbau in der Bundesrepublik Deutschland. 1981.

Band 7 Dieter Hezel/Horst Höfler/Lutz Kandel/Achim Linhardt: Siedlungsformen und soziale Kosten - Vergleichende Analyse der sozialen Kosten unterschiedlicher Siedlungsformen. 1983.

Band 8 Andreas Müller: S-Bahn-Studie Berlin-West. Zur Konzeption eines Verkehrsverbundes. 1983.

Band 9 Ekhart Hahn: Zukunft der Städte. Chancen urbaner Entwicklung. 1985.

Band 10 Klaus-Dieter Mager: Umwelt - Raum - Stadt. Zur Neuorientierung von Umwelt- und Raumordnungspolitik. 1985.

Band 11 Klaus Krüger: Regionale Entwicklung in Malaysia. Theoretische Grundlagen, empirischer Befund und regionalpolitische Schlußfolgerungen. 1989.

12 Sebastian Büttner: Solare Wasserstoffwirtschaft. Königsweg oder Sackgasse. 1991.

13 Ekhart Hahn: Ökologischer Stadtumbau. Konzeptionelle Grundlegung. 2. Aufl.1993.

Stephan Paulus: Umweltpolitik und wirtschaftlicher Strukturwandel in Indien. 1993.

 ̃s Dombrowsky: Wasserprobleme im Jordanbecken. Perspektiven einer gerechten und ̃haltigen Nutzung internationaler Ressourcen. 1995.